绍金解易经

张绍金 易枫 ◎ 著

八字揭秘

己卯 刘大简 题

东方出版社

自序：八字揭秘

八字学说是中国传统术数文化的重要内容，是研究人的生命规律的一门学问。若从鬼谷子时代算起已有几千年的历史，历经数代术数大师们的丰富、发展和完善，今天已基本形成比较完整的八字理论体系。

漫长的形成过程，反映了人类始终对自我命运的密切关注。"我从哪里来？我到哪里去？"屈子《天问》天不语，天机不泄，虽然是苍天赋予了不同的人生、命数，人类亦只能反观自我，不断地归纳、总结、抽象、探测，以期找到命运规律，并索求未来命运的轨迹和走向。

研究命运规律其方法具有多样性：星相、六壬、奇门、太乙、河洛、紫微诸类。唯五代时人徐子平创造的八字术最具有代表性、普遍性。它在吸取前人成果的基础上，以人的出生年月日时组成的天干、地支为基本材料，用阴阳五行的变化评定人生的吉凶祸福、寿夭贵贱等，人称子平术。宋人徐升整理为《渊海子平》，进一步确立了子平术的地位，被崇奉为算命术的大宗之法。亦自此始，八字算命术日趋流行，久盛不衰。算命已不仅仅是专业术数人员的事，一些名家大儒大都精通命理，乃至皓首穷经，不懈地追求。

那么，八字能不能算命？为什么能够算命？同年同月同日同时出生的人命运是一样的吗？诸如此类的问题是人们对命运的最普遍疑惑，而且，从古至今的命理学家们都没有做出科学合理的解释，或者本身就只能是冥冥之中的感受，而没有办法彻底亮出其本色。笔者体会，人的命运是生理、环境（包括天文环境、自然环境、社会环境、人文环境等）、遗传、修养等诸多因素相互作用的共同反映，命理学家们把这些综合因素抽象为阴阳五行，再用天干、地支作为形式上的表现符号。显然，这些干支符号中隐藏着似乎非常神秘的信息密码，即使八字的高手，也只能从神秘的字缝里瞅出点滴生命的信息。

天干代表天，地支代表大地，用天干地支表示人的八字即出生的年月日时并不是没有道理，人出生的一瞬间是阴阳的重大转变，是人的质的飞跃。此时，太阳、地球、月亮，金木水火土几大行星，各自发出本质属性的五行辐射磁场，交互作用。人在受胎之时就早已受到阴阳五行之气的影响了，而出生之时，天地五行对人的命运铸造起了决定性的作用。庄子说："天地者，形之大者也；阴阳者，气之大者也。"常说"人活一口气"，气这种物质是构造人的不同未来走向的基础。当然，不同的出生时间，所受到的阴阳五行之气是不同的。至于八字算命，见仁见智，不宜进行简单肯定或否定的评判。孔子"观其象而玩其辞"的态度值得称赞，看八字仅仅是"玩"而已，当然，也含有反复玩味、揣摩的意思。再说，关注未来人生命运走向，警示自我、三省吾身又有什么不好呢？

八字术是一种文化现象，从古至今的八字命理著作卷帙浩繁，其影响较大的除徐子平的《渊海子平》外，还有托名宋人京图的《滴天髓》，明人万民英的《三命通会》，张神峰的《神峰通考》，清人沈孝瞻的《子平真诠》等。这些命理著作，是中华文化宝库中不容忽视的一页。

《八字揭秘》在论述八字的基本原理的同时，始终把积极向上的人文精神作为行文的主线，以期达到教育、启发、规劝的社会效果。不知能否如愿，还望读者批评、指正。

该书早在海外出版时，山东大学刘大钧教授曾为本书题写了书名，林忠军教授为本书题辞："究天人之际，通古今之变"，借此出版之机，再次致以衷心的感谢。

张绍金　易枫

2012年9月9日

| 自序：八字揭秘 | 001 |

第一章　绪论

001

第一节　八字的概念及其源流 ········· 001
第二节　必然性与事在人为 ········· 004
第三节　八字研究方法论 ········· 006

第二章　基础知识论——从排八字起步

010

第一节　阴阳五行学说 ········· 010
　　一、阴阳　二、五行　三、五行旺衰
第二节　天干和地支 ········· 022
　　一、天干　二、地支　三、六十甲子
第三节　编排八字的方法 ········· 035
　　一、排年柱　二、排月柱　三、排日柱　四、排时柱
第四节　大运、流年、胎元和命宫 ········· 039
　　一、大运　二、流年　三、胎元　四、命宫
第五节　八字中的独特概念——十神 ········· 046

第三章　变化论——五行量变分析法则

050

第一节　五行相生 ········· 051

第二节　五行相克 …………………………………………… 054
　　第三节　干支合化 …………………………………………… 056
　　　一、天干五合　二、地支六合　三、十二支三合局　四、十二支三会局
　　第四节　地支刑冲害 ………………………………………… 064
　　　一、十二支三刑　二、十二支相冲　三、十二支相害

第四章　十神论——十神的意和象 …………………………… 068

　　第一节　正官，为官者贵乎"正" …………………………… 069
　　第二节　七煞，展示人生的阳刚之美 ……………………… 073
　　第三节　正印，仁爱而不溺爱 ……………………………… 076
　　第四节　偏印，奇才是"炼"出来的 ………………………… 078
　　第五节　食神，有福气亦不可坐享 ………………………… 080
　　第六节　伤官，遇到伤官莫悲伤 …………………………… 083
　　第七节　正财，工薪族敬业为本 …………………………… 085
　　第八节　偏财，奢望发财是种下的祸根 …………………… 087
　　第九节　比肩，用兄弟之情善待一切 ……………………… 089
　　第十节　劫财，养豪放之气，防打劫为殃 ………………… 091

第五章　相对论——分析八字纲要 ……………………………… 093

　　第一节　旺与衰 ……………………………………………… 094
　　第二节　众与寡 ……………………………………………… 097
　　第三节　寒与暖 ……………………………………………… 098
　　第四节　燥与湿 ……………………………………………… 101
　　第五节　透与藏 ……………………………………………… 103
　　第六节　虚与实 ……………………………………………… 105
　　第七节　真与假 ……………………………………………… 107
　　第八节　清与浊 ……………………………………………… 109
　　第九节　顺与逆 ……………………………………………… 111
　　第十节　墓与库 ……………………………………………… 112
　　第十一节　源与流 …………………………………………… 114

第六章　大象论——大象直观法则 ·················· 117

第一节　独象——枝独秀的成与败 ·················· 117
第二节　偶象——两种势力的和与战 ·················· 120
第三节　全象——三神鼎立宜通关 ·················· 122
第四节　君臣之象——顺君安臣和为贵 ·················· 126
第五节　母子之象——母子依恋喜盈门 ·················· 128
第六节　从象——从神的吉与凶 ·················· 130
第七节　化象——合化的真与假 ·················· 133

第七章　精神论——抓主要矛盾法则 ·················· 136

第一节　用神总论 ·················· 137
第二节　选取用神的方法 ·················· 138
第三节　喜神、忌神和闲神 ·················· 143
第四节　精、气、神分析举要 ·················· 144

第八章　格局论——八字分类归属法则 ·················· 147

第一节　正官格 ·················· 149
第二节　七煞格 ·················· 150
第三节　财格 ·················· 153
第四节　印绶格 ·················· 155
第五节　伤官格 ·················· 157
第六节　食神格 ·················· 159
第七节　变格 ·················· 161
第八节　杂格 ·················· 165

第九章　六亲论——家庭结构分析法则 ·················· 167

第一节　夫妻恩爱，让美在生活中荡漾 ·················· 168
一、从丈夫看妻子　二、从妻子看丈夫　三、关于淫贱之说
四、关于再婚再嫁　五、关于结婚时间　六、关于外遇

第二节 生儿育女，承担启蒙教育的社会责任 ………………… 189

　　一、生育辨析　二、启蒙教育

第三节 感恩父母，百善孝为先 ………………………………… 196

　　一、与父母的关系　二、父母自身的情况　三、父母的寿元

　　四、父母的变异

第四节 同胞相亲，最忌煮豆燃萁 ……………………………… 205

　　一、与同胞的关系　二、兄弟同胞的人数多少

　　三、兄弟同胞的兴废旺衰　四、兄弟排行

第十章 人生价值论——彰显活着的意义 ………………… 212

第一节 学业——要有拼搏精神 ………………………………… 213

第二节 事业——人生执著地追求 ……………………………… 216

第三节 为官——己为轻、廉为本、民为贵 …………………… 219

第四节 求财——赚取阳光下的利润 …………………………… 224

第五节 病残——鼓起人生风帆 ………………………………… 227

第六节 灾祸——与命数抗争 …………………………………… 231

第七节 相貌美——真、善、美的内外统一 …………………… 236

第八节 心性美——以平和的心营造和谐的美 ………………… 239

附：古代名人八字赏析 …………………………………………… 244

一、至圣先师——孔子 …………………………………………… 244

二、大富豪——石崇 ……………………………………………… 247

三、散文大家——范仲庵 ………………………………………… 248

四、辱国奸相——秦桧 …………………………………………… 249

五、精忠报国——岳飞 …………………………………………… 253

六、大书法家——赵孟頫 ………………………………………… 256

七、禁烟流芳——林则徐 ………………………………………… 257

八、修身、齐家、治国平天下——曾国藩 ……………………… 258

第一章 绪论

第一节 八字的概念及其源流

　　八字，又叫四柱。为什么叫四柱？是指人的出生年月日时就像四根柱子一样的支撑着人的生命，所以叫四柱。年月日时分别是由天干、地支中的两个字组成的，合起来就是八个字，所以又叫八字。假若某人出生于 2009 年 3 月 6 日 14 时，2009 年是己丑年，俗称牛年，己丑就是四柱之一的年柱；3 月为丁卯月（农历为二月），为月柱；6 日为庚戌日，为日柱；14 时为癸未时，也就是时柱。己丑、丁卯、庚戌、癸未，恰好是八个字。由此说来，每个人都有自己的四柱即八字，而且，任何时间都可以构成特定的四柱。比如企业选在 2009 年的 6 月 16 日上午 8 时开业庆典，期盼六顺八发嘛！其四柱就是己丑、庚午、丁亥、甲辰。至于这四根柱子是不是吉日良辰，能不能撑起企业这片天地，那就是后文要讨论的问题了。

　　八字术是一种古老的算命术。它运用阴阳、五行、干支、八卦等理论，把人的出生年月日时转化为八个字，进而推算人的富贵贫贱、祸福吉凶、穷通寿夭、名利地位、家庭六亲等方面的情况。显然，这种推命方法看起来是缺乏科学依据的。然而，却适应了人类预知、掌握命运的心理渴求，自产生以来，就受到上至达官贵人，下至平民百姓的推崇，再加上历代文人学士的大力倡导推动，致使八字术不断得到加工、整理、丰富、完善，最终形成了一套极为复杂的推命系统。

八字术源远流长，有人认为它产生于传说的鬼谷子时代，并写下了《鬼谷子命书》。对《鬼谷子命书》有不少学者认为是假托古人所作，实属宋代时期的作品。四柱术起源于何时，学术界比较统一的看法是两汉时期，并推崇王充为算命术的祖师爷。

王充是一个唯物主义的哲学家，他以"元气说"为理论基石，极力反对当时兴盛的谶纬神学，批判君权神授观念。他认为，人的精神来源于人的生理结构，"人死血脉竭，竭而精气灭，灭而形体朽，朽而成灰土，何用为鬼？"人死如灯灭，哪有什么鬼神？也正是这位唯物主义先哲，在著作《论衡》中，提出了一系列算命理论，开创了我国八字算命的先驱。王充算命术的理论支柱是"命由天定"，他说："凡人遇偶（逢吉）及遭累害，皆由命也。有死生寿夭之命，亦有贵贱贫富之命。"还进一步指出："命当富贵，虽贫贱之，犹逢福善也。故命贵，从贱地自达；命贱，从富位自危。"是富贵的命，即使贫苦也是暂时的；是下贱的命，有财富也很危险，极力宣扬了人的命运不可逆转的观点。

那么，怎样探知人的命运呢？王充提出了"初禀"说和"禀气"说，在方法论上作了启迪性阐发。他说："凡人受命，早在父母施气之时，已得吉凶矣。"即父母交合，怀胎得孕之初，人的命运就已被确定下来了。这一说法，是后人根据怀孕日期定吉凶的理论源头。今人看八字常常用"胎元"，即根据怀孕的时间作些吉凶的浅显论断。同时，也为根据出生的年月日时推算命运提供了启迪。

王充"禀气"说认为：人禀气厚就身强，年寿就高。反之则身体弱，必然夭折等。此说，为算命术中寿命长短的推断提供了初始理论，今人看八字而分析日主的旺衰强弱，从而确定喜神、用神、忌神、闲神的方法，就是"禀气"说的延伸。除此之外，王充还进一步论述了五行和十二生肖之间的生克关系，他说："且一人之身，含五行之气，故一人之行，有五常之操。"金木水火土五气与仁义礼智信五常有了明确的对应关系。"寅，木也，其禽虎也。戌，土也，其禽犬也。丑未亦土也，丑禽牛也，未禽羊也。木胜土，故犬与牛、羊为虎所服也。亥，水也，其禽豕也。巳，火也，其禽蛇也。子亦水也，其禽鼠也。午亦火也，其禽马也。水胜火，故豕食蛇。火为水所害，故马食鼠屎而腹胀。"王充的五行和十二生肖生克理论，很象一物降一物的"生物链"理论，实际又触及到算命的具体方法，已具有了理论和实践的意义。

东汉之后的魏晋南北朝时期，知识分子对天命的推崇，使算命术有了进一步的发展。晋葛洪把人的命运与天上的星宿结合起来，在《抱朴子》中说："人之吉凶，制在结胎受气之日，皆上得列宿之精。其值圣宿则圣，值贤宿则贤，值文宿则文，值武宿则武，值富宿则富，值贱宿则贱，值贫宿则贫，值寿宿则寿，值仙宿则仙。"八字算命中有数不清的神煞，什么贵人、文昌、红鸾、天喜、羊刃、劫煞、丧门、吊客、十恶大败等，甚至有不少术士论命以神煞为主，显然是葛洪星宿理论的遗音。梁朝时的刘勰除了在文学评论上（著有《文心雕龙》）的突出贡献外，也大谈命相，认为人之命相，亦禀天命，皆属星辰，其值吉宿则吉，值凶宿则凶。这个时期，一些颇有声望的知识分子的呼应推动，再加上外国占星术传入中土，才为唐代算命术的大发展起了铺垫催发作用。

唐代算命术达到一个新的高峰，起到关键作用的是李虚中、曾一行、桑道茂等人，其中以李虚中的贡献为最。

李虚中是魏郡（今河北大名）人，字常容。根据历史记载，唐德宗年间中了进士，自此走入仕途，官至殿中侍御史。

李虚中不是职业算命师，只是业余爱好，但他能根据人出生年、月、日的天干、地支，推定一个人的命运，据说非常灵验。唐代大文学家韩愈反对佛教，却对天命笃信不疑，他为李虚中作《墓志铭》，称赞其"推人寿夭贵贱，百不失一二"。这说明李虚中精通阴阳之术。另一方面，经韩愈这样的大人物一吹捧，李虚中自然就成了算命术的开山祖师。

李虚中用人的出生年月日天干、地支算命，具有承前启后的意义。所谓承前，是李虚中在总结了前人经验的基础上，把零碎的、不成体系的算命方法，加以归类整理，创造性地用人出生年月日天干、地支算命即六字算命，而且基本形成了体系。所谓启后，李虚中的这种算命方法，为徐子平的八字算命术的完善和成熟奠定了基础。

徐子平，字居易，五代时人。徐子平的最大贡献，就是把李虚中年月日干支算命法演进为年月日时干支算命法即四柱八字法。这种算命法被后人乃至今天仍广泛沿用。宋代徐子升根据徐子平实践、研究成果，纂辑了重要的命学著作即

《渊海子平》，此书至今为人推崇。

徐子平之后，特别是《渊海子平》的问世传播，使四柱算命日趋流行，算命不仅仅是命理学家的事，一些名家大儒，也大都精通命理。苏轼在《东坡志林》中也大谈命运，认为本人属于"磨蝎之命"，常受他人谤誉。著名的理学家朱熹也相信命运，且研究命理很有见地。元代虽然由蒙古贵族统治，而民间算命之风仍炽热不衰。到了明代，算命术进入了一个新的高峰期，其主要标志是大人物的参与以及命理学著作的大量问世。开国元勋宋濂作《禄命辩》一文，对命理学渊源做了第一次系统性总结。另外，还有托名刘基的《滴天髓》，孙孝瞻的《子平真诠》，张神峰的《神峰通考》，万民英的《三命通会》等，其中以《三命通会》影响较大。该书全面地总结了四柱八字术二百多年的发展历史，且内容丰富，选材精当。全书十二卷，体系相当严密，四柱至此达到了理论高峰，《四库提要》给予了很高评价。

到清代，算命术盛行不衰，社会各个层面凡婚姻、科举、经营等无事不算。此间的主要著作有陈素庵的《命理约言》，任铁樵的《滴天髓阐微》，余春台的《穷通宝鉴》等。民国以后，大军阀、大官僚，包括蒋介石也大都相信命运。有关他们算命的故事更是屡见不鲜。

解放以后，天命观、算命术受到严厉批判。改革开放之后，人们的思想得到了解放，市场经济体制得以确立，经济迅速发展，但同时算命术也大有风靡之势，各类算命书籍鱼龙杂陈，信命者趋之若鹜，且发达地区更甚。这种现象，是与深刻的社会文化背景、人类心理倾向、政治经济状况等多种因素相联系的，简单地斥之为封建迷信甚至围追堵截，并不是解决问题的好办法。因为算命文化是一份宝贵的遗产，有其合理的内在因素，关键在于怎样去其糟粕，取其精华，进一步弘扬中华民族优秀文化遗产，这是专家学者们需要探讨的问题。

第二节　必然性与事在人为

明代的笔记体著作《玉堂丛语》记录了这样一件事：正德丁丑年廷试，有人拿了好多考生的八字向精于子平之法的萧鸣凤求测。萧鸣凤看过八字后，说舒梓溪可以得第一。后果然应验了他的话。

《宋朝事实类苑》记载：章郇精八字之术，庆历年被免去宰相职务，调往陈州。路经桑河时，学士张方平、宋子京同来拜见郇公，郇公说："一个人八字中有三处相合，不当宰相就当枢密使"，张、宋两人回京后请来术士给朝廷官员逐一算命，只有梁适、吕公弼二人的八字有三处相合。当时，梁、吕都是小官，到了皇佑中（1051年），梁任了宰相，熙宁中（1072年）吕公弼任枢密使，郇公预言成真。

《李宗仁回忆录》载：国民党军在桂林誓师北伐，团长吕演新游凤洞山，山中名士号称"罗大仙"推其八字，告诉吕演新说，今年是冲克之年，北方不利，"十有九死"。吕信命，想调任他职，不去北伐，与李宗仁商议，被李训诫。后在王家铺之战中殉职，又是所谓预言成真。

迷信？科学？巧合？见仁见智，应当允许理解差异的存在，不能用非正确就是错误或非错误就正确的幼儿式思维模式作简单机械判断的理念。

那么，八字推命是否有一定的规律呢？回答应当是肯定的。不然，八字的高手怎能根据出生的时间就能推断得八九不离十呢？反过来说吧，假若完全是骗人的鬼把戏，这个把戏玩了几千年还具有顽强的生命力？八字学说认为，人的命运不是凭空而来的，而是五行之气相互作用的结果，是"气"决定了人的命运。庄子说："天地者，形之大者也；阴阳者，气之大者也。"太阳、地球、月亮，金木水火土几大行星，各自发出本质属性的五行辐射磁场而交互作用。人在受胎之时就已受到阴阳五行之气的影响了，特别是出生的一瞬间，五行对人的命运铸造起决定性的作用。人的八字五行并不平衡，随着岁月流转，就牵动了五行的变化。当阴阳之气平衡了，人就百事称心，一切顺利，活得滋润。失去平衡，就倒霉，甚至灾祸连连。应该说，人的不同命运，是气这种物质作用了每一个不同的人而发生量变、质变的运动。人的命运不同，就是气的平衡与不平衡的不断变化的过程，是气的物质运动牵动了人的命运变化。

或问：既然"人的命，天注定"，后天的努力还有作用吗？

或问：同年、同月、同日、同时生的人命运是一样的吗？

或问：命运是可以改造的吗？

……

诸如此类，古代命理学并没有做出科学合理的解释。今天我们研究四柱八字，应树立起两个观点，其一，人的命运是可以描述和预测的。人区别于动物的显著特征是人的意识具有超前性和预见性。有人常说自己掌握自己的命运，这种说法既有正确的一面，也有不正确的一面。作为一种奋斗精神和努力方向是应当提倡、鼓励的，但当着一个人还不了解自己的命运的时候，就高唱掌握自己的命运之歌是不正确的。人只有了解了自己的命运运程，才能进一步去把握它，才能避凶化吉，成为人生的胜利者。其二，后天的努力是可以弥补或改善人生命运的。所谓改善命运，就是要尊重自然规律和社会规律，进行积极而理智的选择和奋斗，就是说要最大限度地发挥主观能动性。假如一个人命中有财，却不去作经营的努力，甚至于听天由命，这就失去了机遇。若命相中有坐牢倾向，但本人遵纪守法，做有益于人民的事，敢于与犯罪分子作斗争，这就改变了自己的命运，不但不会坐牢，反会受到人民的拥戴。因此，假若命运有其合理内核的话，同时也是可以弥补和改善的。事在人为，先天和后天的和谐，就能为人生道路铺满鲜花。

第三节　八字研究方法论

八字推命源远流长，在中国的历史文明长河中始终或明或暗、生生不息，直到今天仍有一定的市场。因此，用科学的、发展的、辩证的认识论和方法论开展八字推命研究，尤显得十分紧要。

一、坚持学习的观点

学习是研究的起点，只有学习了八字推命理论和方法，才谈得上分析批判和研究。八字推命的有关理论和实践中蕴藏着独特的学术思想、辩证观点等，但其中也有难以自圆其说的东西，如同年同月同日同时生的人为什么命运不同，明代八字推命的专家万民英就感叹："余曾谓天下之大，兆民之众，如此年月日时生者，岂无其人？然未必皆大贵人。要之天生大贵人，必有冥数气运以主之，年月日时多不足凭。"可见，古代命理学有其致命的弊端与不足。从实践上看也是如此，我国有十几亿人口，同年同月同日同时生的人肯定不少，若按八字推命法，他们的八字是完全相同的，但长相不同，职业不同，职务不同，薪水不同，家庭人口不同，命运不同等则是肯定的。学而知之，掌握了八字推命理论和方法，才能用辩证的观点开展八字推命研究。

笔者对"四同"即同年、同月、同日、同时出生的人的命理观点是"同贵同贱"。我断过孪生姊妹的八字，两人形象酷似。一个在反贪局工作，一个在检察院；同一年生的男孩；都当过兵，同一年提的职务（提职务时间只差两个月），现在同是正科级。唯不同的是一个在杭州，一个在青岛。还有说朱元璋、沈万三、姚本铎是同时生人。朱元璋当的是皇帝，沈万三是大富翁，姚本铎是丐帮首领。都是"头"，但命运差之甚远，这仅是传说而已。应当说相同的八字，其命运当是基本相同的。命理学不排斥其差异，但只能是"微调"，而不是本质的区别。差异的原因是祖上、父母荫德不同，出生地域、环境以及人生环境不同等。但同贵同贱是基本结论。需说明的是，虽为四同，但男女不同，因为男女行运有顺逆之别。也有看似相同实际不同的，如两人出生只差几分钟，只要不在同一个时辰，其命运就有较大差异，甚至差之毫厘，失之千里。言传清代大学士纪晓岚的侄子和仆人的儿子同时出生，只隔一扇窗子。纪的侄子16岁就死了，仆人的儿子却长寿。仅为言传，不足为凭。古人计时不如今人准确，就是相差两三分钟，也有可能变成完全不同的八字格局，命运自然就大相径庭了。

二、坚持实践的观点

八字推命有其弊端和不完善处，但不能因此就否定这种理论和方法。笔者实践证明，四柱预测绝大多数是符合古人命运轨迹的，而"测不准"者仅为极少数。2008年6月的某天晚上，有位朋友领着一位白面书生来求测。我一看就心里明白，高考临近，肯定是问考学之事。排出八字，我告诉他：回家认真学习，不要凭命运，还是要靠真本事，有希望在南方某大学就读。事后果真应验了。还有一个朋友给我开玩笑，你能知道我的秘密吗？我排出八字肯定地对他说：2007年你有风流韵事。他笑了。有位经理让我测运，我看了四柱，对他说你命中有官，但1992年7~9月份丢了官，1993年又该重新做官。说到这里他惊讶不已，连连说"神了，神了"。

由此看来，八字推命毕竟有其合理的内核。研究的着力点应放在为什么八字能推测人的命运上，而不应在排斥、否定八字推命上做文章。当然，真正揭示其神秘面纱尚需时日，甚至有些东西是永远揭不开的谜。

三、坚持辨证的观点

运用辨证法和唯物论对古代命理学进行分析、批判和继承，有极其重要的意义。笔者通过学习和实践，认为四柱推命法至少有这样几点是应该肯定的。

1. 朴素的辨证法思想。古代命理学以中和为本，认为人的四柱五行只要平衡就有好运气，太过或不及则凶。今天看来，这种观念仍是正确的。任何事物或做事都要有一定的度，超过了这个度就走向了反面。有个别为官者在位时横行于世，贪得无厌，无视法律法规，"横"到一定程度，就要受到法律制裁。

2. 人融于自然的思想。古代命理学认为人受气于自然，与宇宙的运行变化息息相关。当大自然的五行之气与本人四柱的五行之气发生矛盾斗争时，对自己就极为不利；反之，若自然之气与四柱五行之气互补融合时就吉祥、顺利。这种按自然规律办事的观点是应予以肯定的。在我们发展市场经济的今天，不是也强调环境保护吗？国家一些大的建设项目，首先考虑的也是生态平衡。

3. 扬善惩恶的思想。命理学中扬善惩恶的思想随处可见。比如：把一些对人不利的星象说成是凶煞，对人有利的星相看作为吉神；把不正当的男女关系说成浊滥淫娼等。既使对官的分析也有清官、浊官之别，无形中就起到了扬善惩恶的作用。

当然古代命理学由于受历史的限制，也宣扬了腐朽落后的观念，比较突出的是：

1. 官本位思想。命理学是推崇做官的，以官为贵，就是典型的表现。命理学中有一个重要的推命规则是"克我者为官煞，我生者为伤官"，只要八字官星透出天干，就会被判定为是做官的，就歌颂为"贵"；而伤官透出，伤害了官星就是"贱"。人的贵贱以"官"为衡量标准，显然是封建的遗毒。不过，直到今天，还是没有转变几千年来形成的"官为贵"的本位思想。岂但扭转，几有愈演愈烈之势，招考公务员"千军万马争过独木桥"就是明证。可见，变官为公仆还需要一个长期的观念转变过程，也包括制度形态的不断变革。

2. 男尊女卑的观念。看命的一个基本常识就是男女有别，对女命定贵贱要看夫星和子星，夫贵妻则荣。同时，女命有淫、浊、滥、娼之说，而男命则没有这种判定，这岂不是只准妇女俯首帖耳，而不论男命胡作非为吗？

3. 多子多孙的观念。 断定人命好的条件之一就是多子多孙。今天看来，这种观念有悖于我国计划生育的基本国策。

四、坚持发展的观点

古代命理学是需要加以丰富、发展、完善的。这种发展应是在批判继承基础上的发展。命理学的外延内涵极其丰富，几乎任何学说都与命理学相关。就说生态环境吧，古今生态环境有很大差异，若以五行论，古代是大面积的原始森林，今天之"木"已岌岌可危。木的变化必然引起其它五行的变化，这样的生态环境对人有何影响？是值得研究的课题。夫妻差异更为明显，古代男尊女卑，夫贵妻亦荣。今天妇女地位、权益与男性无异。若以命理来说，古代只有丈夫做官妻子才受褒封，而今天的社会现实中妻子担任领导职务，丈夫是一般工作人员的家庭就随处可见。显然，这种命理定律是不能继续维持的。

诸如此类，为命理研究留下了广阔的天地，有待于热衷命理的学人去开拓、创新，用科学发展的观点开展四柱研究，为人类两个文明建设做出新的应有的贡献。

第二章 基础知识论——从排八字起步

四柱和其他术数门类一样,都是建立在中国传统文化思想中的阴阳、五行、八卦、九宫、历法、天干、地支等基础理论之上的。这些传统理论是所有术数门类的共同基础,只不过不同的术数门类在运用这些理论时,根据各自不同的需要,又有不同的侧重点,规定了各自的专用术语,构筑起不同的体系。因此,既要研究传统理论的共同点即普遍性,又要研究八字术的特殊性,才能真正揭示其蕴藏的深刻信息内涵。

第一节 阴阳五行学说

一、阴阳

阴阳学说是我国土生土长的以阴阳两气的运动为理论核心的朴素的哲学体系。阴阳说的原始意义是指太阳的向背。向阳的一面明丽,背阳的一面暗晦,阴阳就由此而生。作为抽象的哲学概念，是后来才逐步形成的。同时，也是我国思想史上建立最早的、具有鲜明的中国特色的对立统一观。

阴阳说认为：一切事物的形成、发展和变化，无不是阴阳两气交合运动的结果。我们经常看到的"阴阳鱼"（太极图），就是阴阳说理论最好的注脚。

太极图有那些深刻的内涵呢？

其一，阴阳处在一个统一体中，各以对方为存在的前提和条件。"阴在内，阳之守也；阳在外，阴之使也。"阴阳相互依存、相互联系，谁也离不开谁。阴失去了阳，阴就不存在了，阳失去了阴，阳也同样不存在了。一物一太极，无论形体大小，大到宇宙，小到一滴水，都可以看作一个太极图。

太极图
图中白的部分代表"阳"，
黑的部分代表"阴"

宇宙是个大太极，它是由若干个星体空间构成的，动的就属于阳，静的就属于阴。动与静各以对方为存在的前提。

一个人就是一个小太极，前面属于阳，背后就属于阴；上部为阳，下部为阴；外表看得见的为阳，内部五脏六腑就为阴等。

人际关系也可以看作一个太极图，"我"只是太极中的一点。那些光明正大、胸怀坦荡的君子为阳，而诡计多端、心怀叵测的小人就为阴。君子和小人同处于一个统一体中，没有小人就不足以显示君子。当然，没有君子也就看不出小人。老子说："天下皆知美之为美，斯恶矣；皆知善之为善，斯不善矣。"老子这句话的意思是：之所以有美的存在，是由丑反衬出来的；之所以有善的存在，也是与恶比较出来的。

总之，事物无论大小，都有阴阳之道。懂得了这个道理，也就懂得了自然，懂得了社会，懂得了人世沧桑变化，也就开拓了人的视野，其胸怀也就宽大了。比如，在单位上有人诽谤、攻击你，你要沉住气。愿意当君子，就吃个哑巴亏，因为，没有这样的小人就显示不出你人格的伟大。

其二，阴阳有量的变化，此进彼退，此消彼长。"日往月则来，月往日则来"，这种阴阳互动形成了日夜交替的变化。到了半夜零点阳气增加，阴气就减少；中午十二点阳气达到了饱和、顶点的状态,阴气开始扩展,阳气就慢慢消退。日日夜夜的反复就是阴阳消长变化的结果。寒暖的互动形成了一年四季的变化,冬至时寒冷达到了极盛,阴气开始退缩,而阳气则悄然生长,明媚和暖的春天就要来到了。诗人雪莱说:"冬天来了,春天还会远吗?"既是哲理,又符合阴阳消长理论。到了夏至,阳气极盛,热到了极点,阳气退而阴气长,秋天的萧瑟也就不远了。母衰子长形成了人类嗣续相传的变化。当父母的都盼望儿子快快长大,等到孩子成人了,自己也就白发苍苍了等。

社会人事关系也有阴阳消长。比如一个部门,假若风气不正,邪气横行,颠倒了阴阳,搅乱了纲常,必然"君子道消,小人道长";好人受气,坏人当道。反过来,如果领导班子一身正气,政治清明,经济清白,处事公正,工作实干,不搞歪门邪道,阳气压倒了阴气,其事业必然兴旺发达。

其三,阴阳相互交融,对立的双方有相互吸引和联结的特点。太极图中阴阳鱼首尾相接,交缠拥抱,白的部分有一个黑点,黑的部分含一个白点,你中有我,我中有你,谁也离不开谁。夜晚属阴,但仍有阳气的存在;白天为阳,也有阴的成分。社会人事也是同样的道理。一个群体必须是一阴一阳的基本平衡的组合才有生机。"男女搭配,干活不累",调侃的语言,合乎阴阳之道。有些人阳刚气过盛,眼里揉不进一粒沙子,常常暴跳如雷,这种人很容易突然遇到灾祸,严重者暴极而亡。要学会容纳阴暗现象的存在,只要阴气不占主导地位就可以了。男人要学会养阴,女人要学会养阳;性情刚烈的人宜养阴,优柔寡断者要养阳。阴阳调和,刚柔相济,才是理想的人格。当前,人们对贪官腐败十分愤慨,岂不知历朝历代都是严厉惩处腐败分子的,但却不能根除。一个朝代再混乱,也有正义和光明,就像阴鱼中有白点;政治再清明,也有昏官奸臣,就像阳鱼中有黑点。看待任何事物都要运用这种观点。

其四,阴阳平衡符合美学原则。什么是美?美学家说"平衡就是美","对称就是美"。太极图的阴阳是绝对平衡的,被称为"天下第一图",以致被社会各领域广泛应用。人是最美的,就是因为人体是平衡的。如果缺了胳膊少了腿,五官歪斜,就不美。《周易》把平衡原则作为评断吉凶的重要标准。如北京故宫的建筑都是平衡对称的,符合古代建筑风水理论,它就是美的,是凝固的音乐,人们百看不厌。民房建筑也要讲究阴阳平衡,主房和配房要协调、对称,居住起来就感到方便、舒适。某民居一个很大的院子里只建了三间北房,俗称堂屋,笔者判断其人口不会兴盛。实际住着无儿无女的一对老夫妇。究其原因就是只有一口房屋而没有其他辅助配合，阴阳不平衡。这种独阳房或孤阴房没有孕育之功，当然也就没有子孙儿女了。笔者考察过一所民居，房屋建成四合院模式，基本符合阴阳平衡原则，但房屋院落的空间上部即能见到太阳的部分都用横竖的铁丝"网"起来，铁丝上面是葡萄架，荫天蔽日。据此推断其家中有病人，精神上会受压抑。反馈说妻子时时想着要死，认为死是进天堂，死了很幸福。为什么？上面的铁丝网就是天罗地网，庭院见不到阳光而阴气太盛，不能有效地消灭细菌，岂不生病？常说"阴邪"，阴与邪是孪生姊妹，阴气太盛，心理必受压抑，思维走向邪路，其神经错乱、精神恍惚就是必然的了。

《易传·系辞》曰："一阴一阳之谓道。"不管做什么事都要符合阴阳平衡原则，要按事物客观规律办事，把握大局，顾及全面，才能把事情办好，否则会受到客观规律的制约和惩罚。

还有一个问题，《周易》只言"阴阳"而不言"阳阴"。或有人问：天在上，地在下；天为阳，地为阴，不是应当说"阳阴"吗？为什么常常说"阴阳"呢？原因在于阳阴不符合一阴一阳之谓道的"道"。道是讲变化的，变是道的本质。八卦、六十四卦都是由阴阳变出来的，万事万物都在变。先讲阴，后讲阳，把本来的先阳后阴而说成"阴阳"，这就是"变"，符合阴阳交媾、阴阳和谐之道。也只有阴阳交媾、阴阳和谐才会发育万物。人类世代繁衍就是阴阳交媾的结果。假若天是天，地是地，互不相谋，没有情感交流，也就没有大自然的生机和活力。天要下雨，而地却不接纳；或地要种植庄稼而天却不给阳光，阴阳反背，各行其是，就没有好结果。比拟到社会人事上来也是同样的道理。"道济天下"，阴阳交感就是道，不是说这个"道"能给人带来多少金钱物质，而是这个道能给人以教化、启发，使人聪明、智慧起来，利用阴阳之道的原理能够把事情办得更好。

八字的阴阳平衡若作横向比较的话是有很大差异的，以致于出现了人世间贵贱、贫富、寿夭等方面的不同。大体说来，八字越是接近于阴阳平衡，其人格层次就越高，反之则低。就每个具体的八字来说，阴阳的不平衡是绝对的，平衡则是相对的。正因为八字不平衡性，才有了随着岁月流转而产生的运气高低起伏变化。至于怎样根据阴阳分析、推断八字，将随文逐步展开。

二、五行

人们常说"阴阳五行",实际上,从源头上说,阴阳与五行并不是一家人,只是到了后来才联姻融合为一体。至于什么时间"捏"在一块的,包括研究阴阳五行的专家学者们也没有得出一个定论。不过,从《吕氏春秋》中已经看到了阴阳五行学说系统的建立及其表述体系。由此我们可以断定,阴阳与五行的结合在秦统一中国之前已经形成了。

什么是五行?它是构成事物的五种元素和促使事物发展、变化的一种动能。这五种元素就是金木水火土。

我们不妨从"五行"两个字的构成来了解其意蕴之一斑。

五,古文字写作"㐅",许慎《说文解字注》认为:"五,五行也,从二。阴阳在天地间交午也。"按照许慎的解释,上边的一横代表天,下面的一横代表地,中间的"×"代表五行的互动交叉状态。"行"是一个动态的过程,今人常说的行动、行走、执行等,都表示动的意思。行所表达的内容,实际上是具有生命的生生之力。"五行者,往来于天地之间而无穷",金木水火土这五种物质元素在天地之间始终不停息地变化、消长、交缠、运动,所以叫五行。

五行学说是先民采用取象、比类的方法对世间的事物进行分类,从而确定事物相互关系的一种理论。它是宇宙观,也是系统论。用最简约的文字,概括了尽可能完整、丰富的思想内容,难怪后人把五行的来源加以神化。

五行的说法最早见于《尚书》一书的《洪范》章,"天乃锡(赐)洪范九畴"。九畴(九条)的第一项就是五行。"一曰水,二曰火,三曰木,四曰金,五曰土。"按《尚书》的说法,五行是上天赏赐给人类的。神话传说是上天赐给大禹的,大禹用洪范九畴的方法治水,才取得了成功。《洪范》还进一步地解说了五行的性质:"水曰润下,火曰炎上,木曰曲直,金曰从革,土爰稼穑。润下作咸,炎上作苦,曲直作酸,从革作辛,稼穑作甘。"五行不仅有了多姿多样的形态、性情,而且有了咸苦酸辛甘的不同味道。

另外,神话传说中的五行好像与我们的远祖有关,比如燧人氏"钻木取火",是火的发明者。木能生火,也可能与木相关。伏羲氏教民"竭泽而渔",与水相关。神农氏之"制耒耜耕而食",与土金相关。金木水火土五行又被神圣化了。

春秋的后期就出现了五行相胜说，比如火胜金，水胜火等。显然，胜就是今天所说的克。到了战国时，齐国的稷下学宫推出五行相生说，与《洪范》五行相比较有了很大的进步。一是把五行并列改换成相生的序列即：木、火、土、金、水，表明了依次相生关系。这种相生关系直到今天还在沿用，没有什么变化。二是把五行与四时相搭配，即春木、夏火、秋金、冬水。唯与今天稍有不同的是没有把土与季夏相搭配。三是初步把五行与阴阳联系起来。

战国后期的阴阳家邹衍，是一个阴阳五行学说的集大成者，提出了阴阳五行相生相胜学说（胜就是克），并且根据五行相胜说，用五德始终循环的历史观来解释改朝换代的根源。由此足以说明，五行已经由原来的简单的五种物质元素的认识开始上升为哲学观念，开创了阴阳五行学说的先河。

（一）五行相生相克

五行相生即木生火，火生土，土生金，金生水，水生木。（如图）

生就是生助、扶持、帮忙。为什么水生木、木生火？根据命书上一些说法，作些不完全合理的解释。

水生木。水，润也，主于北，应冬。其特点为寒冷、向下，阴气濡润，滋养万物，一切树木等都是水滋养生长的。

木生火。木，触也（谐音），主于东，应春。有生发、条达的特点，阳气触动，木才能生长。遂人氏钻木取火，日常生活中亦是木生火。

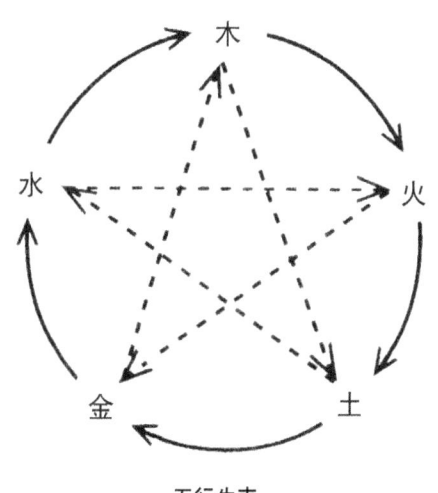

五行生克
（实线表示相生，虚线表示相克）

火生土。火，毁也，主于南，应夏，有火热向上的特点。火燃于极盛而变化万物。森林大火就会变成灰土。

土生金。土，吐也（谐音），主于中央，兼位西南，应于长夏。有长养、化育的特性。能含吐万物，死者亦归于土。沙中淘金就有土生金之意。

金生水。金，禁也（谐音），主于西，应秋。有清静、收敛的特性。金经过加热就会成为液体。

五行相克（相胜）即水克火，火克金，金克木，木克土，土克水。

胜是胜过的意思。克就是克害、复仇。母亲受了侵害，当儿子的就会为母亲报仇。水生木，水就是木之母，木就是水之子。水母受土的克害，木子就向土复仇，所以木克土；木生火，木为母，火为子。木母受金克害，火子就向金复仇，所以火克金。其它相克都是同样的道理。

（二）五行反生反克

任何事物都不是一层不变的，特殊情况下会产生反生反克即看起来是生，实际变成了克；或者看似相克，反而得到生的结果。所谓特殊情况，是以力量对比悬殊、绝对不相称为前提的。

宋末的徐大升论述反生反克的规律相当精辟，现摘录如下：

金赖土生，土多金埋；土赖火生，火多土焦；火赖木生，木多火炽；木赖水生，水多木漂；水赖金生，金多水浊。

金能生水，水多金沉；水能生木，木多水缩；木能生火，火多木焚；火能生土，土多火晦；土能生金，金多土弱。

金能克木，木坚金缺；木能克土，土重木折；土能克水，水多土流；水能克火，火多水灼；火能克金，金多火熄。

金衰遇火，必见销熔；火弱逢水，必为熄灭；水弱逢土，必为淤塞；土衰遇木，必被倾陷；木弱遇金，必被砍斫。

强金得水，方锉其锋；强水得木，方缓其势；强木得火，方泄其英；强火得土，方敛其焰；强土得金，方化其顽。

反生反克的理论在八字推断中经常会用到，正象中医理论中的"虚、实"一样，同样是胃病，"实则泄之，虚则补之"，不能同样用药。八字也是一样，土是可以生金的，但当金强旺时不但不喜欢土来生金，遇土反而生灾，这就是"金多土虚"，或者叫"金多失辉"。如2009年生的男孩子，其八字是：己丑、己巳、己巳、己巳，一片火土，过于亢燥。按照反生反克理论，"木能克土，土重木折"，岁运遇木，则必有伤害。而"强土得金，方化其顽"，需要金来泄弱土气。起名字应当强化金的力量，以趋使阴阳五行的平衡。

任何事物都不能过头，超过了一定的限度就走向了反面。六十四卦的第一卦乾卦的上九爻辞是"亢龙有悔",龙飞到天顶上去了,达到了极点,离栽跟头就不远了。为人做事都需要谨慎,不要"亢龙有悔"。

(三)五行与时空

春季为木,夏季为火,秋季为金,冬季为水,四季中的最后一个月(三、六、九、十二)为土。

春天到了,暖气微微,万物复生。"春江水暖鸭先知",是因为水温提高了,可以用来灌溉催生植物。最明显的春天信息就是树木泛绿发芽。所以,春季为木;夏天似火炉,让人灼热难耐,所以夏季为火;秋天是丰收的黄金季节,天气转凉,风也萧瑟,所以秋季为金;冬天阴冷,水是冷的,所以冬天为水。三月还是春天,但土气和暖,有发育万物之功,加之临近夏火之际,故春季的最后一个月为土。六月是夏火与秋金的"红娘",即四、五月之火生六月之土,六月之土生秋天之金。九月是秋天的季月,又是火库,有储藏之用,故为土。十二月虽是冻土,却是春木的载体,故为土。春夏秋冬的最后一个月都属土,是因为金木水火都离不开土,土能承载万物的缘故。

五行与空间的对应关系是:东方属木,南方属火,西方属金,北方属水,中央属土。

五行	木	火	金	水	土
四时	春	夏	秋	冬	三、六、九、十二月
方位	东	南	西	北	中央

三、五行旺衰

任何事物都逃不过生旺衰死的循环的"圈",五行也同样具有这个规律。不过,五行的旺衰规律是从一年四季的变化和十二地支两个不同的视角来观察、分析的。

(一)五行旺相休囚死

何为旺?正当时令为旺。如春天木旺,木旺生火,火乃木之子,子乘父业,火可以做官当宰相了，故火为相。木因水生，生我者为父母，今子嗣得时，已登上了显赫之位，生我者该退休享乐天年了，故水为休。火能克金，金乃木之官鬼，被火克制，处于无所施展才能的囚禁地位，故金囚。火能生土，土为木之财，财为隐藏之物，草木发生，土散气沉，所以春木克土，土则死。其他季节的变化也是同样的规律。

四季五行旺相休囚死如下：

春季：木旺　火相　水休　金囚　土死

夏季：火旺　土相　木休　水囚　金死

秋季：金旺　水相　土休　火囚　木死

冬季：水旺　木相　金休　土囚　火死

季月：土旺　金相　火休　木囚　水死

（二）五行寄生十二宫（结合后文的天干、地支参看）

五行寄生十二宫即长生、沐浴、冠带、临官、帝旺、衰、病、死、墓、绝、胎、养。

这十二种状态，以人的一生作比拟最为恰当。

长生： 万物发生向荣，如人始生而向长也。就像人刚刚降生阶段，人的一生刚刚开始，岂不是长生！八字经验证明，大凡日主临长生而不受刑冲破害的人多长寿。

沐浴： 又曰败，万物始生，形体脆弱，易为所损，如人生后三日以沐浴之，几至困绝也。小孩出生后要洗澡，就叫沐浴。新生易折，又叫败。子午卯酉为四败之地。大凡八字中子午卯酉多的人，最容易因色而败。贪恋女色，岂有不败之理！

冠带： 万物渐荣秀，如人具衣冠也。人长大了，就到了加冠成人阶段。

临官： 万物既秀实，如人之临官也，又叫进禄。人长成了，该加官进禄了。人遇此地是吉祥阶段。

帝旺： 万物成熟，如人之兴旺也。人已经到了鼎盛期，身体、事业等到了最高峰，是很吉祥的阶段。

衰： 万物形衰如人之气衰。人过了鼎盛期，就开始走下坡路了。

病： 由中年进入老年，各种病患不断，实为必然也。

死： 人的气数已尽，祸患连连。朝不虑夕也。

墓：墓又叫库，库藏的意思。万物成功而藏于库，如人终而归墓也。人死之后入土为安。

绝：又叫受气。万物在地中未有其象，如母腹空而未有物也。一切生命现象都不存在了，此时最为不吉利。

胎：又叫受胎。天地气高氤氲造物，其物在地中萌芽，始有其气。如人受父母之气也。人承受于父母，又开始受孕了。这是新的一轮循环的开始，象征新的生命和希望。因此，此阶段是吉利的。

养：又叫成形。万物在地中成形，如人之母腹成形也。

在推命时，遇到长生、帝旺、墓、胎为四贵，以吉论；遇到沐浴、病、死、绝为四忌，以凶论；其他以平论。

五行寄生十二宫的用法是将日干的五行和地支的五行对照去看，最主要的是以日干为出发点，以月支为重点，参看其他干支，用以确定不同的状态。如：日元为辛金，出生于十一月即子月，依表查得月柱地支子为长生，日支亥为沐浴，年支寅为胎，时支丑为养等。

五行寄生十二宫表

五行 状态	五阳干顺行				五阴干逆行			
	甲	丙戊	庚	壬	乙	丁己	辛	癸
长生	亥	寅	巳	申	午	酉	子	卯
沐浴	子	卯	午	酉	巳	申	亥	寅
冠带	丑	辰	未	戌	辰	未	戌	丑
临官	寅	巳	申	亥	卯	午	酉	子
帝旺	卯	午	酉	子	寅	巳	申	亥
衰	辰	未	戌	丑	丑	辰	未	戌
病	巳	申	亥	寅	子	卯	午	酉
死	午	酉	子	卯	亥	寅	巳	申
墓	未	戌	丑	辰	戌	丑	辰	未
绝	申	亥	寅	巳	酉	子	卯	午
胎	酉	子	卯	午	申	亥	寅	巳
养	戌	丑	辰	未	未	戌	丑	辰

五行的旺衰，宋人作的《穷通宝鉴》论述的相当精辟，对分析八字有很好的指导作用，特附文于此：

论四时之木宜忌

春月之木，余寒犹存，喜火温暖，则无盘屈之患；藉水资扶，而有舒畅之美。春初不宜水盛，阴浓湿重，则根损枝枯；又不可无水，阳气烦燥，则根干叶萎。须水火既济方佳。土多则损力，土薄则财丰。忌逢金重，克伐伤残；设使木旺，得金则美。

夏月之木，根干叶枯，欲得水盛，而成滋润之功，切忌火旺，而招自焚之患。土宜其薄，不可厚重，厚重反为灾咎；金忌其多，不可欠缺，欠缺不能斩削。重重佳木，徒以成林；叠叠逢华，终无结果。

秋月之木，气渐凋零。初秋火气未除，犹喜水土以相滋；中秋果已成实，欲得刚金之修削。霜降后不宜水盛，水盛则木漂；寒露后又喜火炎，火炎则木实。木盛有多材之美，土厚无任才之能。

冬月之木，盘屈在地，欲土多以培养，恶水盛而忘形。金纵多，克伐无害；火重见，温燠有功。归根复命之时，木病安能辅助？须忌死绝之地，只宜生旺之方。

论四时之火宜忌

春月之火，母旺子相，势力并行。喜木生扶，不宜过旺，旺则火炎；欲水既济；不宜太多，多则火灭。土多则晦光，火盛则燥烈。见金可以施功，纵重见财富犹遂。

夏月之火，乘旺秉权。逢水制则免自焚之咎，见木助必招夭折之忧。遇金必作良工，得土遂成稼穑。然金土虽为美利，无水则金燥土焦，再加木助，势必倾危。

秋月之火，性息体休。得木生，则有复明之庆；遇水克，难免损灭之灾。土重而掩息其光，金多而损伤其势。火见木以光辉，纵叠见而有利。

冬月之火，体绝形亡。喜木生而有救，遇水克以为殃。欲土制为荣，爱火比为利。见金则难任为财，无金则不遭磨折。

论四时之土宜忌

春月之土，其势孤虚。喜火生扶，恶木太过；忌水泛滥，喜土比助。得金而制木为祥，金多则仍盗土气。

夏月之土，其势燥烈。得水滋润成功，忌火煅烧焦坼。木助火炎，生克不取；金生水泛，妻财有益。见比助则蹇滞不通，如太过又宜木袭。

秋月之土，子旺母衰。金多而耗盗其气，木盛须制伏纯良。火重重而不厌，水泛泛而非祥。得比肩则能助力，至霜降不比无防。

冬月之土，外寒内温。水旺财丰，金多子秀。火盛有荣，木多无咎。再加比助为佳，更喜身强为寿。

论四时之金宜忌

春月之金，余寒未尽，贵乎火气为荣；体弱性柔，宜得厚土为辅。水盛增寒，失锋锐之势；木旺损力，有锉钝之危。金来比助，扶持最妙，比而无火，失类非良。

夏月之金，尤为柔弱，形质未备，更嫌死绝。火多不厌，水润呈祥。见木助鬼伤身，遇金扶持精壮。土薄最为有用，土厚埋没无光。

秋月之金，得令当权。火来煅烧，遂成钟鼎之材；土多培养，反有顽浊之气。见水则精神越秀，逢木则斩削施威。金助愈刚，过刚则折；气重愈旺，旺极则衰。

冬月之金，形寒性冷。木多难施斧凿之功，水盛未免沉潜之患。土能制水，金体不寒；火来生土，子母成功。喜比肩聚气相扶，欲官印温养为利。

论四时之水宜忌

春月之水，性滥滔淫。再逢水助，必有崩堤之势；若加土盛，则无泛涨之忧。喜金生扶，不宜金盛；欲火既济，不宜火炎。见木而可施功，无土仍愁散漫。

夏月之水，执性归源，时当涸际，欲得比肩。喜金生助体，忌火旺太炎。木盛则泄其气，土旺则制其流。

秋月之水，母旺子相。得金助则清纯，逢土旺则混浊。火多而财盛，木重而身荣。重重见水，增其泛滥之忧；叠叠见土，始得清平之意。

冬月之水，司令当权。遇火则增暖除寒，见土则形藏归化。金多反致无义，木盛是谓有情。水流泛滥，赖土堤防；土重高亢，反成涸辙。

（节录自《穷通宝鉴》）

注：五行四时宜忌要结合八字反复诵读，不断深化理解，然后转化为实战应用。

第二节　天干和地支

天干与地支合称为干支，它是我国先民创造出来的用来记数、记序、纪时、记空间方位的符号系统。

天干共有十位：甲、乙、丙、丁、戊、己、庚、辛、壬、癸。

地支有十二位：子、丑、寅、卯、辰、巳、午、未、申、酉、戌、亥。

天干地支怎么来的？由于年代久远，一直到今天也没有一个确切的认定。但从考古和文字方面的资料中还是追寻到了一点信息。

《史记·律书》中有十母、十二子的记载，十母就是十天干，十二子就是十二地支。把干支比喻成母、子关系，而不说成父、子关系，显然是母系社会的遗迹。

另一种解释是：干是干犯、干扰；支是支撑、支持。《左传》中有"天之所坏，不可支也"的记载，可能是说老天爷发怒了，发生了洪水、飓风或地震之类的灾害，地上的人难以支撑了。这种现象出现得多了，远古人类就可能试图用天干、地支搭配成周期，来记载、探索日月星辰运转与灾祥之间的联系。

也有人从字形上探讨干支的来源，因为中国最早的文字是象形字，文字的形象蕴含着内在的意义。"甲"字像植物的果实，露出的尾巴好似果子的柄；又好似动物的硬质外壳，《史记》就认为是"万物剖符甲而出也"。"乙"字，《汉书》解释为"奋轧于乙"，意思是植物刚发出嫩芽，还埋在土里，被土压成弯曲状，正要奋发向上的样子。郭沫若解释说"乙之像鱼肠"。也有人认为"乙是昂首行走的蛇"等。"辛"字，《史记》认为是"万物之辛生，故曰辛"，字形也似植物开始欣欣向上的样子。

地支用字多取象于字形，但文字记载并不多。

有了天干、地支，远古时代的人们就根据昼夜规律开始用干支纪日，因为，当时的人们首先感受到的应该是"日"的概念。这种用文字纪日法与结绳记事相较，是一个伟大的质的变化，是文明的跨越。从今天掌握的资料看，甲骨文中已经有了干支纪日的记载："在甲辰日，起大狂风，月食……在乙戌日……五人……"（《殷墟书契菁华》）

干支纪日是从什么时候开始的，说法不一。传说是起源于黄帝时代。黄帝即位时定为甲子年、甲子月、甲子日、甲子时，但毕竟是传说。《史记·殷本纪》有

"甲子日，纣兵败，登鹿台，衣其宝玉衣，赴火而死"。纣王是历史上有名的荒淫帝王，亡国是必然的。但死时也很讲究，穿上珠宝玉衣，再赴汤蹈火。这句话却给我们留下了干支纪日的证据，说明在公元前十一世纪已经用甲子纪日了。也有学者考证，至迟到春秋时鲁隐公即公元前722年起，直到清代宣统三年（1911年）都是连续干支纪日，已有了2600多年的历史。实际上，直到今天我们也没有舍弃干支传统纪年法，只不过公历纪年占了主流而已。

由干支纪日逐步发展为纪年、纪月、纪时，乃至于形成八字的概念。

学习八字，首先要从天干、地支的基本应用起步。

一、天干

十天干：甲、乙、丙、丁、戊、己、庚、辛、壬、癸。

（一）十干配阴阳五行

甲丙戊庚壬为五阳干，乙丁己辛癸为五阴干。

甲乙属木，甲为阳木，乙为阴木；丙丁属火，丙为阳火，丁为阴火；戊己属土，戊为阳土，己为阴土；庚辛属金，庚为阳金，辛为阴金；壬癸属水，壬为阳水，癸为阴水。

五 行	木	火	土	金	水
阳 干	甲	丙	戊	庚	壬
阴 干	乙	丁	己	辛	癸

简单的对应关系，却包含着丰富的命理内容，而且，应用又非常灵活。笔者在火车上与一男青年相遇。聊了几句，他说自己是1984年出生。我说："你今年（指2009年）该订婚或者结婚了吧？"一句话把他说愣了："我刚登记，你怎么知道？"1984年是甲子年，今年是己丑年，甲木是男青年八字的年干，与2009己丑年的年干相合。甲为阳木，阳为男。己为阴土，阴为女。甲己相合就是男女相合，岂不是应当成婚了吗？

（二）十干配四时方位

甲乙东方木，其时春；

丙丁南方火，其时夏；

戊己中央土，其时季夏；

庚辛西方金，其时秋；

壬癸北方水，其时冬。

五 行	木	火	土	金	水
天 干	甲乙	丙丁	戊己	庚辛	壬癸
方 位	东	南	中央	西	北
四 时	春	夏	季夏	秋	冬

一父母为女儿问考军校的事。其八字是：戊辰、乙丑、丁丑、庚戌。我说："今年（2009年）秋天能考上。"因为流年己丑为食神，是应当迁动的年份。立秋后为申酉月，庚金有力。金为喜神、丑为贵人，人逢喜事，又有贵人帮忙，当在立秋之后。

（三）十干配人体内外五行

十干配外五行：甲为头，乙为肩，丙为额，丁为齿、舌，戊、己为鼻面，庚为筋，辛为胸，壬为胫，癸为足。

十干配内五行：甲为胆，乙为肝，丙为小肠，丁为心，戊为胃，己为脾，庚为大肠，辛为肺，壬为膀胱，癸为肾。

天 干	甲乙	丙丁	戊己	庚辛	壬癸
外五行	头肩	额齿	鼻面	筋胸	胫足
内五行	胆肝	小肠心	胃脾	大肠肺	膀胱肾

《易经》不是中医学，但中医学吸纳了《易经》的基本原理。八字命理作为《易经》术数的一个分支，同样可以像中医那样透过天干看出人体相关部位包括疾病在内的相关的情况。比如，八字丁火弱而旺盛的癸水直接克伐丁火，就容易患先天性心脏病，或血液方面的毛病；戊己土被甲乙木克害，或戊己土旺而无泄，往往有脾胃方面的疾病等。

（四）十干配六神（星座名称）

甲乙为青龙，主喜庆之事。

丙丁为朱雀，主口舌是非官司。

戊为勾陈，忧田土、主牢狱。

己为螣蛇，主虚惊怪异之事。

庚辛为白虎，主血光丧服之事。

壬癸为玄武，主匪盗暗昧之事。

某女八字是：庚申、乙酉、丁亥、辛亥。格局从财，丙丁火就是忌神。25岁后走壬午大运。2006年丙戌、2007年丁亥，丙丁透出，朱雀开口，因老公找女人，而夫妻争吵不断，家无宁日。当然，不同的八字遇到丙丁而吉凶结果是不同的，务必把握八字大象喜忌为要。

另外，《滴天髓》对天干的论述相当精彩，有很强的实用性。不过，要细心领悟，才能得到其精髓。

甲木参天，脱胎要火。春不容金，秋不容土。火炽乘龙，水荡骑虎。地润天和，植立千古。

甲为纯阳之木，有参天之势，生于春初，木嫩气寒，得火而发荣；生于仲春，旺极之势，宜泄其菁英，所谓脱胎要火也。初春嫩木萌芽，不宜金克；仲春以衰金而克旺木，木坚金缺，故春不容金也。生于秋，木气休囚，而金当令，能培木之根，而生金克木，故不容土也。龙，辰也。支有巳午或寅午戌而干透丙丁，不惟泄气太过，抑且火旺木焚。宜坐辰，辰为湿土，能滋培木而泄火也。寅，虎也。支有亥子或申子辰，而干透壬癸，水泛木浮。宜坐寅，寅为木之禄旺，而藏火土，能纳水之气，不畏浮泛也。火燥坐辰、水泛坐寅，为地润，金水木土不相克，为天和，非仁寿之象乎？

乙木虽柔，刲羊解牛；怀丁抱丙，跨凤乘猴；虚湿之地，骑马亦忧；藤萝系甲，可春可秋。

羊，未也。牛，丑也。乙木虽柔，而生于丑、未月，未为木库，丑为湿土，可培乙木之根，乙木根固，则制柔土亦有余也。凤，酉也；猴，申也。生于申酉月，只要干有丙丁，就不畏金旺。马，午也。生于亥子月，水旺木浮，虽支有午，亦难发生。若天干有甲，地支有寅，名为藤萝系甲，可春可秋,言四季皆可,不畏砍伐也。

丙火猛烈,欺霜侮雪;能煅庚金,从辛反怯;土众生慈,水猖显节;虎马犬乡,甲来成灭。

五阳皆阳丙为最。丙者,太阳之精,纯阳之性,欺霜侮雪,不畏水克也。庚金虽顽,力能煅之;辛金虽柔,合而反弱。见壬水,则阳遇阳而成对峙之势;见癸水,则如霜雪之见日,故不畏水克,而愈见其刚强之性。见土则火烈土燥,生机尽灭。土能晦火,见己土犹可,而见戊土尤忌。生慈者,失其威猛之性也。显节者,显其阳刚之节也。虎马犬乡者,寅午戌也。支含寅午戌,而又透甲,火旺而无节,不敢自焚也。

丁火柔中,内性昭融;抱乙而孝,合壬而忠;旺而不烈,衰而不穷;如有嫡母,可秋可冬。

丁火,离火也,内阴而外阳,故云柔中。内性昭融,即柔中二字之注解。乙,丁之母也,有丁护乙,使辛金不伤乙木,不若丙火之能焚甲木也。壬,丁之君也。丁合壬能使戊土不伤壬水,不若己土合甲,辛金合丙之更变,君失其本性也(己土合甲,甲化于土,辛金合丙,丙火反怯)。虽时当乘旺,不至赫炎;即时值就衰,而不至歇灭(酉为丙火死地而丁长生)。干透甲乙,秋生不畏金;支藏寅卯,冬产不忌水。

戊土固重,既中且正,静翕动辟,万物司命。水润物生,土燥物病,若在艮坤,怕冲宜静。

固重两字,最足以形容戊土之性质。春夏气动而辟则发生;秋冬气静而翕则收藏,故为万物之司命也。戊土高亢,生于春夏,宜水润之,则万物发生,燥则物枯;生于秋冬,水多宜火暖之,则万物化成,湿则物病。艮坤者,寅申也。土寄四隅,寄生于寅申,寄禄于巳亥,故在艮坤之位,喜静忌冲。四生之地,皆忌冲克,土亦不能外此例也。

己土卑湿,中正蓄藏;不愁木盛,不畏水狂;火少火晦,金多金光;若要物旺,宜助宜帮。

戊己同为中正之土,而戊土固重,己土蓄藏,戊土高亢,己土卑湿,此其不同之点也。卑湿之土,能培木之根,止水之泛。见甲则合而有情,故不愁木盛;见水则纳而能蓄。此为己土无为之妙用。但欲滋生万物,则宜丙火去其卑湿之气,戊土助其生长之力,方足以充盛长旺也。

庚金带煞，刚健为最；得水而清，得火而锐；土润则生，土干则脆；能赢甲兄，输于乙妹。

庚金为三秋萧煞之气，性质刚健，与甲丙戊壬各阳干有不同。得壬水泄其刚健之性，气流而清；得丁火冶其刚健之质，锋锻而锐；生于春夏，遇丑辰湿土，能全其生；逢戊未燥土，能使其脆。甲木虽强，力能伐之；乙木虽柔，合而有情。

辛金软弱，温润而清；畏土之多，乐水之盈；能扶社稷，能救生灵；热则喜母，寒则喜丁。

辛金清润之质，乃三秋温和之气也。戊土太多，则涸水埋金；壬水有余，则润土泄金。辛为甲之君，丙又为辛之君，丙火能焚甲木，辛合丙化水，转克为生，岂非扶社稷救生灵乎？生于夏而火多，有己土则晦火而生金；生于冬而水旺，有丁火则暖水而养金，故以为喜也。

壬水通河，能泄金气；刚中之德，周流不滞；通根透癸，冲天奔地；化则有情，从则相济。

通河者，天河也。壬水长生于申，申乃坤位，天河之口。壬生于申，能泄西方萧煞之气，水性周流不滞，所以为刚中之德也。如申子辰全，又透癸水，其势泛滥，虽有戊己之土，不能止其流。若强制之，反冲激而成患，必须用木泄之，顺其气势，不至冲奔也。合丁化木，又能生火，可谓有情。生于巳午未月，四柱火土并旺，别无金水相助，火旺透干则从火，土旺透干则从土。调和润泽，仍有相济之功也。

癸水至弱，达于天津；得龙而运，功化斯神；不愁火土，不论庚辛；合戊见火，化象斯真。

癸乃纯阴之水，发源虽长，其性至静而至弱，所谓五阴皆阴癸为至也。龙，辰也，通干见辰，则化气之原神透出，为一定之理。不愁火土者，至弱之性，见火土多则从化矣。不论庚辛者，弱水不能泄金气，而金多反浊，即指癸水而言。合戊见火者，戊土燥厚，四柱见丙辰，引出化神，化象乃真也。若生于秋冬金水旺地，纵遇丙辰，亦难从化，宜细详之。

（选自《滴天髓》论天干宜忌）

二、地支

什么是地支？《三命通会》说："支，犹木之枝，弱而为阴。"地支就是树枝、分支的意思。

支是先民用来记月的一种方式，一年共有十二个月，分别用十二个地支加以表示。

十二地支：子、丑、寅、卯、辰、巳、午、未、申、酉、戌、亥。

（一）十二支配阴阳五行

子、寅、辰、午、申、戌为阳。

丑、卯、巳、未、酉、亥为阴。

寅卯为木，巳午为火，申酉为金，亥子为水，辰戌丑未为土。丑辰为湿土，未戌为干土。

五 行	木	火	土	金	水
阳 支	寅	午	辰 戌	申	子
阳 支	卯	巳	丑 未	酉	亥

（二）十二支配月建

正月建寅，二月建卯，三月建辰，四月建巳，五月建午，六月建未，七月建申，八月建酉，九月建戌，十月建亥，十一月建子，十二月建丑。

地 支	寅	卯	辰	巳	午	未
月 份	正	二	三	四	五	六
地 支	申	酉	戌	亥	子	丑
月 份	七	八	九	十	十一	十二

（三）十二支配四时方位

寅卯辰司春，巳午未司夏，申酉戌司秋，亥子丑司冬。

寅卯东方木，巳午南方火，申酉西方金，亥子北方水，辰戌丑未四季土。

四 时	春	夏	秋	冬
地 支	寅卯辰	巳午未	申酉戌	亥子丑

（四）十二支配时辰

我国干支纪时的形成较之干支纪年、纪月、纪日都稍晚一些，可能是因为一天中再划分出若干个时辰并不十分紧要的缘故。到了24小时的时序从西方传到中国后，十二时辰与钟点的对应关系就非常清晰了。

时辰与钟点的对应是这样的：

子时——23点到1点

丑时——1点到3点

寅时——3点到5点

卯时——5点到7点

辰时——7点到9点

巳时——9点到11点

午时——11点到13点

未时——13点到15点

申时——15点到17点

酉时——17点到19点

戌时——19点到21点

亥时——21点到23点

需要说明的是，子时是跨越了前一日的最后一个小时和后一天的最早一个小时。每一天的第一个时辰是子时，也就是说，前一天的晚上11点以后就已经是后一天的子时了。换句话说，晚上11点零1分开始就是第二天了。那么，由此说来，每年中央一台举办的春节联欢晚会，按照农历的纪时法，晚11点就进入新的一年了，为什么要等到公历纪年法的零点才撞钟而辞旧迎新呢？新的一年不是迟到了一个小时吗？要知道，我们是按照农历喜庆春节的，就应当在进入子时的那一刻撞钟才对。

(五) 十二支配生肖属相

地支可以配属相，天干却不能，为什么？命书认为：天干动而无相，地支静而有相。天是轻清的，地是重浊的，重浊才有万物。水至清则无鱼，天轻清则不能配万物。而大地重而浑浊，能生育万物。另外，十二属相有奇偶阴阳盛衰之分。

鼠、虎、龙、马、猴、犬六兽之足皆单，所以属阳；

牛、兔、蛇、羊、鸡、猪六兽之足皆双，所以属阴。

有人问蛇是无足的，为什么归入阴类？原因在于蛇本身就属阴类，虽不用足行，但亦有双头蛇。

地支	子	丑	寅	卯	辰	巳
生肖	鼠	牛	虎	兔	龙	蛇
地支	午	未	申	酉	戌	亥
生肖	马	羊	猴	鸡	狗	猪

(六) 十二支配人体

十二支配身体：子为耳，丑为肚，寅为手，卯为指，辰为肩、胸，巳为脸、咽、齿，午为眼，未为脊梁，申为经络，酉为精血，戌为命门，亥为头。

地支	子	丑	寅	卯	辰	巳
人体	耳	肚	手	指	肩胸	脸咽齿
地支	午	未	申	酉	戌	亥
人体	眼	脊梁	经络	精血	命门	头

十二支配脏腑：丑未为脾，辰戌为胃，子为膀胱，寅为胆，卯为肝，巳为心，午为小肠，申为大肠，酉为肺，亥为肾、心包。

地支	寅	卯	巳	午	申
脏腑	胆	肝	心	小肠	大肠
地支	酉	亥	子	辰戌	丑未
脏腑	肺	肾	膀胱	胃	脾

（七）十二地支与其他相配

十二地支除了以上几种对应关系外，还有一种与大地山川江河等自然物象相比拟的配比办法。

子为墨池。子位正北，属水，有墨池之象。据说，子年生人时逢癸亥，必为文章高手。

午为烽堠。午位正南，属火。午年生人时上见辰，为马化龙驹。

卯为琼林。卯位正东，时为仲春，万物生焉。卯年生人，时遇巳、未，此为兔入月宫，据说主大贵。

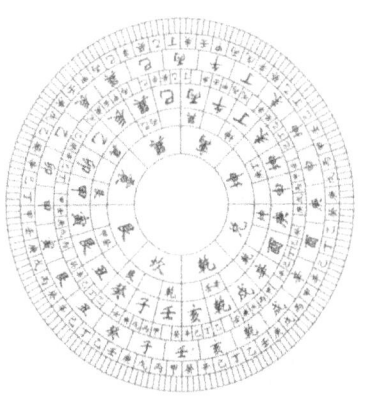

十二地支的方向以罗盘内圈为准。堪舆学家称之为地盘，也叫正针

酉为寺钟。酉位正西，为西方佛界之地，唐僧就到西天取经。酉近戌、亥，戌、亥为天门。寺钟一响，天门大开。寅又为广谷，见寅为钟鸣谷应。看来，也会有不错的名声、地位。

寅为广谷。寅为虎，虎年生人，时有戊辰，此为虎啸而谷生风，有震动万里之威。

申为名都。申为坤地，是帝王所居之地。申年生人见亥时，此为天地交泰，一切和顺。

巳为大驿。驿是道路。巳年生人，时上见辰，此为蛇化轻龙，据说主贵。

亥为悬河。猪年生人，日时上见寅、辰二字，此为水拱雷门。

辰为草泽。辰年生人再遇壬戌、癸亥，此为龙归大海，其贵非常。

戌为烧原。戌年生人逢上卯支，这叫春入烧痕，亦为贵格。

丑为柳岸。丑牛年生，时上见己未，此为月照柳梢，据说是极为上格之命。

未为花园。未年生人，时上见戊戌，两干不杂，此为双飞格，据说是最好不过的命相。

这些象征性的比喻，有时用在八字上还很灵验。有一空姐的八字是：丙辰、甲午、乙未、辛巳。我说："你在2007年非常风光。"她回答说："是的，被评为省级劳模。"2007年为丁亥年，亥为水，生肖龙，龙归大海嘛！

总之，十二地支中隐藏着相当丰富的内涵，几乎让人"猜不透"。为什么不少人认为八字或《周易》很神秘？因为地支中隐藏着一般人不能了解的神秘信息密码，当阴阳五行专家、学者或者有造诣者依照八字五行规律揭示其已经发生或者可能发生的事情的时候，就会认为神秘莫测、不可思议。所以，大凡认为八字是迷信的人，多是不懂《易经》、不懂干支规律的人。

某男生于1972年农历九月十二日，其八字是：壬子、庚戌、壬午、已酉。我们从八字的四个地支中就可以看出很多"象"即应当存在的人生现象：

1. 年支是子水，日支是午火。子为正北方，午为正南方，子午相对，天南地北，说明长大成人后不会困居家园、躬耕南亩，一定会走南闯北。而且，工作变化多、调动多。

2. 午火代表他的妻子，子午相冲，一个在南，一个在北，会长期分居。

3. 午为火，戌为火库，火旺则烈，宜从事公检法司、军人等具有火暴特点的职业。

4. 子为墨池，一手好文笔，应当是文章高手等。

上述推断是基本符合其人生实际的。可见，地支的各类对应关系并非子虚乌有、空中楼阁，而是前人智慧的总结。我们有什么理由简单地否认几千年形成的八字大智慧？

三、六十甲子

（一）六十甲子及其推算

我们知道天干是十位，地支是十二位。天干的第一位甲与地支的第一位子相配为甲子，天干的第二位乙与地支的第二位丑相配为乙丑，依次按顺序进行组合，到第十一位时天干用完了，就再从甲字开始按顺序组合。到第十二位时地支用完了，就再从子字开始按顺序组合。如此循环，等到天干和地支同时用完了，恰好是六十之数，俗称六十甲子。因为以甲为首的天干参加循环了六次，所以又称六十花甲子。

六十甲子表

1	甲子	乙丑	丙寅	丁卯	戊辰	己巳	庚午	辛未	壬申	癸酉
2	甲戌	乙亥	丙子	丁丑	戊寅	己卯	庚辰	辛巳	壬午	癸未
3	甲申	乙酉	丙戌	丁亥	戊子	己丑	庚寅	辛卯	壬辰	癸巳
4	甲午	乙未	丙申	丁酉	戊戌	己亥	庚子	辛丑	壬寅	癸卯
5	甲辰	乙巳	丙午	丁未	戊申	己酉	庚戌	辛亥	壬子	癸丑
6	甲寅	乙卯	丙辰	丁巳	戊午	己未	庚申	辛酉	壬戌	癸亥

六十甲子是八字术最为常用的基础材料，倒背如流，应用时才能信手捻来。

比如，有人说生于1949年，你就应当立即浮现"己丑"，运转了60年之后的2009年，还是己丑。当着记住了某个年份的干支后，也可以顺推或逆推而知道任何一个年份的干支。比如，2000年是庚辰，顺推2008年就是戊子，逆推1990年就是庚午。

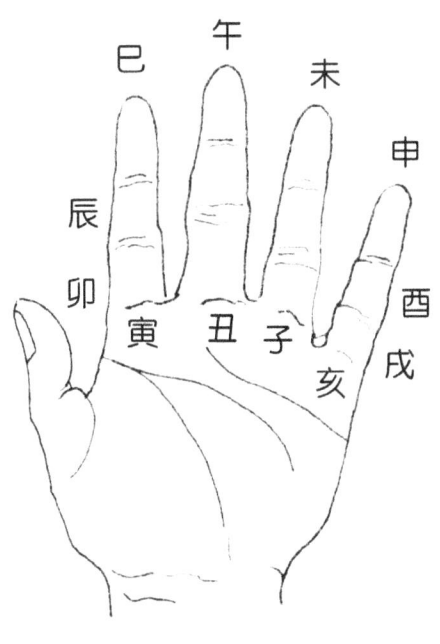

掌上干支图

推算干支最常用的也是最传统的办法是手掌推算法（掌上干支图），即把十二地支分布在手指上，每十年顺时针方向顺推，余年逆时针方向逆推。例如，某人只说2008年40岁，2008年为戊子，以手指上的子位为1岁，顺隔一字的寅位为戊寅11岁，再顺隔一字的辰位为戊辰21岁，再顺隔一字的午位为戊午31岁。推到此处，剩余的年龄不到10，于是逆推9年40岁就是己酉年，此人的年柱为己酉，是1969年生人。

（二）纳音五行及其特性

十干、十二支为正五行。六十甲子称为纳音五行。为什么称之为纳音五行？此类问题很难解说清楚，既使一些命书上也说是"圣人借意而喻之，不可著意执泥"。

从纳音五行的配合上来看，它是将六十甲子和古代宫、商、角、徵、羽五音十二律结合起来（今天的七音阶是由五音阶发展来的），用以代表一定性质的五行。

纳音五行歌诀如下：

> 甲子乙丑海中金，丙寅丁卯炉中火
> 戊辰己巳大林木，庚午辛未路旁土
> 壬申癸酉剑锋金，甲戌乙亥山头火
> 丙子丁丑涧下水，戊寅己卯城头土
> 庚辰辛巳白腊金，壬午癸未扬柳木
> 甲申乙酉泉中水，丙戌丁亥屋上土

戊子己丑霹雳火，庚寅辛卯松柏木
壬辰癸巳长流水，甲午乙未沙中金
丙申丁酉山下火，戊戌己亥平地木
庚子辛丑壁上土，壬寅癸卯金泊金
甲辰乙巳佛灯火，丙午丁未天河水
戊申己酉大驿土，庚戌辛亥钗钏金
壬子癸丑桑柘木，甲寅乙卯大溪水
丙辰丁巳沙中土，戊午己未天上火
庚申辛酉石榴木，壬戌癸亥大海水

纳音五行是根据什么确定的？至今学术界还在深入探讨。要揭示谜底，恐怕尚需时日，甚至永远都无法亮出纳音五行的底色。并非危言耸听，不是吗？中国的文化就是一种神秘文化。

对纳音五行的特性，我们可以作些讨论。

六十甲子分属五行，每一种五行又可以分为六种状态，其特性并不一样。

金，共有六种。海中金、剑锋金、白腊金、沙中金、金泊金和钗钏金。甲子乙丑海中金，为什么定为海中金？原因是：气在包藏，有名无形，犹人在母腹中也；壬寅癸卯金泊金，是因绝地存金，气尚柔弱，薄若缯缟；庚辰辛巳白腊金，是因金居火土之地，气已生发，金尚在矿，寄形生养于西方；甲午乙未沙中金，是因金气已成，混于沙而别于沙，居于火而炼于火；壬申癸酉剑锋金，是因气盛物极，申酉为金之正地，干值壬癸水，金水淬砺，故取象剑峰而金之功用极矣。庚戌辛亥钗钏金，是因金气开始伏藏，形体已残，炼成首饰，已成其状，藏于闺阁之中，金之功已经完成任务了。上述六种金，虽然解释有点牵强，但也符合自然规律。它们的特性是不同的。如火可以克金，白腊金是腊烛上的金就极易被克；沙中金，金在沙中，想克也难；海中金，金在海底，想克亦枉然；剑锋金喜火来克，金见火可成器，见火更加锋利。钗钏金已成有用之物，最怕火来相克。

木有六种，桑柘木、松柏木、大林木、杨柳木、石榴木、平地木。金克木，杨柳木就怕金克，大林木、平地木就不怕金克。剑锋金是成器之金，木就怕被克。另外木有多寡，木多就喜金来克；金有衰旺，衰金就不能克旺木等。

有的命理师专以纳音五行作为断八字的依据，即八字归入纳音五行，进而分析衰旺死绝多寡等情况，推断出人的命运状况。这种方法大多不采用，只作为一种辅助手段。

有些算命者是用纳音五行进行配婚的，主要看年命的生克关系，相生的就可以合婚，相克的就认为不合婚。如长流水和杨柳木，水可以生木，就可以结婚。杨柳木和剑锋金，金克木，合婚就不好。此种合婚是不全面的，因为除了看纳音五行外，主要的应是看八字五行的配合关系，以中和平衡为佳。当今合婚除了看四柱外，还要结合职业、学业、性格、形象、爱好、特长等进行综合评断。

第三节 编排八字的方法

掌握了天干、地支的基本知识就可以排八字了。

排八字，是学习八字的第一步，其方法较为简单，只要知道一个人出生的年月日时，按照下面的方法，四柱就"立"起来了。

一、排年柱

古代的人们在暑往寒来、春华秋实的生活体验中逐渐认识了年的存在，产生了年的概念。用干支纪年就是顺理成章的事了。

我们的祖先很早就测定了回归年的近似长度。《尚书·尧典》中说"期三百有六旬有六日"，就是一年366天。殷代后，认定一个回归年是365.25日。到秦汉时，规定这个数值为"岁"。需要注意的是年和岁的含义是不同的，年是以月亮运动为依据的，是阴历的时间单位。从阴历的正月初一朔日到十二月三十日（有时是29日）也就是354天为一年。而岁是地球绕太阳一周所需要的时间即365.25日，是阳历的时间单位。我们过春节都说是过年，而没有人说过岁。不过，人的年龄要称为岁，可能与太岁纪年法有关。所谓太岁纪年，就是木星纪年法，木星就是太岁。太岁绕太阳一周的时间是十二年（11.86年），恰与十二地支相对应。2007年是亥年，俗称猪年，太岁在亥方，即西北稍偏南的方位。俗话说"在太岁头上动土"，是指猪年在亥的方位动工修造。

今天我们常说的阴历，实际是阴阳合历，比较准确的说法应当叫农历。它是把月亮绕地球一周的时间即一个朔望月作为一个月，同时又把地球绕太阳一周的时间即回归年作为一年。这种历法的长处在于月相代表着日期，比如每月的初一必为朔日，绝对看不到月亮。十五、十六必为满月，七、八是上弦月，二十二、二十三是下弦月。同时，又与一个回归年的春夏秋冬相协调，是很符合我国农业立国的国情的。

排年柱的方法很简单，翻开万年历，一查便知。如某人是1941年生人，1941年是辛巳年，辛巳就是该人的年柱。其它年份的四柱查法依此类推。用掌上干支图也可以推算出年柱，那就不用翻"本本"了。

排年柱有两个不可忽视的问题：其一，一律用农历，只知道公历则需要对应为农历；其二，以立春为年的分界，也就是说立春节气是年的界线，立春前出生的，哪怕差几分几秒，也要用上一年的干支；立春之后出生的，哪怕差几分几秒，也要用当年的干支。

二、排月柱

古代先民在昼夜交替中生活，日出而作，日入而息。夜晚满天星斗，月亮时圆时缺，圆若玉盘，缺若蛾眉，不到30天周而复始。或许月亮的盈亏引起了月的观念，用干支纪月也就随之产生了。

1. 月份与地支的对应关系是固定不变的即正月建寅，二月建卯，三月建辰，四月建巳，五月建午，六月建未，七月建申，八月建酉，九月建戌，十月建亥，十一月建子，十二月建丑。这种对应关系是死杠杠，必须熟练掌握。

月柱的地支是固定不变的，而天干却是变化的。为什么呢？如果把天干比作苍天，地支比作大地的话，人类的感觉就是大地静而不动，而天在不断地移动变化。所以，要根据每年的年柱为固定的月份地支配上天干。

配天干需要记熟《年上起月古歌》，依歌诀而推定天干。

古歌：

> 甲己之年丙作首，
> 乙庚之岁戊为头，
> 丙辛之岁寻庚上，
> 丁壬壬寅顺行流。
> 更有戊癸何处起？
> 甲寅之上好追求。

甲己之年丙作首——年柱的天干为甲或己的，正月的干支为丙寅、二月为丁卯、三月为戊辰等……其他年柱的天干依歌诀而推。

配月柱的天干是从正月即寅月开始的，寅为虎，所以又称为"五虎遁"，意思是赶着老虎往前跑。

配月柱还要注意二十四节气的分界，不是正月初一开始就是寅月，二月初一就是卯月，而是根据节气来分属不同的地支月份。比如2009年立春时间是正月初十，初九日出生的孩子还是肖鼠，仍看作2008年的腊月。初十凌晨一点多立春，过了立春时间的当天就是寅月了。2009年是己丑年，根据"甲己之年丙作首"，月柱就是丙寅。

十二个月的节令分界是立春、惊蛰、清明、立夏、芒种、小暑、立秋、白露、寒露、立冬、大雪、小寒。

节与月份的对应关系如下：

正月寅　　立春——惊蛰

二月卯　　惊蛰——清明

三月辰　　清明——立夏

四月巳　　立夏——芒种

五月午　　芒种——小暑

六月未　　小暑——立秋

七月申　　立秋——白露

八月酉　　白露——寒露

九月戌　　寒露——立冬

十月亥　　立冬——大雪

十一月子　大雪——小寒

十二月丑　小寒——立春

三、排日柱

排日柱最简单的办法就是查万年历。

另外，盲派有一套推日柱的具体办法，不用翻"本本"就算出来了，显得神奇而高超。有兴趣者可以另行求教。

四、排时柱

排时柱需要依据日柱的干支，同样有一首歌诀：

甲己还作甲，

乙庚丙作初。

丙辛从戊起，

丁壬庚子居。

戊癸何处发，

壬子是真途。

甲己还作甲，日柱的天干是甲或己，从子时开始配置，子时为甲子，丑时为乙丑，寅时为丙寅，依次类推。其它日柱的天干同样依歌诀而推。

配时柱的天干是从子时开始的，子为鼠，所以又称为"五鼠遁"，意思是赶着老鼠往前跑。

命理界有"夜子时"和"早子时"的说法，也是学术争论的问题。所谓夜子时，是指晚上11点到零点之间的时间；早子时是零点到次日一点。一种主张是：凡夜子时生人，日柱仍用当日的日柱，而时柱要用次日子时的干支；凡早子时生人，其日柱要用次日的日柱，时柱也用次日的时柱。换句话说，夜子时生人的日柱为前一天干支，早子时生人的日柱为第二天干支，时柱一律使用第二天的时柱。另一种主张是晚上11点后的子时就已经是第二天了，日柱应当以第二天的为准。孰对孰错，难作定论。笔者曾在自己的著作中赞同过第一种说法。但实践中发现，还是第二种说法的准确率高。

学会了五虎遁、五鼠遁，再加上一本万年历，排四柱就易如反掌、随手拈来。比如，某人生于阴历1998年腊月10日夜23点35分，1998年是戊寅，腊月10日介于小寒与次年的立春之间，还是丑月。依"更有戊癸何处起？甲寅之上好追求"的歌诀，月柱为癸丑。查万年历知道10日为戊寅，但已经过了子时，应当看作第二天了，故日柱为己卯。再依"甲己还作甲"的歌诀，子时则为甲子。

天干、地支纪年、纪月、纪日、纪时，这种历法在世界上是绝无仅有的。据有人推算，若从黄帝建立甲子元年始，到1984年甲子已经是第78个甲子周期。按每个甲子是60年算，那么60×78=4680年，世界上还没有任何一个民族有如此久远的历法历史。

或许有人疑问，为什么我们中国采用干支历法沿用数千年而至今不衰？这确实是一个"谜"，一个值得研究的问题。笔者认为，中国文化就是天人合一的文化，看起来非常简单的十个天干、十二个地支，却包含着非常神秘的意义。天干、地支的配合，是远古先人们"仰则观象于天，俯则察法于地"的智慧结晶，天干就相当于天，大宇宙；地支就相当于地，承载万物的大地。天干、地支中包含着天地运行的大规律，当然也包含着因天地运转而产生的天灾人祸。

第四节　大运、流年、胎元和命宫

大运、流年、胎元、命宫，都是看八字的配套工程，是最基本的材料或者说依据，不可或缺。

一、大运

什么叫大运？大运是指一个人一生中若干个十年阶段的运气状况。"运者，运气也。""夫运者，人生之传舍。"

运是人生旅途上的住宿地。住宿地环境优雅和谐，就能为命提供良好的施展才能的条件和环境，就能春风得意，一路顺风，喜事连台。反之，住宿地处于病败死绝，毫无生气，人就会到处碰壁，祸不单行。可见，大运对人生的影响是极为重要的。

运的大小是以时间长度来划分的。称其为大，是因为十年一大运。人生有几个十年？除大运之外还有小运。称其为小，是因为小运代表一年的运程（小运略）。可见，对大运的推断带有关键性。

怎样排大运？首先，要掌握排大运的基本规则。其规则是：阳男阴女以生月的干支为基点顺排；阴男阳女以生月的干支为基点逆排。阳男是指阳年生的男子，阴女是指阴年生的女子；阴男是指阴年生的男子，阳女是指阳年生的女子。

那么，哪些年属于阳年？哪些年属于阴年？凡是年柱的天干为甲、丙、戊、庚、壬的为阳年；凡是年柱的天干为乙、丁、己、辛、癸的为阴年。

分清了阳年、阴年就可以排大运了。

（一）阳男阴女顺排法

首先排出八字，再计算出起大运的岁数。计算方法：从生日那一天起，顺数到节气为止，用得出的天数除以3，所得出的数即为起大运的岁数。如1994年农历十月廿五日辰时生男，十月廿五日正处于立冬之后，大雪之前。大雪时间为十一月初四，从十月廿五日数到十一月初四是9天，9除以3得3，3即为起大运的数，亦即该男子从3岁起开始行大运。

起大运的岁数是按下列法则计算出来的，即：

3天＝1岁

1天＝4个月（120天）

1个时辰＝10天

排出大运的运程：以生月为基点顺排，一般排八步即到80多岁了，当然要因人而异。

如：1994年农历十月廿五日辰时生男：

八字：甲戌　　　**大运**：3岁　　丙子

乙亥　　　　　　13岁　　丁丑

丁巳　　　　　　23岁　　戊寅

甲辰　　　　　　33岁　　己卯

　　　　　　　　……

年干甲木为阳干，阳男顺排。月柱是乙亥，大运顺排下来就是丙子、丁丑、戊寅、己卯、庚辰……廿五日正处于立冬之后，大雪之前，大雪时间为十一月初四，从十月廿五日数到十一月初四是9天，9除以3得3，3即为起大运的数，亦即该男子从3岁起开始行大运。

（二）阴男阳女逆排法

排出四柱后，再算出起大运的岁数。计算方法：从生日那天起逆数到节为止，用得出的天数除以3，所得出的数即为起大运的岁数。

假若1994年农历十月廿五日辰时生女：

八字：甲戌　　大运：7岁　　甲戌
　　　乙亥　　　　　17岁　　癸酉
　　　丁巳　　　　　27岁　　壬申
　　　甲辰　　　　　37岁　　辛未
　　　　　　　　　　……

年干甲木为阳干，阳女逆排，大运是甲戌、癸酉、壬申、辛未、庚午……从生日那天起逆数到立冬为20天，6岁零8个月起大运。

以上只介绍排大运的方法，至于如何依大运推断，有待于后文介绍。

另外，还有四限之说，要与大运结合起来，相互参照分析推断。年柱为初限，主管出生到16岁的气运。命理认为，若年柱被冲克，该人16岁前祖父母或父母有死亡之忧。若循环三刑或自刑刑入本限，本人有灾祸，重者死伤。月柱为次限，主管17岁到32岁之间的气运。若月柱被冲克，则父母或同胞有死亡之忧。若循环三刑或自刑刑入本限，主本人有灾祸，重者死伤。日柱为中限，主管33岁到48岁之间的气运。若日柱被冲克，则本人在33岁到48岁可能与配偶生离死别。若循环三刑或自刑刑入本限，多主本人死伤。时柱为后限，主管49岁之后的气运。若时柱被冲克，则本人或子女会遭受不利事故。若循环三刑或自刑刑入本限运，本人灾祸即应在此限期，多主死伤。

人们常说命运，实际上"命"和"运"是两个不同的概念。命是指四柱所反映出来的人的基本命相信息；运是指运气、运程。有人说好命不如好运，就是说八字虽然很好，妻财子禄俱佳，但赶不上好运气，徒有好命。反过来，八字构成虽然欠佳，但行运能助其喜用，补其不足，同样可以顺畅腾达，意气风发，顺利地达到期望的目标。当然，既有好命又有好运，此为上上吉也。

看大运，在总体上要把握一点，即十年一大运，干管前五年，支管后五年。但看干时要兼顾地支，看地支时可以不管天干。因为行运讲究方向，如寅卯辰为东方木运，巳午未为南方火运，申酉戌为西方金运，亥子丑为北方水运。行运的干支也有讲究，如庚申、辛酉、甲寅、乙卯，干支代表的五行是相同的，喜忌也相同。甲午、乙未、丙寅、丁卯，干支代表的五行为木火，此为木火同气，喜忌基本相同；庚子、辛丑、壬申、癸酉，干支代表的五行为金水，此为金水同气，为善为忌，大致也相同。庚寅、辛卯、壬午、癸巳、甲戌、乙丑、丙申、丁酉、戊子、己亥等，干支所代表的五行恰好天干克地支，这叫盖头，所喜所忌，则大不相同。反过来，甲申、乙酉、丙子、戊寅、庚午、壬辰等，干支所代表的五行恰好地支克天干，这叫截脚，所喜所忌，亦大不相同。所以看大运应干支合看，不能以一字定吉凶。

行运有喜有忌。命中喜神或用神，行运助之，这就是吉运；若与喜神用神相悖，这就是败运。正官为用，以财生官为喜，而运行食神为忌。如果原局有印，还可以回克食伤，无印则官星被伤。身弱用印，带财为忌。若运行劫财，反去其忌而得救，转忧为喜；若身强印旺，喜财损印，行运以财多为美，遇劫财则败。阳刃喜官煞，行财运则能生起官煞以制刃，此为喜；若刃轻煞重，就不能再行煞运，而应助刃等等。

分析行运，要兼顾八字，才能定吉凶。有的看似喜而实为忌。如原局用印，运行官乡，用神得助；好似喜运，然原命煞重身轻，行运以印劫护身为美，再行官煞，实为大忌。也有的看似忌而实为喜。如以财为用，行七煞为忌。若原局透食，食可以生财制煞，不畏官煞之地，此所谓逢凶化吉也。行运要注意区别干支，有的行干不行支，如丙丁巳午都是火，若亥年子月丙日生人，行丙丁运则可以帮身，行巳午运则衰神冲旺，反增加了水势。有的行支不行干。如甲日酉月，干透辛金且弱，逢申酉运则辛金有根为喜，行庚运则官煞混杂。既便是同类，也有吉凶之别。如丁日亥月，壬官透出，行丙运可以邦身，行丁运则合住官星。合煞为喜，合官为忌，或有官灾之忧。反过来，即使支是同类，也并非同为吉凶。如戊日卯月、丑年，行申运为长生．逢酉运则酉丑相合变伤官。

行运会遇到与原局相冲的情况，逢冲有轻重缓急之别。冲月令则重，冲它支则轻；冲喜用神为重，其它为轻；寅申巳亥相冲为重，子午卯酉相冲有成有败，辰戌丑未相冲最轻。有时逢冲不冲。如甲日生人以酉为官，行卯运则冲，但八字中有巳酉会局，冲力变小；或者柱中有亥未，正好亥卯合而不冲。

总之，分析行运与分析八字一样，要综合运用命理学知识，辨清喜用，详审八字，则百发百中。

古代留下一首《运通歌》与《运晦歌》，很值得玩味。

《运通歌》云：

　　三合财官得运时，绮罗香里会佳期。
　　洋洋已达青云志，财禄婚姻喜气宜。
　　运遂时来事事宜，布衣有份上天梯。
　　贵人轻着些力儿，指日青云实可期。

自是生来不受贫，官居华屋四春时。
　　夏凉冬暖清高处，肴馔杯盘胜别人。
　　此运祥光事转新，一团和气蔼阳春。
　　青云有信天书近，定是超群拔萃人。

《运晦歌》云：
　　比肩岁运必争论，斗讼官司为别人。
　　兄弟阴人财帛事，闭门还有是非临。
　　不作祯祥反作灾，外情牵惹是非来。
　　匣中珠宝牢难取，求谋不成又破财。
　　到此难留隔宿钱，求之劳碌又熬煎。
　　若还财聚主克妻，又是官灾口舌缠。
　　劫财羊刃两头居，外面光华内本虚。
　　官杀两头俱不出，少年夭折漫嗟吁

二、流年

流年又称为游年，或流年太岁，或太岁。

流年，顾名思义，就是游动着的太岁。什么叫太岁？"夫太岁者，乃一岁之主宰，诸神之领袖。"称其为流年，是说太岁游行十二宫，且游行十二宫是按照子丑寅卯辰巳午未申酉戌亥的顺序寄居的。1994年太岁寄居戌宫，那么1995年寄居亥宫，1996年寄居子宫，依次游行。

八字为什么还要讲究游年太岁呢？这是因为它可以"定一年之祸福，为四时之吉凶"。太岁与下列项目发生关系。

1. 太岁与大运

大运管十年之否泰，太岁是一年之主宰。可见，大运对人作用的长度、力度都超过太岁。说得具体点，推命时，以日干为中心进行五行喜忌的推断，遇喜则吉，遇忌则凶。大运吉，太岁也吉，其年大吉；大运吉，太岁凶，其年虽有凶，但不致大凶；大运凶，太岁亦凶，则凶不可免；大运凶、太岁吉，则吉凶互见。

在判定吉凶的过程中，要特别注意太岁与大运之间的战、冲、和、好关系。

战就是岁运战克，如大运是丙，太岁是庚，运来克岁。要辨其年吉凶就要看喜忌之生克制化。若日主喜庚，庚得生助而丙受重重克制，其年以吉断。反之，则凶。冲就是岁运相冲。如子运午年，若日主喜子，子得多方生助，而午无助，其年无凶。反之则凶。和，就是相合、和好的意思。如庚运乙年，乙庚相合。还要看化与不化，若合而能化，化神又为日主所喜，其年则吉；若合而不化，则不能以吉论。地支相合也是同样。好，是指同类的意思，如丙运巳年，丁运午年；或丙运丁年，丁运丙年等。岁运虽好，若与日主不协，仍不以吉论。

2. 太岁与日柱

日柱代麦己身，所以，日柱与太岁的关系至关重要。命书上说"日犯岁君，灾殃必重"，"岁君伤日，有祸则轻"。为什么？原因是岁为君，日为臣，君可以治臣，岁克日是上治下，君臣之间还有昔日的情结，治罪必轻。假若日犯岁君，如日干为庚，太岁为甲，触犯太岁，以下犯上，神灵大怒，其凶不可避免。同时，还要看是否"有情"、"有救"。如四柱中有火克金或大运中可以制伏庚金，此为有救。若四柱中或大运中有"己"字，合住太岁，此为有情。有情有救，可以逢凶化吉，化不利为有利。

另外，还有"征"、"晦"之说。征是战的意思，征太岁就是日柱与太岁相冲战。如太岁为甲子，日柱为庚午。遇上征太岁，祸患难免。晦是指晦气。日干支合太岁干支曰晦，如甲子日、己丑年，主一年晦气，办事反复，难于达到目的。有的命书对晦气说予以驳斥，认为合太岁是君臣和好，不但无晦，反应有喜庆之事，并以"屡屡应验"相证。实践是检验真理的唯一标准。我们认为，晦气说有些绝对化，究竟是晦是喜，还是从日主的喜忌出发，既看合又看化，化出喜神必为喜庆，化为忌神必为灾晦，只合不化，必为牵绊。至于日柱与太岁为相生的关系，当然应以吉断。

3. 太岁与四柱

太岁与日柱之间的关系是重要的，与其他三柱的关系亦不可等闲视之，仍要以日柱之喜忌为中心，根据战、冲、和、好的种种情况判定吉凶祸福。假如四柱同克太岁，必有生命之危。四柱同来克太岁的情况是极罕见的，大多是三柱冲克太岁或三位地支冲克太岁地支，如四柱中有三酉，太岁地支为卯，构成三酉冲一卯的局势。遇到此类情况，就要辩析大小运有无解救。若无，生命难保。比较多的情况是四柱分别冲克太岁。若年柱、月柱冲克太岁，年为祖上，月为父母、兄弟，则主父母，或兄弟姐妹同胞有灾；时柱冲克太岁，主子女有灾。灾之有无要看其它干支和大小运干支有无解救而定。需要注意的是，月令提纲最怕太岁冲克，"月令提纲不可冲，十冲就有九次凶"，冲克则有祸。不过，不是绝对的，还有冲月令而吉利的呢。

除此之外，太岁与小运、命宫、胎元、神煞等，都会发生生克制化、刑冲克害的关系，各种关系的作用远不如大运、四柱、日元之重，故略而不述。

论太岁还要兼顾月建，因为流年吉凶祸福是可以具体到月份的。看月建的基本原则是月建有利于用神则吉，不利于用神则凶。

具体分析应注意这样几点：

其一是看月建与太岁的关系。太岁是一年中的主宰，太岁吉，月建又吉，其月大吉；太岁凶，月建亦凶，其月大凶。若太岁吉，月建凶；或太岁凶，月建吉，则以太岁的吉凶为重，月建的吉凶次之。

其二是看月建与时令的关系。如春季木旺，甲寅、乙卯、甲辰月木更旺，若喜用神为木，当以吉断；丙寅、丁卯、丙辰月火势亦强，若喜用神为火，当以吉断。戊寅、己卯、戊辰月土虚，若喜用神为土，则不能以吉相断；庚寅、辛卯、庚辰月金衰，若喜用神为金，不以吉断；壬寅、癸卯、壬辰月水弱，若喜用神为水，不以吉断。其它以此类推。

其三是看月建、太岁、命局之间的生克制化关系。如月建吉，但被命局中某神所克合，若太岁能制住克合之神，仍以吉断；反之，月建凶，喜被命局中某神克住合住，然太岁又制住克合之神，仍以凶断。月建吉，而命局中某神克合月建，太岁又生扶克合之神，其月凶多吉少；月建凶，喜被命局中某神克住合住，太岁又生扶克合之神，其月吉多凶少。

三、胎元

什么是胎元？"元者，始也。"胎元，就是受胎的初始月份。

排胎元的方法有两种：

第一，从生日上推三百日。比如1967年农历六月十日丑时生男，其出生日为壬午，向前推300天，再找到壬午日，1966年农历八月初六日（壬午）就是受胎的日子，八月就是此人的胎元。俗话说，十月怀胎，大体就是如此。

第二，月柱下推。推排的方法是：月柱的天干向下顺推一位，地支向下顺推三位，所得出的干支就是胎元。如甲子月生人，甲向前推一位是乙，子向前推三位是卯，乙卯就是胎元。

为什么要推排胎元，因为胎是生长的开始，胎月是气数形成的时间，是四柱的根基。不分析推算根基，人的一生吉凶福祸就难有定论。可见胎元是推算时的枢要。有些算命者不太重视胎元，这种观点是不对的，在实践中也常常因不重视推排分析胎元而发生差异。

四、命宫

宫，就是归属、归宿的意思。一个人劳作一日，日落归家。秋风萧煞，横扫落叶，落叶归根。命宫就是人命之归宿。"神无庙无所归，人无室无所栖，命无宫无所主。"可见，没有命宫就没有安身之所，命宫对人的命运有相当重要的影响。

排命宫的具体方法是：先把出生的月份从子位正月逆推上去，然后把出生的时加在出生的月份上，由此顺数十二位，数到卯时，就得出安命宫的地支。如丙寅年八月午时生人，先由子位正月逆推，子正月、亥二月、戌三月、酉四月、申五月、未六月、午七月、巳八月，八月的地支在巳位上。接着把巳位看作出生的午时，从午顺推到卯位，卯位所停的地支就是命宫地支。午（巳）、未（午）、申（未）、酉（申）、戌（酉）、亥（戌）、子（亥）、丑（子）、寅（丑）、卯（寅）。卯位停于寅，寅就是命宫的地支。这就是所谓的"逢卯安命"。

推出地支还要推天干，办法是依五虎遁。

推排命宫需特别注意的是节气。排八字的月柱以"节"为依据，而排命宫则是以"气"为依据，即以中气为准，过中气作下月推。如生于雨水之后春分之前，月份应以卯为推排的依据。

命宫推出来了，按古代算命的规矩，还要在八字旁边写上"安命某宫"的字样。如"安命庚寅"或"安命寅宫"。这样做，便于与八字、大运、流年等相对照。至于写与不写，那就自行其便了。

第五节　八字中的独特概念——十神

八字是人的生命的全息系统，按照命理学说，其生老病死、贵贱寿夭、亲疏穷富乃至于品格高下、形象道德等都隐藏在八个字的信息密码之中。为了揭示其内在的联系，就根据干支之间的生克关系创立了一套独特的概念即"十神"，然后，术士专家们再根据这些概念推断人的吉凶祸福等。

十神是以日主即日干为"我"而与其它七字的生克关系而确定的。其基本规则是：

生我者为印绶（正印、偏印）；
我生者为食伤（食神、伤官）；
克我者为官煞（正官、七煞）；
我克者为妻财（正财、偏财）；
同类者为比劫（比肩、劫财）。

五阳干六亲表

六亲\日干	比肩	劫财	食神	伤官	偏财	正财	偏官	正官	偏印	正印
甲	甲	乙	丙	丁	戊	己	庚	辛	壬	癸
丙	丙	丁	戊	己	庚	辛	壬	癸	甲	乙
戊	戊	己	庚	辛	壬	癸	甲	乙	丙	丁
庚	庚	辛	壬	癸	甲	乙	丙	丁	戊	己
壬	壬	癸	甲	乙	丙	丁	戊	己	庚	辛

五阴干六亲表

六亲\日干	比肩	伤官	食神	正财	偏财	正官	偏官	正印	偏印	劫财
乙	乙	丙	丁	戊	己	庚	辛	壬	癸	甲
丁	丁	戊	己	庚	辛	壬	癸	甲	乙	丙
己	己	庚	辛	壬	癸	甲	乙	丙	丁	戊
辛	辛	壬	癸	甲	乙	丙	丁	戊	己	庚
癸	癸	甲	乙	丙	丁	戊	己	庚	辛	壬

印绶分为正印和偏印。凡阴阳之间的相生关系为正印，比如日干甲木，癸水生甲木，是阴阳相生关系，癸水就是甲木的正印；壬水也生甲木，却是阳水生阳

木，故壬水是甲木的偏印。甲木生丙丁火，丙为食神，丁为伤官；庚辛克甲木，辛金为正官，庚金为七煞，又叫偏官；甲木克戊己土，己土为正财，戊土为偏财；甲木与甲乙是同类，乙木为劫财，甲木为比肩。

日主与地支之间是不能直接发生生克关系的，而只能与地支中隐藏的天干发生生克。天干纯正，而地支中隐藏的东西就比较多，就像地下有诸多矿藏一样。

地支所藏也不完全相同，分别藏有1~3个天干。

歌诀如下：

　　子官癸水在其中　　丑藏癸辛己土同
　　寅官甲木又丙戊　　卯中乙木独相逢
　　辰藏乙戊又癸水　　巳中庚金丙戊丛
　　午官丁火并己土　　未官乙木与己丁
　　申位庚金戊土壬　　酉中辛字独丰隆
　　戌官辛金与丁戊　　亥藏甲壬是真踪

地支	子	丑	寅	卯	辰	巳
所藏	癸	己癸辛	甲丙戊	乙	戊乙癸	丙庚戊
地支	午	未	申	酉	戌	亥
所藏	丁己	己乙丁	庚壬戊	辛	戊丁辛	壬甲

地支所藏应注意的是：地支所藏的天干五行与地支本身的五行相一致的为本气，本气可以充分地体现该地支性质，其作用和力量也最强。如辰中藏有戊土、乙木和癸水，戊土与地支辰土的五行相一致，戊土即为辰的本气，戊土的力量远较乙木和癸水为大。

地支所藏是有规律可循的。子午卯酉四正方（子为正北方，午为正南方，卯为正东方，酉为正西方，称为四正方），其中子、卯、酉各藏一个天干，唯有午藏两个天干；寅申巳亥四生方（寅为火的长生，申为水的长生，巳为金的长生，亥为木的长生，称为四长生），其中寅申巳各藏三个天干，唯亥藏两个天干；辰戌丑未四库（辰为水库，戌为火库，丑为金库，未为木库）中均藏三个天干。

掌握了地支所藏，我们就可以排出三元（天干为天元，地支为地元，地支所藏为人元）了，这是八字术的必要步骤。现举例说明：

假若某男生于2009年公历的2月12日10时，其八字为：

己丑、丙寅、戊子、丁巳

日主为戊土，以戊土为中心与其它七字发生生克关系。年干己为劫财，月干丙为偏印，时干丁为正印。年支丑中所藏的己为劫财，癸为正财，辛为伤官；月支寅中所藏的甲为七煞，丙为偏印，戊为比肩；日支子中所藏的癸为正财；时支巳中所藏的丙为偏印，庚为食神，戊为比肩。

十神又称为六亲，有其模式化的、固定的对应关系。如下表：

	正官	七煞	正印	偏印	比肩	劫财	食神	伤官	正财	偏财
社会关系	上司	敌人	贵人	亲属长辈	朋友	朋友	晚辈			
	师长	小人	助我师长	意外助力	同辈	同辈	学生	晚辈		
		恶势力				下属	下属			
		苛刻师长				仆人	仆人			
男命	女儿	儿子	母亲	祖父	兄弟	姐妹	女婿	祖母	妻子	父亲
	侄女	姐夫	外孙女	男外孙	姑丈	儿媳	孙儿	孙女	兄嫂	伯叔
	外婆	妹婿		外父		外公	外母	弟媳	情人	
		侄儿					姑母			
女命	丈夫	情人	祖母	母亲	姐妹	兄弟	祖母	儿子	父亲	家婆
	姐夫	儿媳	儿婿	孙女		家公	女儿	夫家姐妹	伯叔	兄嫂
	妹婿	夫家姐妹	孙儿						弟媳	
		外婆							姑母	

看六亲，其法宜活，不可拘泥。生我者为父母，为什么偏财为父？只因偏财为母之正夫。如甲以癸为正印，戊癸合，戊为偏财为父。若遇阴干，仍以阳干取法为准。如乙日生人亦以癸为母、戊为父。若有戊而无癸，则以壬水为母。至于为什么以官煞为子女，其争论颇多。有人认为人生在世，受父母管束少，受子女管束多。亦为一家之言。

《滴天髓》是以印为父母，食伤为子女，其说法与自然之理相通。又有以偏印为继母，比肩为兄，劫财为弟的说法，也常有验证。

总之，看六亲并不是一成不变的死板教条，必须灵活运用。比如官煞为子，若身弱不胜官煞，则当以印为子，这就是常说的"身强财为子，身衰印作儿"。

第三章 变化论——五行量变分析法则

八字天干、地支的阴阳五行属性是凝固的、静态的、永恒的，所以有人认为八字提供的生命信息是永远不变的。这是就其干支的属性而言。若就其干支五行量的变化而言，一方面具有量的规定性，另一方面又始终处于动态的消长变化之中。所谓量的规定性，是指先天八字各干支五行的量是确定了的即各干支五行的含量已是一个定数。不过这个定数如何计算，尚没有具体的切实可行的操作办法。虽然有人用算术法即用粒或度表示不同五行的数量，但真正掌握起来也相当麻烦。既便用这个方法加以计算，所得的结果也未必完全合乎人的命运规律，反不如用传统的分析方法，根据生克制化、刑冲合害作增减估量，以模糊数学的方法加以概算更科学、实用些。所谓量变即动态的消长变化，主要来自于岁运流转。斗转星移，日月往来，八字中的干支就会因岁运阴阳五行的牵动而发生量的变化。量变到质变，才有了人的吉凶祸福。因此，分析八字干支阴阳五行的量变规律是推断八字的基本功。

干支五行的量变主要因素是生克合化，刑冲破害。现对其分别予以阐述。

第一节　五行相生

金生水，水生木，木生火，火生土，土生金，这是五行相生的最基本规律。在这个基本规律之下，更有能生不能生，受生不受生以及由此而引起的相生主客体之间的量的变化。因为只有懂得量的变化，才能判定干支五行的旺衰强弱，进而推断人的命运的变化起伏。

其一，同性相生与异性相生。壬癸水都可以生甲木，壬水与甲木是同性相生，癸水与甲木是异性相生。一般说来，异性相生为尽力相生，犹如生母与子女之间的关系一样，生母扶助子女是不遗余力的。但有时正印反不如偏印助力更大。甲木可以生丙丁火。甲丙之间为同性相生，甲丁之间为异性相生，其理与壬癸水生甲木相同。需注意的是壬癸水生甲木，甲木增力而壬癸水耗力。甲木生丙丁火，丙丁火增力，甲木则耗力。耗力者为喜用则不吉，为忌神则吉。增力者为喜用则吉，为忌神则不吉。

看八字时一定要顾全大局，既要看到增力的五行，又要明察耗力的五行。把握了量的变化断八字才有底数。《天元赋》有几句歌诀，可以体味：甲得癸而滋荣，衣食自然丰足。乙伴壬而获福，天赐禄位高崇。丙乙交会，平生福寿超群，戊印丁兮，似虎居山谷之威。己交丙兮，像龙得风云之势。庚逢己土，官禄有余。辛到戊乡，衣食自足。壬辛得会，福寿无疆。癸庚相逢，偏饶仆马。

其二，干支之间相互损益。有的命书上认为天干可以生天干，地支可以生地支，而天干与地支之间不能相生既天干不生地支，地支不生天干。这是一种认识上的错误。天干甲木，地支有亥子，这叫通根，其实质在于因相生而扎根。若地支中没有水份，甲木就成了无本之木。地支有巳午火，甲木亦可以助火之力。不过干支之间的相生关系一般不说谁生谁，常以通根不通根相论。实际上，天干地支之间会因相生而发生五行量的变化。天干为喜用，最喜地支通根；地支为喜用，最宜天干资扶。天气下降，地气上升，交融变化，五行流转，才是好八字。

其三，受生与不受生。在一般情况下，相生的客体受益，主体受损。但客体五行偏枯或气候过寒过暖就有不受其生的现象发生。如甲木偏枯（无根为枯，有根为弱），即使有水，甲木亦不受其生，其五行含量亦不会增益。犹如一棵树木，树根彻底枯烂，已失去了吸收水份的功能。若天气过寒，八字无调候神，水再多也不能生木，冻水不能生木，木亦不受水生。

其四，反相生。相生的主客体五行含量极度悬殊而形成反相生，如土多金埋，土本来生金，但土太多而金过少，反有埋金之患，受生的金的五行含量不仅不能增益反而减少。同理，火多则土焦，木多则火炽，水多则木漂，金多则水浊。若相生的主体过于薄弱而客体过于厚重，仍为反相生。如水多金沉，木多水缩，火多木焚，土多火晦，金多土弱等。

坤造：辛丑　　大运：2 甲午
　　　癸巳　　　　　12 乙未
　　　癸亥　　　　　22 丙申
　　　壬戌　　　　　32 丁酉
　　　　　　　　　　42 戊戌

这个八字中有三组顺序相生的关系，即火生土（巳生戌丑），土生金（丑生辛），金生水（辛生壬癸）。天干两癸水一壬水，又有辛金生水，日支为亥水，年支丑土为冻土，虽生于四月立夏之后，但巳亥相冲，火熄而无焰。若有木，方能泄水生火，必聪明绝类，事业有成。惜无木消水，一大遗憾。若用戌土止水，又恐水多土散，但别无可用之物，戌土权且为用。用神为戌土，最喜火来生土。但火被亥水冲尽，已无生土之功。火又为心脏、血液，患先天性心脏病已成必然。水为病神，最忌金再生水。辛金自坐丑土，土能生金，金又生水，辗转助凶。整个八字喜生不能生，忌生反相生，忌神结党，喜用无力，其命可知矣。

再看行运，初运甲午、乙未，木火相连，喜用不悖，生活顺畅。丙申大运，丙辛合，虽为助凶之合，但合去辛金忌神，亦无大害。大运走"申"字，巳申合，合住巳火。1993 年癸酉，巳酉丑合成忌神局，必凶（心脏病动手术）。第四步运丁酉，丁壬合，合住壬水，亦平顺。一入酉字，又合成忌神局，亦大凶（再次因心脏病动手术）。42 岁后戊戌大运，可望平安。

乾造：甲辰　　大运：1 丁卯
　　　丙寅　　　　　11 戊辰
　　　己酉　　　　　21 己巳
　　　乙亥　　　　　31 庚午
　　　　　　　　　　41 辛未

这个八字五行俱全，顺序相生。其源头为甲木，甲木生丙火，丙火生己土，已土生酉金，酉金生亥水，亥水生合寅木。

春月木旺，日主己土受克而衰，最喜丙火明透，泄木生身，一箭双雕。同时丙火亦有调候之功。本来日主弱，忌见官煞，因有丙火泄官煞而化忌为喜。假若甲与丙调换一下位置即年干为丙，月干为甲，甲木必克身无疑。年干丙火因有甲木隔挡而不能尽生日主，且丙火自坐辰土，火力大减，其格局大大减色。虽也能做官，但品位必下降，仅为一般干部而已。水为忌神，因有寅亥合而绊住忌神。整个八字有情者得生得助，无情者被合被绊，左右相互拱卫，上下生合有情，不贵而何？我断其1970年上小学一年级时就当上了班长或副班长，一言中的，来者目瞪口呆（命理：合煞留官，八字顿时清透）。1995年和2000年都得到提升，现应当为科级干部（实为某县公路局长）。今后发展亦前途无量。

乾造：戊戌　　**大运**：6 丁巳
　　　　丙辰　　　　　　16 戊午
　　　　丙寅　　　　　　26 己未
　　　　辛卯　　　　　　36 庚申

这个八字有这样几组相生关系即木生火，火生土，土生金。木生火，寅卯木都可以生火，日主丙火自坐偏印，亦自坐长生。寅中本来就藏着丙火，寅木生丙火较之卯木生丙火更为有力，这就是常说的"偏印反比正印佳"。加之寅卯辰会东方木局，又有生火之功，故丙火由弱转强。火生土，辰居月令，辰戌相冲，又有戊土透干，土厚重而旺，泄弱了丙火，丙火之气下降，土之气增加。土生金，辛金自坐绝地，又有丙火克之，辛金偏枯，不受土生，故金不能增力，土亦不减力。

综上观察，该八字食伤旺、印多而日元亦不弱。食伤重，食伤为生财之元神，故断其以富为主，人生平稳，一生不缺钱花。初运丁巳，比劫帮身，生活快乐，学习成绩亦佳。次运戊午，日元临旺，学业、事业均顺利。第三步运己未，虽大运伤官，因八字组合甚好，加之未土仍为南方火地，故伤官运亦无灾厄。唯1992年壬申，流年七煞逞肆，工作不顺，会与领导发生矛盾。自此之后，大运接续庚申，人生不如过去辉煌，但仍无大碍。逢流年印比，反主进财。该八字启示我们，看八字当以命为主，运次之。命是人的根基，根基好，即使逢稍差之运亦能顺遂，只是不如喜用神运更意气风发而已。

第二节　五行相克

相克与相生都是五行间关系的最基本规律。因相克或相生而引起五行含量的变化，含量变化的表现形态就是命运的变化。因此，研究相克不能仅停留在金克木，木克土，土克水，水克火，火克金的表面上，更应重点研究因相克而演化出来的各种五行的量变规律，以期准确判定人生吉凶祸福。

其一，同性相克为重，异性相克次之。同性相克犹如两个男人或两个女人之间的争斗，同性之间的矛盾没有调和的余地。异性之间相克犹如男女之间的争斗。中国有句俗话叫"男不与女斗"，用在阴阳五行上恰如其分。如果说同性相克表现为矛盾的激烈性的话，异性相克则表现为矛盾的缓和性。甲乙木都能克戊土，甲木克力重，乙木克力轻。

其二，盖头、截脚之说。盖头、截脚表现为干支之间的相克关系。干克支属于盖头，支克干属于截脚。比如甲戌为盖头，木克土，土受损，甲木亦耗力。若戌土为喜用，会因甲木盖头而耗损了能量，降低了喜用价值。再如甲申为截脚，申金克伐甲木。若以甲木为喜用，会因截脚而耗损了能量，亦降低了喜用价值。

其三，能克与不能克。犹如两人打架，有没有力量去与对方作战。甲木克戊己土，一般情况下是被克之客体受损。但甲木临死绝之地，其力甚微则不能克制戊己土。

其四，反克。相克之主体克伐被克之客体，是一般相克规律。当客体盛极而主体单薄时则为反相克，或客体极衰而主体过盛时则会产生反克效果。客体极盛而主体过弱而反克者，如金能克木，木坚金缺；木能克土，土重木折；土能克水，水多土流；水能克火，火炎水灼；火能克金，金多火熄。客体极衰而主体过盛而反克者如：金衰遇火，必见销熔；火弱逢水，必为熄灭；水弱逢土，必为淤塞；土弱逢木，必遭倾陷；木弱逢金，必为斫折。

乾造： 癸卯　　**大运：** 2 己未
　　　　庚申　　　　　　12 戊午
　　　　庚寅　　　　　　22 丁巳
　　　　己卯　　　　　　32 丙辰
　　　　　　　　　　　　42 乙卯

该乾造八字有三组相克即金克木，木克土，土克水。金木相克，其力量相差无几。秋月金旺，庚金透出，透出则力显。地支有两卯一寅，木多为强，又有癸水雨露生木，更助其强势。但金木相较，金临月令又透于天干，其力量和气势占上风，两军交战，其金必胜。第二组木土相克。七月之土休囚无力，己卯时柱，截脚受克，自坐死地，被克而绝，忌神无力，反主喜庆。第三组土克水。一方面水土远隔，千里之遥不能相克；另一方面，土气休囚无力，亦不能克水。

综合以上三组相克关系，金克木是主流，木为财，身强财旺，又有癸水通关，应是善于理财的干部（实为某市委员会财务科长）。再看行运。初运己未，全局己土处于死绝，本不能生金，但大运碰上己未，己土增力，忌神逞凶，生助比肩，克去癸水，癸水不能通关，形成众劫夺财的气势，必出身清贫，其父多病。第二步运戊午，闪光的年份在1982年。流年壬戌，岁运命合成寅午戌火局，金旺遇火，随炼成器皿，必能高考中榜（考上大学）。第二步大运丁巳，身强财官旺，行官运必升官。从毕业分配到提拔重用，一路春风。第四步大运丙辰亦佳。但辰运不吉，这五年的基本特点是吉而不吉。所谓吉，就是寅卯辰会成财局，收入大增，既有内财又有外财，拿工资还有另外收入。所谓不吉就是仕途上难以升腾。2002年壬午，寅午半合官局，似有晋升之喜，但大运辰土泄官生身，终不能被重用（考县级干部，一切都合格也未被录用）。42岁后20年财运，到那时，官瘾大退，自觉仕途无聊，就该去当大老板了。

坤造： 壬子　　**大运：** 8 辛亥

　　　　壬子　　　　　　18 庚戌

　　　　丙申　　　　　　28 己酉

　　　　甲辰　　　　　　38 戊申

　　　　　　　　　　　　48 丁未

冬令水旺，申子辰合化成水局，天地一片汪洋，格成从煞。

这个八字有三组相克即水克火，木克土，金克木。因申子辰合化，辰土化为水，申金亦化为水，故木土相克和金木相克不论。既然是从煞格，当以煞为用。水火相克，克去客体为吉。八字中甲木能泄水生火，反为忌神。初运辛亥，财煞有力，忌神甲木受制，学业必佳。次运庚戌，庚金克去甲木，喜用显威。从上大学到考研究生，一路风顺。唯1994年甲戌，大运走戌字，官煞受克，不能得志。28岁始行己酉运，甲己合，绊住甲木为吉，高级职称，博士学位又顺手可得。之后，运走酉字申字亦佳。

坤造：癸丑　　大运：3 癸亥
　　　壬戌　　　　　13 甲子
　　　己亥　　　　　23 乙丑
　　　壬申　　　　　33 丙寅

该八字只有一组相克即土克水。季秋时节水进气，地支有亥水，申金亦生水，年支丑为含水之湿土，可助水之旺。天干壬癸三透，天地一派水气。水为财，若身强能任财或从财格局，必为大富，那就要看日主的情况了。日元己土，生于九月，九月之土最为燥厚，己土得力得助，足以克水而任财。惜土无火助。若有火，火为印，必大权在握。现只能靠自身之力克制旺财，其人亦只是一位掌管经济的企业干部，为挣钱非常辛劳。初运癸亥，助水之凶，家境贫寒。正值学业阶段，学业亦欠佳。次运甲子，亦为水地，难有大的转机。1986年丙寅，大运走甲字，命运岁构成水木火接续相生的吉祥气象，考学顺利。之后流年为丁卯、戊辰、己巳、庚午，都是喜用神的年份，学业必佳。1990年辛未，丑未相冲，冲去丑土反为吉，该年考入专科学校。第三步运乙丑，乙木为煞，自身虽才华横溢，亦难以施展。2000年庚辰，辰戌相冲，唯一的用神被冲破，伤用甚于伤身。戌为月令，又为父母宫。财星入库，戌中所藏母星亦破灭，其年父母双亡。之后，流年辛巳、壬午、癸未，慢慢从家庭痛苦中苏醒过来，虽很劳累，但事业有成。待到33岁后，大运丙寅、丁卯、戊辰，一行三十年，喜用不悖，必一路顺遂，大放异彩。

第三节　干支合化

天干十位，两两相合，故有五合；地支十二位，两两相合，故有六和。另有三合局、三会局。

一、天干五合

甲己合化土，
乙庚合化金，
丙辛合化水，
丁壬合化木，

戊癸合化火。

合，合谐的意思。正如男女相合而为夫妇。

为什么要合呢？中央戊己土怕东方甲乙木来克，戊属阳为兄，己属阴为妹，当哥哥的戊就把妹妹己嫁到木家，与甲木为妻，甲木就会因有亲戚关系不再去克害土家，故甲与己合。其它相合的道理完全一样。

十干合还有不同的称谓：

甲己为中正之合。甲为阳木，品行主仁；己为阴土，品行沉静淳厚，有生养万物之美德。带此合者，主人品行端正，受人敬重。若五行无气则脾气粗暴，性刚不屈。

乙庚为仁义之合。乙为阴木，品行仁爱而柔弱；庚为阳金，品行坚强不屈。他们在一起，刚柔相济，仁义并存。命中五行生旺，主人体貌清秀，正气堂堂。若死绝带煞，主任性好斗，体貌琐小。女不忌甲己合、乙庚合。

丙辛为威制之合。丙为阳火，辛为阴金。阳火火势旺盛，阴金又克制羊刃，喜欢凶煞。因此，两者相合为威制之合。得此合，主人仪表威武，性格狠毒，喜淫荡。若命中带煞或五行处于死绝，则忘恩负义，无情好毒。女人得之，多貌美而淫。

丁壬为淫匿之合。丁为阴火，壬为纯阴之水，两者自昧不明，故用淫匿喻之。得此合，主人眼明神娇，多情动人，沉于声色。若五行死绝或带煞，再见咸池、大耗、天中等，必有污家风；亲小人而恶君子。妇人得之，淫荡成性，名声大坏。不是年老嫁给少年，就是年纪轻轻与老头成婚。

戊癸为无情之合。戊为阳土，喻义老丑之夫；癸为阴水，如同漂亮之妻。阴少阳老，自是无情。若是戊去配癸，男子可娶少妇，女人可嫁美夫；若是癸去配戊，男子会娶老妻，女人会嫁老夫。

二、地支六合

六合是一阴一阳而相合。

  子丑合化土
  寅亥合化木
  卯戌合化火

辰酉合化金

巳申合化水

午未合太阳太阴

看六合应注意分析下列情况：其一，合中有生，越合越好。如，寅亥合，辰酉合，午未合，都是相生而合。其二，合中有克，终为不利。如，子丑合，卯戌合，巳申合，两字都是相克关系。其三，相近而合，隔位不合。如，月支与日支，日支与时支等是可以相合的。而月支与时支因隔日支而不能相合。其四，二支合一支为妒合。两支相合，必须是一对一。若两支合一支，此为不牢之合。其五，合忌神为吉，合喜神为凶。若命主（日主）所喜的地支被合去就不吉利；若命主所忌的地支被合去则是吉利的。其六，合禄、合马、合贵。合禄①，如甲禄在寅，甲日生人遇寅为禄，但四柱中没有寅支，却遇见了亥，因寅亥相合，故称为合禄。合马②，如，寅日生人遇申为马，但柱中无申却遇上了巳，巳申合水，所以称为合

---

①禄就是俸禄、爵禄，是用来维持生存发展的必不可少的物质条件，是第一性的。可见，人不可无禄。禄是用地支来表示的，十天干都有与地支相对应的禄：
甲禄在寅，乙禄在卯，丙戊禄在巳，丁己禄居午，庚禄居申，辛禄在酉，壬禄在亥，癸禄在子。十干禄的查法是以日干为主，八字地支见者为是。
另外，禄在不同的位置又有不同的称谓。凡禄在年支的叫岁禄，禄在月支的叫建禄，禄在日支的叫专禄或坐禄，禄在时支的叫归禄。禄喜生旺，喜与吉神相并；喜合，如甲禄在寅，与亥相合为明合，而不见寅却见亥为暗合。明合不如暗合；喜拱，如甲禄在寅，八字无寅而见丑、卯，这叫虚拱。若八字见寅又见丑、卯，这叫实拱。实拱不如虚拱，虚拱主大富贵，但不宜填实等。禄忌刑冲破害。禄被冲叫破禄，破禄者虽贵亦有停官剥职之忧，常人则衣食不足；忌落空亡。禄落空亡，多贫贱；忌死绝。死绝则气浊神慢，吝啬猥琐；忌与凶神相并；身强禄多忌羊刃比劫，否则克父克妻等。
②马，或者称驿马，又叫马星。驿，驿站，是古代传递官方文书的机构。马是古代的重要交通工具，其特点是奔跑。因此，驿马含有"动"的意思。马星的查法是以年支或日支依歌诀看驿马，地支中见者为是。
歌诀：申子辰马在寅，寅午戌马在申，亥卯未马在巳，巳酉丑马在亥。
马星具有双重性："贵人驿马多升跃，常人驿马多奔波。"同是马星，在不同的八字中产生不同的效用。吉马有下列类型：马星为喜神最吉，岁运逢驿马，定有迁动之福；马星即是财星，有"马奔财乡，发如猛虎"之说；驿马天干为庚辛或纳音为金，有"马头带剑，威镇边疆"之论等。凶马类型：马星为忌神最凶。处死绝之地，则一生漂泊，多劳而少成；与凶煞相并，则离乡背井，祸事连连；马被冲，犹如惊马加鞭，驰逐奔骤；马临空亡，奔波流浪；马星被合，絷足不前等。总之，吉神为马则吉，凶神为马则凶。

马。合贵①，如，甲戊日生人遇上丑未为天乙贵人，但柱中无丑未，却有子午。子丑相合、午未相合，所以称为合贵。但一般认为男子忌合绝，女子忌合贵，就是男子忌支元相克而死绝，女子忌遇到合贵的情况。

三、十二支三合局

申子辰合水局
亥卯未合木局
巳酉丑合金局
寅午戌合火局

三合局是三个地支合而为局。除上述三合局外，辰戌丑未合土局。

三合局要注意以下几点：一是三字全方能成局。在合局中，子、午、卯、酉起主导作用，没有四正就不能成局。申子或子辰可以半合水局。申辰叫拱合，虽不能成局，却增加了水的气势。其它类推。二是三合化喜神为吉，化凶神为凶。

四、十二支三会局

寅卯辰会木局
巳午未会火局
申酉戌会金局
亥子丑会水局

合化就是由合而化。合是化的前提条件，在合的基础上才有化的结果。有合而能化者，有合而不化者，所以合与化应加以区别。

合化有诸多概念，如合去合来，生合克合，争合妒合，合化合绊等。这些概念往往能迷人耳目。实际上这些概念的背后隐藏的最本质的东西就是合化规律。掌握了这个规律，所有概念的内涵都显得清明透亮，哪怕再增加一些说法，也不

---

①天乙贵人是命理学虚拟的一位尊神。据说其星宿位置在紫微垣、天门之外，与太乙神并列。其主要职能是事奉天皇大帝，下游日月星辰，较量天人之事。八字中有天乙贵人，可以逢凶化吉，拯人危难，功名早达，官禄易进，聪明智慧，易得到别人帮助。歌诀是：甲戊庚牛羊，乙己鼠猴乡，丙丁猪鸡位，壬癸兔蛇藏，六辛逢虎马，此是贵人方。其查法是以年干或日干查天乙贵人。如年干或日干是甲，地支中若有丑或未，就认为是有天乙贵人。天乙贵人喜生旺；喜与吉神相并，特别是与天月德相并，主聪明智慧仁慈；喜日下坐贵等。天乙贵人忌冲、忌合、忌空亡、忌死绝，遇之为祸，减少福力。

会迷惑不解。因此我还是主张弄清楚合化规律，从源头上弄明白来龙去脉。这样，八字中合化类型再多，万变不离其宗，也就能追寻到真谛。

那么合化有哪些基本规律呢？

第一，合而化者化神要旺。只有化神旺才能谈到合化。也就是说化神旺盛才能合化成功。比如甲己合。从两者生克关系来说是克合，再有甲木叫争合，再有乙木叫妒合。能不能合化成功，要看化神是否旺盛，是否得生得助。若生于四季土月，又有火来生土，合神甲木孤立无援，必化无疑。有的命书上规定了合化的月份，比如甲己合必在四季土月，乙庚合必在秋月，丙辛合必在冬月，丁壬合必在春月，戊癸合必在夏月。这种规定是对的，但也不能拘执，并不是见到上述类型就是合化。丙辛合并非在冬月必化，不在冬月必不化。只要化神旺而有力，有化神引化，合神衰弱，就一定能化。因此，确定合化的要件，其一是化神要旺；其二是有化神引化；其三是合神衰弱无力，不得不从其化。地支合化同理可推。

第二，化神无力必不化。丙辛合，虽生于亥子月，而木火强旺，亦不能化。巳申合为克合，即使生在亥子月，八字中火有气，就不能合化。不能合化就是合绊。合绊就象被绳索捆住一样，就不能发挥原有五行属性的性能。比如：日主甲木有丙辛合，辛为正官，因被合而无官。丙为食神，因被合而难以泄秀。巳申合，火为用神，因被合而火不能发挥作用。金为用神，因被合亦不能发挥作用。

第三，合绊的两种五行因本气力量不同而发挥的作用亦不同。两神合绊，其本气并不是完全消失了，在特定的八字中有的仍会发挥作用，有的就不能发挥作用。比如甲己合（年月天干相合），假若甲木是正官星，八字中有寅或卯、亥等字，正官有力，虽因相合而合住了贵气，但甲木所代表的正官仍能显露作用，而己土就基本丧失了其本质属性。因为甲己合为克合，己土受克，且八字中土气休囚。本来甲己合化土，因甲木有气，合而不去。

第四，根据喜忌判定合化、合绊之吉凶。合化、合绊各逞吉凶。不同的八字各有所主。八字喜合绊，绊则吉；八字忌合化，化则凶。忌神合而不去不足为喜，喜神合而不来，不足为美。究其合化、合绊宜忌，必放在具体的八字环境中仔细考察。

坤造：戊申　　大运：5 丙辰

丁巳　　　　15 乙卯

己丑　　　　25 甲寅

　　　　甲子　　　　　　35 癸丑

为广州某女士所测。

八字有三处相合即甲己合，巳申合，子丑合。

甲己合，是化神格还是属于正常格局？这是分析推断八字首先遇到而又必须明辨的问题。否则，十断九错。

先来分析能否合化成功。合化成功就是化神格。甲己化神为土，四月火旺土亦旺，化神旺是合化成功的首要条件。更有化神助化，戊土透于年干，又有丁火生土，化神更旺。其次要分析合神能不能从化。合神是甲木，甲木自坐印地，水木相生，甲木似因有根而不从其化。但子丑合，子水无力生甲木，甲木孤弱，只能从化。其三，从总体气势上看，火土已形成气势，化象成真，故以化神格论。

巳申合本可合化为水。但在这个八字环境中，巳申合为克合。因为四月火旺，申金处于死地，丁火力能熔金，申金之力被克被绊，已不能发挥本质作用。申金为伤官，是泄秀之物。若没有巳申合，则会有高学历。因有巳申合，就不会有高学历（实为高中毕业）。巳火的力量因巳申合绊，其力也会受阻。但丁火透天，四月火旺，即使合绊也会发挥作用。巳为正印，父母必佳（实为国家干部）。

子丑合，丑为冻土、湿土，若在大水汪洋的八字里，子丑合能助水势，但在这个八字环境中就成为合绊。子丑为克合，四月火旺，丑土的土质发生了变化，克水功能增强了，子水受克，无力生木，才促使了甲己合化成功。假若生于秋冬春季，子水虽被合绊，仍有余力生助甲木。合神不从其合，就不会构成化神格。子水为忌神，合去忌神为吉。

合有宜不宜，合多不为奇。这个八字的最大缺点就是合神太多，五行不流畅。申金可泄秀，因合而不能充分发挥个人才智，英雄无用武之地。一个人的才能发挥不出来，也是很痛苦的事情。巳火为喜神，因合而受拘，亦不能完全释放出巳火的光辉。子水为忌神，因合而不能发凶作乱，这是美事。假若没有子丑合，这个八字就构不成化神格，反以金水为用神。但子水一旦碰到岁运旺地，又会破局作乱，这是颗定时炸弹，时时都有危险。

从行运看，初运丙辰，丙火助化，似很吉祥。不要忘记，丙火坐于辰土上，辰有晦火之力，丙火日光象似蒙上了一层淡淡的阴云，虽有五彩，亦掩光辉，不免一缕哀怨。更为严重的是申子辰合为水局，偏财为忌神，不利其父（其父因所谓政治问题被处理）。第二步大运乙卯为七煞，形成妒合。第三步运甲寅，又成争合。二十年流金岁月，学业、事业必无大成。更为严峻的是，煞、官都是忌神，争妒无情，其婚姻必多艰难，要想找到白马王子是非常困难的（35 岁仍未婚）。

乾造： 丁酉　　**大运：** 6 辛丑

　　　　壬寅　　　　　　16 庚子

　　　　甲子　　　　　　26 己亥

　　　　丙寅　　　　　　36 戊戌

　　　　　　　　　　　　46 丁酉

这个八字只有一组相合即丁壬合。

春月木旺，丁壬是否能合化为木？年柱丁酉，酉金是克木之物，阻止了化神，丁壬为合而不化。合而不化就是贪恋羁绊。日主甲木临旺，无需水生，绊住壬水为吉。丁火为伤官，甲木喜泄秀，绊住丁火则不吉。丁火主学历技能，因绊而难于取得成果。但丁火生于寅月而有根，并不会因克合而完全失去作用。更有时上丙火明透，待机而有光辉。36 岁入大运戊戌，戊土克去壬水，解脱了丁火，丁火星光灿烂，必在经营上发迹（成为民营企业老板）。大运走戌字，助丙丁之光，制伏忌神，必进一步发展。

乾造： 戊申　　**大运：** 9 丙寅

　　　　乙丑　　　　　　19 丁卯

　　　　壬午　　　　　　29 戊辰　　　2003 癸未

　　　　壬寅　　　　　　39 己巳

这个八字本身无合。2003 年癸未，大运走辰字，命岁临时构成两组相合，即戊癸合，午未合。

日主壬水生于腊月，水旺之时，申金为壬水之长生，故日主不弱。日下坐财，冬月火死，喜有寅木生火，财源不断。比肩透于时柱，喜有戊土克水以卫火，起到保护财产的作用。综合评价：自身强旺，财有根源，官星明透而护财，其人必能成为企业老板。2003 年癸未，命岁天干组成戊癸合。戊癸能否合化为火，要看化神。冬月水旺，显然属于合而不化的性质。不化即为绊。绊住戊土，戊土是护财之官，钱库无官看守，当有被劫之象，不吉。另外，戊癸合，虽然不化，又有化的诱导力量，化出来的是财星，财为妻，这一年必然会有过路鸳鸯。本人喜财，自然情投意合。惜有缘无份，感情再好，亦不成夫妻。合住喜神戊土，化出（权作化分析）的是财星，主该年因有露水姻缘而丧失财产。另一组是岁命地支午未合。午未合可以合化为火，也可以合化为土。腊月水旺，不可能合化为火。丑月虽为土月，但为湿土、冻土，土质甚寒。《十二支咏》云："隆冬建丑怯冰霜，谁识天时转两阳，暖土诚能生万物，寒金难道只深藏。"化土亦不成。既不能化火，又不合化为土，当然属于合绊。午为八字的用神，绊住用神，用神不能发挥作用，必破财。该年投资数百万均难以收回。据本人称，有一算命先生说今年（癸未年）有贵人相扶（未为天乙贵人），能大发其利，投资能赚钱，才大胆投资了。

由此启示我们，研究命理务必精深，知之为知之，不知为不知，切不可以己之浅薄而误导他人。

坤造： 庚申　　**大运：** 3 庚戌

　　　　辛亥　　　　　　13 己酉

　　　　丙寅　　　　　　23 戊申

　　　　辛卯　　　　　　33 丁未

八字有两组相合，即丙辛合，寅亥合。另外，丙与辛争合，卯与申暗合（卯的本气为乙，申的本气为庚，卯、申实为乙庚合）。

日主丙火，自坐寅木，木能生火，有生生不息的气势。可惜立冬后生人，有清寒之象，加之年上申金生水，更助其冰冻。所以，八字以木生火为用，取火暖身为喜。丙辛合，化出来的是水，又增加了一层寒冷。自身为火，代表他老公的五行是水，水为忌神，她与老公水火不能相容，夫妻确定就是短暂的露水姻缘。不过，八字申金生亥水，亥水生寅木，寅木生丙火，接续相生，说明与老公有扯不断、理还乱的关系。丙火与左右两辛相合，都来争合自身，就算有分身术，也难以满足多人的需要，正所谓"出门要向天涯游，何事裙钗恣意留"？辛金为日主之财，合财就是为财而舞裙歌扇了。寅亥合，亥是煞星，本身没有正官，她当然就找不到属于自己的真正的老公。命书有"女忌合多"，"女忌合贵"，"合神重者，娇媚而多贱多情"等警语。明合、暗合、合化、争合，人生飘荡，不知何处是故乡。不过，该八字生财的能力还是很强的，能够借助各种力量转化为财富，生活富足，也算是不错的命运吧。

综上实例可以看出，对于合化必须结合八字具体环境详加分析。合绊，有的因绊而完全失去了本质属性，而有的并没有被完全绊住，只是减少了本气能量。岁运流转，一旦遇到旺地或克去、冲去合绊之物，仍能释放本质能量而显其吉凶。对于合化，更应综合考察化的条件，不能死记某月化或某月不化的教条。研究八字，贵在通变，灵活运用，方显神通。

第四节　地支刑冲害

一、十二支三刑

　　子卯为无礼之刑

　　丑戌未为恃势之刑

　　寅巳申为无恩之刑

　　辰午酉亥为自刑

子刑卯，卯刑子。丑刑戌，戌刑未，未刑丑。寅刑巳民，巳刑申，申刑寅。

二、十二支相冲

　　子午相冲

　　丑未相冲

　　寅申相冲

　　卯酉相冲

　　辰戌相冲

　　巳亥相冲

三、十二支相害

　　子未相害

　　丑午相害

　　寅巳相害

　　卯辰相害

　　申亥相害

　　酉戌相害

世上万事万物都具有两面性，命理中的生克合化，刑冲破害也是一样。不要认为相生就好，相克就不好；合化就好，刑冲就不好。若陷入机械教条主义思维模式，就走入了命理分析的死胡同。

刑与冲都是一方对另一方的克害，制约，但它们之间有很大的区别。冲是对射之意，天干遇七为煞，地支遇七为冲。冲的表现形式较为激烈，或吉或凶来之迅猛。而刑就相对缓和一些，但缓和并不等于没有大吉凶。命理著作对冲都比较重视，而对于刑就轻描淡写。有的命书干脆不谈三刑。《滴天髓》说："支神只以冲为重，刑与穿兮动不动。"认为刑与穿（害）是穿凿附会，无关大局，可以不考虑其作用。《子平真诠》认为："三刑取义，姑且阙疑，虽不知其所以然，于命理亦无害也。"也否定了三刑的存在意义。我认为古人设项立意，必有其宗，大量命例证明，刑的存在有其不可替代的作用。

刑，命理著作多称为三刑。按类别分应该是四刑：一是寅巳申为无恩之刑；二是丑戌未为恃势之刑；三是子卯为无礼之刑；四是辰午酉亥为自刑。无恩之刑中有寅刑巳、巳刑申、申刑寅；恃势之刑中有丑刑戌、戌刑未、未刑丑，又称为循环三刑。凡刑都有刑伤之意，但具体的内涵又有差异。无恩之刑表现在道德方面。无恩就是不讲恩德。原局配齐三刑，其性多冷酷，薄情无义，甚至恩将仇报。男命易遭煞伤、血光、牢狱，女命多损孕、独眠、伤残。若岁命运配合成三刑，该年必有凶祸。恃势之刑有恃强而遭折磨的含义。原命配齐三刑，多夫妻敌视，体弱多病。女命与夫家不和，孤独清冷。命岁运配成三刑，多有病伤灾咎。无礼之刑，顾名思义，就是风流淫乱无礼节，其灾祸多表现在色情方面。自刑就是自我刑伤。命带自刑多者，其性自私顽固，心毒手辣，争名夺利，夫妻仇视。

由此可以看出，一是三刑造成的吉凶后果表现形式不同，二是构成循环三刑或出现多组相刑时应以凶断，而只有一组相刑时有吉有凶。如子卯相刑，喜用神为水木时遇之为吉。寅巳相刑，用神为火，木能生火为助吉之刑。

冲，对射之意。对于冲应从这样几个方面来理解：

其一，孰胜孰败。冲就是克，只不过比克更烈。冲犹如两军交战，必有胜败。凡力量强者胜，弱者败。力量的衡量，主要看旺衰强弱。得时为旺，失时为衰，党众为强，助寡为弱。冲之有力就能将对方冲去；冲之无力则反激对方之烈。若相冲的双方势均力敌，则均有损伤。

其二，明冲暗冲。八字命局中之冲为明冲，岁运冲命局为暗冲。不论明冲或暗冲，都要考虑相冲两方的力量对比。

其三，生冲、败冲和库冲。寅申巳亥相冲为生冲。因四生方其气不专，冲之会两败俱伤。如寅申冲，寅中藏甲丙戊，申中藏庚壬戊，所藏人元间甲庚相克，戊壬相克，甲戊相克，丙庚相克，壬丙相克。战克不静，两败俱伤。子午卯酉相冲为败冲。子午卯酉属专气，孰胜孰败就看旺衰强弱。辰戌丑未之冲为库冲，命书中多有库地喜冲之说，认为财官藏于库中，最喜冲开。"杂气财官喜见冲"，此说要具体分析。财官印为喜用神时喜见冲，若为无用之物，冲之反有害。财官印已透于天干，库为微根，冲之等于拔根，必有凶祸。

其四，冲去忌神为喜，冲去喜神为凶。如寅申相冲，八字中木太旺，申金虽不能完全冲去寅木，也部分铲除了木的力量，达到了平衡态，主吉。若寅木为喜用神，冲去喜用必凶。

坤造： 己酉　　**大运：** 7 己巳

戊辰　　　　　　17 庚午

戊午　　　　　　27 辛未

辛酉　　　　　　37 壬申

　　　　　　　　47 癸酉

地支四字全部为自刑。自刑多者主内毒，外柔而内刚，百姓讲话"心里凑事"。自刑主夫妻仇视，争吵不休，必然酿成婚姻悲剧。从八字组合看，身强伤旺，官星入辰库，日主不受制约，必为所欲为，足以欺骗丈夫。"日主刚强，必为续弦之妇"，再婚是必然的。27岁走辛未大运，辛运泄秀，夫妻关系尚可维持。未运为劫财，更助其悍凶气焰。2001年始闹离婚，2002年法院判离。2003年癸未，与日柱天地鸳鸯合，花烛重辉。

乾造： 戊戌　　**大运：** 4 丁巳

丙辰　　　　　　14 戊午

庚午　　　　　　24 己未

乙酉　　　　　　34 庚申

　　　　　　　　44 辛酉

八字印重身强，日主庚金，用火以炼之，喜木以生火。原局既有冲又有刑，午酉亦为破，是一种不稳定的结构。乙木透于时干，辰戌冲，辰中藏有乙木，戌中藏有辛金，辛金克去了乙木之根，乙木为财，故断其第一次婚姻必败，且会因经济问题和女人问题引发出麻烦。戌中藏丁火，辰中藏癸水，水克火，官根受损，用神有伤，为官有官害。辰、午、酉又构成自刑，一是夫妻仇视，二是必因争权夺利而受刑伤。

上述吉凶的发生，要从岁运上追寻其轨迹。14岁大运戊午，午酉破刑，但午为用神，有喜无忧。其间当兵，后又当村干部，人生也很风光。34岁庚申大运，比肩争财。1992年壬申交脱，男怕交，女怕脱，壬水克去用神丙火，平地一声炸响，犯事落职，因经济问题和女人问题摘去乌纱。自此，风光不再，人生灰暗。显然此人在做村官时为所欲为，一手遮天。一旦犯事，墙倒众人推，自酿苦果。

论命是唯心的，若能知命而自我控制，多行善事，当能改善自己的命运。"积善之家必有余庆，积不善之家必有余殃"，诸君宜好自为之。

乾造：丙申　　**大运**：7 辛卯
　　　　庚寅　　　　　　17 壬辰
　　　　己酉　　　　　　27 癸巳
　　　　己巳　　　　　　37 甲午
　　　　　　　　　　　　47 乙未

己土生于寅月，初春尚寒，喜火生之，一可以调候，二可以生身。八字中寅申相冲，且年月柱天克地冲。寅木虽占月令，但八字中金多，金冲木，木必败。寅木逢空亡，丙火自坐绝地，寅木不能生火。不论从哪个角度分析，其母必早丧（出生后当年丧母）。没娘的孩子必孤苦。初运辛卯，丙辛合，丙火被绊住，一片冷冻之象。从大限说，月柱表示25岁之前，因天克地冲而人生动荡。寅为功曹，又为道路，申为传送，亦主奔波劳苦。27岁大运癸巳，因有火暖身而生活安定下来。37岁大运甲午，甲己克合，自身必受牵绊制约。只有到午火运才能身心稍安。乙未运合住庚金伤官，人生必顺达，小康之家是可以达到的。

第四章 十神论——十神的意和象

十神是八字干支所代表的阴阳五行之间生克比合关系的一种表现形式,是古代八字算命术的特有概念。八字算命就是借助这些概念以推断人的贵贱寿夭、吉凶福祸的。

既然十神是表示阴阳五行之间的生克关系的特有概念,其本身就没有吉凶的特别含意,如伤官并不一定表示不能为官,正官亦不一定就走仕途道路。所以不因伤官而恶之,亦不因食神而好之;不因七煞而惧之,亦不因正官而美之,仅是一种名称而已。但十神一旦融入具体的八字中,其吉凶意义便会立刻显示出来。比如伤官,它是克制官星的,也是伤官的本来意义。若八字中比劫多,有财星,就最喜伤官泄比生财,岁运遇伤官,则主吉祥。当一个人处于求学阶段时,"鲤鱼跳龙门",考学必中。当在政府部门工作时必被提拔中用,官升一级。遇到伤官反为官,伤官不为害反为美。假若日主弱,官星多,无印化之,再遇伤官,伤官的劣性就暴露出来了。经商者必破财,为官者受官害,常人亦受病疼之苦。

十神的含义具有宽泛性,即它代表了诸多层面的意义。比如正印，生我者为印，代表母亲是基本意义。此外还代表权力、职务、管辖范围、名誉地位、印把子、学业、学历、文件、书信、著作、科技成果、福寿等。

当然，不同的八字中，其吉凶意义绝不相同。若八字中官煞重重有印星，这个印就表示了吉祥意义，岁运逢之，求学者必中，为官者飞黄，经商者拓展事业，疾病者不药而愈。反过来，一个日旺比重印绶多的八字，必为孤寒刑克之命。再逢印绶，生我之物反化为戕害毒枭，为祸甚劣。

除了十神的"意"之外，更重要的在于象。所谓"象"，就是由"意"而引神入化出来的图象、形象、事物的变化发展过程等。命理师的高低之别，全在于对十神意和象的领悟和把握。从意到象，仅靠逻辑性思维是不够的，还需要类比思维、形象思维、发散思维，即拓展思维空间。如根据正印的善恶旺衰五行性质等，可以勾画出幼年住宅之象，即房屋的间数、新旧、庭院树木等；伦理六亲之象，即家庭人口的大体状况，甚至于母亲的形象和乳汁的多少等。从意到象，是预测师的质的飞跃和升华，"要与人间开聋聩，从意到象须理会"。对意与象的理解愈深，其功力则愈高。

第一节　正官——为官者贵乎"正"

官者，管也。八字中正官一般表示吉祥意义。官虽为克我之物，但这种克制是阴阳关系，克之有情。命书认为官有"约身引善之能"。一棵树没有约束地疯长，必不成器。一个人受到善意的克伐培养，方可成才。一般说来，正官透出的八字，先天基因就有身正为范的特点。反过来，官或许成为害我之物。

官有多种层面的寓义。它代表官位、职务、职称、选举、地位、考试、学位、名誉、声望；夫妇之间它代表丈夫，还代表正直、光明正大、认真负责、奉公守法等性情。由官的寓义结合八字可以构画出多种官方面的图象，使八字算命更具有形象性、可感性、灵通性。

乾造：甲午　　大运：9 戊寅　　流年：1980 庚申

　　　丁丑　　　　　19 己卯　　　　1983 癸亥

庚午	29 庚辰	1988 戊辰
丁亥	39 辛巳	1998 戊寅

断：是个做官的人，但官职不大，难达七品（县级）。祖上父母并不高贵，全靠自我奋斗，努力进取，才功成名就。

命理：八字四火，又有甲木生火，幸有月令丑土晦火生身，时支亥水制火护身。丑为用神，年为祖上，偏财父星为忌，且衰弱，不可能得到祖上父母之庇荫，即不是靠关系上来的，全靠自己拼搏而成名。

断：1980 年 27 岁，虽年龄不大但已官星闪烁，五彩呈祥。1983 年调整职务，官升一级，但并不是正职。1988 年扶正，管辖范围扩大（时任某乡党委书记，全乡计为 5 万人）。

命理：八字官星可用，这叫命中有官，到了时机就会官星浮动。1980 年庚申，比肩助身，官星开始显露。1983 年进入庚辰大运，庚为喜神，辰为用神，喜用齐来，必奋发腾达。1983 年流年癸亥，伤官制官反为官，必晋升（提为副乡长）。

断：1988 年流年戊辰，岁运都是印星用神，必转正（提为某乡党委书记）。因为土为用神，土数为 5，故管辖 5 万人。

1998 年有官非口舌，是由女人引出来的。这个女人与你对象认识，有拐弯亲戚，个头不矮。官职有调整，是下调而不是提升，失去了原来的管理权限，心理压力重，官场失意。

命理：1998 年戊寅，大运辛巳。入"巳"字，巳亥相冲，亥相当于"护身符"，冲去喜神，无贵人相护，有难不能解救。寅为甲之禄，忌神有力，寅为偏财，故因女人引起。寅午半合妻宫，故与妻子有拐弯亲戚。官星旺而克身，必减少管理权限（因计划生育工作发生死人事故，免去乡党委书记职务，调到一个小单位任书记）。

断：为官期间风风火火，成绩显著，亦辛苦劳累。性格外柔而内刚，看似平静，实则做事性急，渴望取得成绩，让领导和百姓给个好评价。

命理：丁火官星为火官，官多为煞，官化为煞。官主平静，煞主燥烈，其性必外柔内刚。火官主旺极一时，当火最旺的时候也意味着将要熄灭，故为官不久。

正官有一种认真负责的精神，但官星多而克身，为官必劳苦，操心费力。

从上例可知，由正官可以延化出相当丰富的内容。但这种延化必须具备相当功力，方能出神入化。

那么，应从哪几个方面观察和分析正官呢？

1. 配合：正官与其它十神的配合，是推断的基本。如一位官星，无伤官害官星，无七煞混官星，官星有根，最为贵格，必在七品以上。官星过多就变成煞星，不但不能居官，反家计不丰，生活清俭，运程多阻厄。运程再遇官煞，必出祸端。官星过弱，无财生扶，亦不为贵。《滴天髓》云："何知其人贵，官星有理会。何知其人贱，官星还不现。"《何知章》中比较详细地论述了贵贱评价办法及其差异，值得细读（请参看本书第八章第一节）。

2. 位置：正官在八字中的不同位置，所表示的意义有较大差异。年柱表示祖上，若为喜用神，则受祖上福荫大，出身于较好家庭或官宦之家，或富裕名望之家等。年柱又表示16岁以前的限运，则易于少年得志，学业成绩佳。再配以较好运程，往往上小学、中学阶段当班级或学校干部。

月柱为父母宫，又为兄弟宫、性格宫。官为喜用神，则表示倍受父母疼爱，一生少劳苦。官在月柱，又叫正气官星，官的正面意义表现得很充分。且月柱为青年时期的限运，则学业、事业易于成功。

日支为配偶宫，又与日主最为关切。官为喜用居于日支，既说明本人有组织领导和应变能力，又说明其妻端庄贤慧，多助其夫。

时柱为子女宫，又是老年限运。若官为喜用，则子女敦厚正直，有出息。自己年老有孝子奉养，能晚享清福。

3. 坐基：所谓坐基，是指地支对于官星的影响力。坐基可以从几个不同的方面加以考察。

十二运星：官坐长生、冠带、禄旺，又不为忌神，其官位职阶就高，很适合做公务员，即国家政府的官员。若官星坐衰、病、死、墓、绝地，这叫官星失地，就不适宜于公职，最好还是取消当官的念头。

神煞："官做桃花①福禄夸"，这是很好的组合。官坐空亡②，其官有损，不宜

---

①咸池，又叫桃花煞，是虚拟的神煞之一。咸池是神话中专供仙女们洗澡的地方。"日出扶桑，入于咸池。"日落则万物暗昧，又居于沐浴之宫，故又称败神。

歌曰：寅午戌桃花在卯，巳酉丑桃花在午，亥卯未桃花在子，申子辰桃花在酉。

查法是以年支或日支为据，地支见者为是。如寅年或寅日生人，柱中有卯即为遇咸池桃花。咸池非吉煞，日时上遇咸池为被称为墙外桃花。墙外桃花，人人可采，故妇人尤忌之。在年月支叫墙里桃花，夫妻多恩爱。

另外，还有滚浪桃花，遍野桃花，日柱桃花、桃花煞等说法。滚浪桃花是指八字中天干相合，地支相刑；如日柱为丙子，时柱为辛卯，丙辛相合，子卯相刑。据说，命犯滚浪桃花，往往荒淫无度，是因色丧身的危险信号。遍野桃花是指八字中子午卯酉齐备。即使子午卯酉不全，而八字中多现也叫犯桃花气息；日柱桃花是指甲子、乙巳、庚午、辛亥、甲午、庚子、癸亥七日生人，因这七日生人元神自坐沐浴伤官。桃花煞是指桃花带七煞，如己卯日见己酉时。命中带桃花煞，易于因情亡身；桃花劫是指时支占桃花，八字又有比肩、劫财。这种人容易因色伤身破财；伤官桃花是指日时占桃花，又占伤官；官星桃花是桃花占在官位上，人得之，不但不败，反因之致富，一些风流才子往往官星带桃花；正印桃花是指日时占桃花，又为正印，尤如花园有护卫，环境安宁、舒适而美满；天德桃花是指桃花占天德贵人又在正印上，不管男女，主一生多风情，即使晚年也有风月之情等。

咸池被命书上描述得一无是处，是不符合辩证法的。八字咸池的人主淫不好，但仪容漂亮是应予以肯定的。难道都长得像丑八怪才符合命理吗？且现实生活中，五官端正，漂亮多姿的人多有工作能力、交往技艺等。有一技之长足矣。再说，带咸池的人肾功能正常、精力充沛、工作效率高，正是快节奏的市场经济时代所需要的。难道萎靡不振，行动迟缓就值得称颂吗！由此可见，学习推命，切不可囿于命书的刻板介绍，以灵活运用、批判继承为好。

②空亡，虚拟的神煞之一。所谓空亡，是空对实而言，亡对有而言。甲子旬中无戌亥；甲戌旬中无申酉；甲申旬中无午未；甲午旬中无辰巳；甲辰旬中无寅卯；甲寅旬中无子丑。如甲子顺排为乙丑、丙寅、丁卯……排到癸酉，天干己用完了，地支还有两位即戌、亥未用，此为戌亥落入空亡。其他类推。

空亡看法是以日柱为据，地支见者为是。空亡从不同角度分析、观察，就具有不同的意义。

首先从十神看空亡。印星坐空亡，与母亲的感情由融洽变冷漠，或母亲不寿。若唯一的印星在年月而落空亡，则必定丧母。另外，因印代表文书权柄，亦有失权失职之忧；偏财坐空亡，与父亲的感情变冷或父命不寿。若唯一的偏财在年月而落空亡，则必丧父。偏财又代表钱财，恐有破产、失业之虑；正财坐空亡，与妻感情有变。若正财在月日位而落空亡，则丧妻。又因为正财也代表财产，落空亡则有破产、失业、被盗方面的危害；正官坐空亡.女命则与丈夫感情有变。因正官又代表行政权柄、学历等，则有学业受挫，官位受损之可能；偏官坐空亡，若男命，则得子迟。若女命，则与丈夫之同胞不和睦；食神坐空亡，男命得子较少，女命子迟难养；伤官坐空亡，常与儿女不和，经商买卖又缺贵人之助，易犯性系统疾病；比劫坐空亡，有同胞别离之象等。

其次，从四柱看空亡。年柱空亡，则其父或其母必有一人短寿。一生多劳苦，16岁前体虚多病；月柱空亡，则父母必有一人短寿，若月柱有偏财或正印更能验证，本人17岁—33岁之间逆多顺少；日柱空亡（从年柱查日柱空亡），本人与配偶缘薄，婚姻不圆满，且必有短寿者；时柱空亡，子嗣儿女少，且定有一位比本人早亡者，晚运49岁之后易陷入孤独困境。

其三，从五行看空亡。木空则朽，凡五行和纳音同属于木之柱，则体弱多病（凶）；火空则发，凡五行和纳音同属于火之柱，则富裕腾达（吉）；土空则崩；凡五行和纳音同属于土之柱，则少成多败（凶）；金空则鸣，凡五行和纳音同属于金之柱，则名声远播（吉）；水空则流，凡五行和纳音同属于水之柱，则名利皆虚。

总之，空亡为煞星。大凡看命，若喜神用神落入空亡，那就是竹蓝打水一场空；若忌神落入空亡，逢凶化空，反倒变成了好事。

公职。官坐驿马,主奔驰,多调动,也指远方为官。官坐天乙、文昌①、学堂、祠馆等吉星则助吉,坐凶煞之星有损。

十神:首先确定官星是喜用神还是忌神,然后再论坐基十神的优劣。官为喜用,坐伤官则凶,坐偏印则泄官星之气亦不吉,坐财星则为大吉之兆。

4. 刑冲合破:官星被刑冲,一般来说是不吉利的。岁运遇之,会有官讼。官为喜用,逢刑冲有官灾,为官者削官去职,平民百姓亦有口舌官非。官星与日主相合,与官更为亲切。若官星明透而被他干所合,合去官星则官失其用。若为女命则有被丈夫抛弃之忧。

第二节 七煞——展示人生的阳刚之美

七煞与正官一样同为克我之物。正官是阴阳相克,七煞是同阳同阴之间相克。命书认为有制为偏官,无制为七煞。实际上八字身强煞浅,扶持七煞,煞就具有了偏官的意义。身弱煞重再逢制煞之物,克泄交加,莫说官位,生命亦忧矣。不过官与煞在意象上有很大区别。官是文职,煞则为武职。如军警兵卒,司法之业;官有正统之性,而煞则威严豪迈,叛逆偏激;官为女命之夫,煞则为偏夫、情夫之类等。煞为喜用,倍显阳刚之美。

由煞的寓义,结合具体的八字可以描摹出更多的图象。

坤造: 癸巳　　**大运:** 3 癸亥　　**流年:** 1991 辛未
　　　　壬戌　　　　　　13 甲子　　　　　　1996 丙子
　　　　甲寅　　　　　　23 乙丑　　　　　　1997 丁丑
　　　　庚午　　　　　　33 丙寅

这个八字是一对女性双胞胎,在吃上午饭时出生(中原地区吃午饭统称吃上午饭),出生时间只隔了几分钟。同一个时辰其八字必然是相同的。八字相同必同

---

①文昌,虚拟的神煞之一。其位居食神之临官长生之地。如甲木以丙火为食神,丙之临官在巳,所以,甲以巳为文昌,其它类推。以年干或日干查文昌。歌曰:甲蛇乙马报君知,丙戊申宫丁己鸡,庚猪辛鼠壬逢虎,癸人见兔步云梯。

文昌,顾名思义,是文智昌盛的意思,主聪明智慧,好学上进,文采风流,气质雅秀,为人处世品位较高。凡文昌生旺者,大都有较高文凭以致文学艺术卓有成就。可见,文昌星,对于知识分子来说十分有用。但文昌星忌冲、忌合、忌落空亡。

贵同贱。

断：一生通武通警，当过兵，现在职业应是公检法司、纪委监察等部门，且是武中之文，从事文字技能方面的工作。

命理：九月之木，本已萧疏，地支一片火海，幸天干煞印相生而入贵格。庚金为煞，亦是官星。生于九月而七煞有气。年月壬癸两透生扶甲木且克火，地支寅午戌合而不化，加之日柱甲寅，日主有根，七煞显露于外，为官必通警。

煞印相生，煞气泄于印，印为文书，必从事文字技能方面的工作。

断：其丈夫瘦高个，家庭中女人掌权，都有男朋友，丈夫屈于服从地位，苦不堪言，倍受煎熬。都有子，亦都有流产记录。

命理：官为正夫，煞为偏夫。但在这个八字里煞亦为夫，戌中藏有辛金，可理解为暗夫，即男朋友。九月金旺又有火克，其夫个头较高而瘦。寅午戌合为伤官局，金坐于火地，女人的感情火辣辣地，必然不顾七煞而放情于外，丈夫吃醋而又无力实施约束，敢怒而不敢言，精神倍受压力。1996年丙子，大运丁卯，丁为伤官，庚金进一步受克，卯、子、午，桃花汇聚，沐浴脱裙，一行十年必风流于外，忘情于内。时支午火逢空，必有流产堕胎之子。食伤旺，身亦不弱，当有子。

断：1991年和1997年都有官职提升，每次提升时都有贵人相帮。（姊妹俩1991年都升为副科长，97年又都提为科长，提升时间前后只差一两个月。）

命理：1991年辛未，大运走"寅"字禄地，未为贵人，又为木库，身弱喜逢库地，故提升。1997年丁丑，丑为庚金的印地，又为贵人星。大运走卯字，日主临旺，身强官旺，必提升。

上述八字给我们一个很重要的启示：八字完全相同则同贵同贱。有人常问：同年同月同日同时出生的人千千万万，他们的命运是完全相同的吗？答案是不完全相同，而是基本相同，稍有差异而已。

2002年12月24日午时《今日说法》节目主持人撒贝宁介绍了一个有趣的案例：叶文言和叶文语（男）是一对双胞胎，同一天结婚，因兄弟两人合谋偷盗轿车而在同一天被捕，且判定坐牢的时间同样长。这个案例亦说明同年同月同日同时生的人，其命运是基本相同的。

煞有相当丰富的意和象，具体八字要具体分析。

那么，应从哪些方面观察和分析七煞呢？

1. 配合：七煞与食神的组合是最佳组合，称为食神制煞，其人必足智多谋，显权威。伤官亦可制煞，但不如食神制煞有力。七煞喜见印，称为煞印相生，主功名显达，有权威，文武皆宜。有煞无印少魄力，欠威风。七煞喜见羊刃①，特别是月令羊刃，必贵而掌生煞之权。官煞忌混杂，日主弱，必灾劫四伏，顺少逆多，难成大事，甚至易于流入小人邪恶之途。煞星不可太多，多则抑克日主，人必懦弱无能，再有财生则非贫则夭，或肢体有残。若日主强，七煞弱，反宜财滋煞。总之，八字透煞先论煞，是扶是抑，随局而定。

2. 位置：七煞在不同的位置上，其意义有较大差异。煞在年柱，表示祖上贫贱。煞为偏官，偏就不能堂堂正正的继承祖业，也表示不是长子。年柱表示16岁前的限运，若煞为喜用，则少年即显威权，在校期间多担当学生干部。月柱有七煞者，最能显现人的七煞方面的个性，适合于出头露面的工作。年时上有食神或伤官制煞，多为贵命。日支七煞，其配偶多性刚、倔强、暴躁。若为忌神，则夫妻不睦。再逢冲则多灾多病。时柱有煞，这叫"时上一位贵"，但必须有制，且多生贵子。若为忌神，则子女不贤孝。

3. 坐基：七煞为喜用神，喜临长生、冠带、临官、帝旺，这叫得地。若居于衰病死墓绝，则为失地，必困逆而多凶，易有官讼。

神煞：煞之性在于威，煞临魁罡②、羊刃，必显功勋。煞逢空亡，不宜公职，易失去职权，男命子女少，女命夫缘差。女命煞坐桃花，主夫风流，命薄。

十神：煞坐伤，煞坐煞，煞坐官都是凶象配置。煞坐伤，为长辈劳苦，且常受他人连累。煞坐煞，诸事苦恼，忧苦不绝。女命必受夫累。煞坐官，正所谓

---

①羊刃，虚拟的神煞之一。刃即刀刃，宰割的意思。羊，有的书上写为阳，刚的意思。事物达到极点，就走向了它的反面。如甲为阳木之极，极盛则衰，转吉为凶，故甲羊刃在卯。歌曰：甲羊刃在卯，乙羊刃在辰，丙戊羊刃在午，丁己羊刃在未，庚羊刃在酉，辛羊刃在戌，壬羊刃在子，癸羊刃在丑。

羊刃看法是以日干为据，地支见者为是。

羊刃是颗煞星，入贵格者少。身强禄重，有贵人相扶者无防；常人遇之，应避其凶的一面。如命带羊刃煞星，则生性暴烈、易结死党、甚有侵害他人的倾向。此类人要严以律己、遵纪守法、压制冲动、不与不三不四的人交往、多多积德行善、培养良好的道德情操，不干犯法律，就能避凶化吉。人并不是命中注定的，后天的修炼能改变人的命运，这就是主观能动性。

②魁罡，虚拟的神煞之一。查法为：日柱为戊戌、庚戌的叫天罡；日柱为庚辰、壬辰的叫地魁。辰戌为阴阳绝灭之地，辰为水库属天罡；戌为火库属地魁。魁罡居权，天乙贵人不临。魁罡入命，若身旺力强，则显贵发福；若身衰力薄，则贫寒清苦。日柱怕刑冲，刑冲则凶；命局喜魁罡聚会，聚则主权势。另外，日柱魁罡，性格聪明，文章振发，临事果断，秉权好煞。女性忌遇魁罡星，因女以阴柔为美，而此星有刚武的特点。

"露煞坐官，屡遭祸端"。煞坐正财，煞坐正印为大吉之兆。煞坐正财，从事工商业可得巨利。煞坐正印，事业拓展，女命得佳婿。

4. 刑冲合害：合煞为贵，不论煞在天干还是在地支，合则主吉。刑冲是吉是凶要看喜忌。煞为喜用，冲之必失权退位。煞为忌神反喜刑冲。

第三节　正印——仁爱而不溺爱

印者，玺也。玺是皇帝的大印。正印是阴阳相生关系。生我者为母，母必爱子，所以在一般情况下正印表示吉祥的意义。印为喜用的人，多仁慈，富有同情心、怜悯心。但自身强旺者，逢印反为害。比喻为母子关系，则为溺爱而不是正确的仁爱。

正印表示多层面的意义，它代表权力、地位、学业、学术、事业、名誉、福寿，甚至房屋、文章、文件、长辈等。就其性质而言，代表仁慈、敦厚、聪明、稳重、踏实等。

试以八字为例看其意和象。

乾造：丙午　　**大运**：11 戊戌　　**流年**：1991 辛未
　　　　丙申　　　　　　21 己亥　　　　　　1995 乙亥
　　　　庚午　　　　　　31 庚子　　　　　　1997 丁丑
　　　　己卯　　　　　　41 辛丑　　　　　　2000 庚辰
　　　　　　　　　　　　　　　　　　　　　　2002 壬午

断：其文才出类，文章振发，因文而成名。在学校里作文好，常受老师表扬。1991 年有获奖的作品。

命理：身旺煞强，有印化煞，印起到通关作用，正所谓"关内有织女，关外有牛郎，若要通关也，相邀入洞房"。印为文章，午中所藏己土透出天干，印透干就是将文章告知于天下，上小学、中学阶段，正行印运，必为文章优秀。1991 年辛未，丙辛合，合煞为贵，未又为贵人星，未是己土之根，故断其有获奖作品。本人实为某省级电台副台长，自幼爱学语文，学生时代就发表过文学作品。大学毕业后因长于文章而被分配到电台工作。1991 年报告文学获国家级优秀奖。

断：1995 年、1997 年、2000 年都有职务或职称提升。2002 年受他人诽谤。诽谤者应是4~5人，有男人也有女人，还有为官者。

命理：1995年乙亥，大运己亥，八字火多而遇水，乃为水火济既之象。正如暑天而润泽凉剂，必然精神一振，提官自在必然。1997年丁丑，大运庚子，丑为寒湿之土，正可晦火生金，用神得助，贵人相扶，必飞黄升腾。2000年庚辰，大运仍在庚子，比肩相帮，辰土生扶，升为副台长。2002年壬午，午为七煞，三午结党，庚金受克。岁运三午冲一子，与官星不和，谤者必有为官者。八字中卯木为财，助火之烈，财为女人，必有女人参与其中。

由此可见，灵活运用正印的意和象，可以把与之相关的事物的过程描摹得更加形象、生动。

那么，应从哪些方面观察和分析正印呢？

1. 配合：正印常与官煞配合使用。官煞太旺，印可以化官煞而生身。食伤伤害官星，印可以制食伤而护官。日主衰弱，最喜正印生扶。日主强旺，反忌印相生。日旺印多者，多是孤寒刑克之命。印过旺喜奉承，为人吝啬。印与财一般不能并用，因为财能坏印，财印不能相谋。日弱印衰，再行财运有失职之忧。但财印远隔而两不相扰时可以并用。如财印分别在年时，相隔遥远而互不相碍，自可各自发挥作用。财、官、印连续相生的情况下，亦不相碍，更使印星源远流长，一清到底。

2. 位置：印星在不同的位置上，其表示的意义有差异。年柱为祖上，也是父母宫。年柱有正印，且为喜用神，必生于富贵家。年柱是16岁前的限运，其读书学业必佳。月柱有正印，又为喜用神，表示其父母荣耀。月柱又为性格宫，其人必心地仁慈、善良、聪颖敏慧，一生安泰少疾病。若正印不被财破，主文章振发，文才成名。月柱是青年时期限运，有印生扶，必英华勃发，学业事业能获得成功。同时也表示兄弟同胞有一定成就。日支正印，若为喜用，则配偶仁慈善良、聪明敦厚，多得配偶之助。时柱正印，其子女仁慈聪慧、学业有成，能得子女的孝养。

3. 坐基：正印坐比劫、食神、偏财、官煞，均为吉兆。坐比劫，因为是相生关系，会对兄弟朋友尽力帮助，事业顺利发达；坐食神，会受人尊敬、信任；坐偏财，家庭美满，能创造丰厚的利润。官印相生，煞印相生，逢之大吉，其人必正直、诚实，事业发达，十有九贵。书云："印居煞地，煞助仁德，必信用卓著，为人勤勉，忍让仁厚。"坐伤官大凶，丰名利破败，万事受阻。坐正财凶兆。财印相克，钱财匮乏，多病多忧，母妻不睦。坐偏印，往往脚踏两只船，缺乏决断，多愁善感，女命子缘薄。坐正印，自尊心过强，欲望过高，反遭失败。

十二运星： 正印坐长生，主母仁慈长寿端正；坐沐浴，母多花俏，个人职业多变化；坐冠带，出生于名望之家，能荣达显耀；坐禄旺，其母贤良，个人能显名声；坐衰，家道不兴，一生平凡；坐病死墓绝之地，与母缘份较薄，且出身于平民百姓之家。

神煞： 正印坐羊刃，母性刚强暴躁，且易有残疾。坐华盖①，母聪颖，但性孤僻。坐空亡，有失母之忧。坐驿马，母远行。坐天乙，母荣贵。坐天月德②，母仁慈温和。

4. 刑冲合害： 任何刑冲合害都有两重性。正印为喜用，遇刑冲，不利母，不利工作职务等。合住正印，正印之力得不到充分发挥，其人必心理阴郁压抑。正印为忌神，冲之为吉；合正印等于伴住忌神，凶转吉兆。

第四节 偏印——奇才是"炼"出来的

偏印有多种称谓，有制为偏印，无制为倒食，见食为枭神。

偏印是阴生阴、阳生阳即同性相生的关系。理解其含义时，可以与正印结合、比较。正印表示正统职业上的权力、地位等，而偏印则表示偏业上如宗教、法律、

---

① 华盖，虚拟的神煞之一。华盖者，其形如盖，常履于大帝之座。据说，它是大帝头上的一颗星，有护帝显威之象征。歌曰：寅午戌在戌，亥卯未在未，巳酉丑在丑，申子辰在辰。

华盖查法是以年支或日支为主取其三合的末位。如寅年或寅日生人地支中见戌为华盖星。

华盖是一颗孤独星。鲁迅先生有诗曰："运交华盖欲何求？未敢翻身已碰头。"意思是说我已交上了华盖运气，到处碰壁。鲁迅先生用诗自嘲自讽表达了当时的孤独苦闷。有此星的人既使做官为贵，也不免孤独。同时华盖又是一颗艺术之星，有此星的人往往艺术文学上有突出成就，画坛文坛上的不少名人就有此星。可见事物总是具有两面性的。

② 天月德，虚拟的神煞之一，是天德和月德两星的合称。

天德的查法是：一丁二申中，三壬四辛同，五亥六甲上，七癸八寅逢，九丙十居乙，子巳丑庚中。

歌诀中的数字代表月份。"一丁二申中"，意思是一月出生的人，在日干或时干上遇到了丁或壬；卯月出生的人，在日支或时支上遇到了申或巳，就被认为是有天德贵人星了。其它看法依此类推。

月德的查法是：申子辰月壬，亥卯未月甲，巳酉丑月庚，寅午戌月丙。以出生的月支为据看日干。"申子辰月壬"就是申月或子月、辰月出生的人，见日干为壬，就是月德贵人，其它以此类推。

所谓德，就是利物济人，掩凶作善的意思。天德是太阳之德，月德是月亮之德。两德具有同样的作用。试想，有太阳普照，月亮洒辉，哪还有鬼魅邪恶？所以，日月照临，凡天曜地煞，尽可制服，可逢凶化吉。

艺术、服务等方面的成就、地位及权力等。正印表示仁厚、慈善、聪明等特性，那么偏印多精明、干炼、自我主观、多才多艺、聪明冷俊，同时又有孤独、固执、刻薄怪异、漠视他人的天性。偏印为喜用的人，多有奇才、偏好。修炼自己非正统的特长，也能展示人生的光华。

试以八字为例看其意与象。

乾造：丁亥　　**大运**：13 戊申
　　　　庚戌　　　　　　23 丁未
　　　　己巳　　　　　　33 丙午
　　　　壬申　　　　　　43 乙巳

己土生于戌月，丁火明透，为偏印格。但其八字平衡点并不在于印，因为身强无须印来生扶。月干庚金为伤官。时干壬水坐长生，伤旺生财为用。断其聪明灵秀，精明干炼，孤独自傲，瞧不起他人，不服管束，有自由主义倾向。其才能用在有板有眼的工作上并不能得到良好的发挥，用在非正统的专业上，却能发挥的淋漓尽至。

排其大运 23～42 岁之间为丁未、丙午，其间必从事了知其不可而为之的工作，工作不出色，常与领导发生矛盾冲突。43 岁后行乙巳大运，断其改了行，从事了相对比较自由的工作，才能得到了展示，且取得了经济上的收获（原为学校教师，1990 年后做律师）。

为什么愿做律师而不愿做教师？这是八字结构所限定了的，或者说是天性。格局偏印，就会向偏业诱导。当岁运提供了偏印发挥作用的有利环境，人就会转到偏印所代表的工作岗位上去。当岁运不能提供这种时空环境时，就不会在偏印岗位上工作。23 岁后行二十年火运，日主旺又得生扶，金水喜用神反处于死绝之地，五行失去平衡，代表偏印的丁火却处于旺的状态，丁火旺就等于凶势力的扩张，自不会有适合于自己的工作岗位。日主旺，得生扶，傲性十足，能把领导放在眼里吗？43 岁后乙巳火运，乙庚合为助吉之合，金水得到强化，丁火得到有效制约，五行平衡，丁火的功能在这种条件下才熠熠闪光。也就是在偏业所代表的岗位上会放出光彩。

是造化诱使其找到了自己的位置，这就是天命吧。

对八字偏印的分析当从如下几个方面着手：

1. 配合：偏印和正印与其它十神的配合是基本相同的，稍有差异的是身弱用印，偏印反比正印佳。有偏印要以伤官配之，有正印要以食神配之；多偏印而又无解者，常是孤寒刑克之命；官煞混杂，又见偏印，是多成多败之命等。

2. 位置： 偏印在不同的位置上表示的意义有所不同。年柱偏印，又不是喜用神者，破祖业，损家名，失家教，出身于平民之家。月柱偏印，最适合于偏业上发展。若正印逢空，偏印明透于月干，多为双母之命，或为后母所生。日支偏印，又非喜用，男娶不到美妻，女嫁不到良夫。再逢刑冲，易遭罹难。时柱偏印，因为时柱为子女宫，伤食为子女星，偏印克伐食伤，对子女不利。

3. 坐基： 十二运星：偏印坐长生、冠带、禄旺之地，偏母根基深厚，自然与生母缘份浅薄（注意，并非一定是正印表示生母，偏印表示偏母）。且在偏业发展上常能取得成就。坐沐浴，职业多变化，也表示母或继母爱打扮、花俏。坐衰病死墓绝，多半有技能，但奔波劳苦，与父母较无缘份。

十神： 偏印坐正财、偏财都是吉利的，是很好的配置，能得长辈、长官提拔，发展偏业可得到厚利。偏印坐劫财、伤官、七煞都是大凶配置。坐劫财，主辛劳，多婚姻不顺；坐伤官，一生经济状况不佳，有家破人散之兆，女命有克子之虑。坐七煞，一生多成多败，易散财。偏印坐正印，有兼做两种事业的可能，但易遭损失。偏印坐偏印，主生活不安定，辛苦奔波，易遭盗贼火灾，易患暗疾。若偏印多更不吉。命书云："偏印过盛少男儿，岁运重遇大失利，财星压制方为吉，比劫脱泄也为宜。"

第五节　食神——有福气不可坐享

食神又叫寿星、爵星、福星。命书云："食神一位胜财官。"可见，食神倍受命学家推崇。

食神的意义是多层面的，它表示食禄、福寿、享乐等。食神为喜用或食神格，其性"温良恭俭让"，为人谦和、厚道，忍耐力强。"食色，性也"。大凡有口福、好享受的人，艳福厚，性欲也强。若食神太多，凶的一面得到强化，则会迂腐、好逸恶劳、贪恋酒色、假道斯文。

试以实例体会其意和象。

乾造： 戊子　　**大运：** 11 丁卯

乙丑　　　21 戊辰

丙申　　　31 己巳

甲午　　　41 庚午

　　　　　51 辛未

腊月之火，其光辉必赖木以生之，火以扶之。恰月时甲乙明透，时支有午火照暖，虽子丑申一片寒水冻土，喜子丑合，水被牵绊。申临午而被克，八字一派和暖气象。食神戊土在年干，虽不为喜用，却有制水护火之功，闲神不闲，其性能必得到发挥。我断其：

1. 是个县级干部，应负责木火土之类如建筑工程、市场管理等方面的管理工作。

2. 个头较高，约有 1.78 米左右。脸色黄中带红，气质好。为人仁厚、有礼节。说话温和，不生硬。公众场合如开会讲话，能现场发挥。善辞令，常能博得掌声。

3. 有吃喝之福，常吃请（现在为官者不大吃大喝者少，有顺口溜讽刺某些干部："喝坏了身子喝坏了胃，喝得老婆不给睡"）。不是顿顿（顿者，餐也），也是天天（天天吃请）。

4. 艳福不浅，1990 年之后从未断过情妇，且不只一人。

命理依据： 八字五行俱全，忌神受制，喜用相生，流转有情，一片清纯。凡清纯的八字，无人不贵。甲乙木为用，生扶有力。且木为印，为权力，其权力范围必表现在与土木相关的行业管理上，故断其为县级干部，是土木建筑的官员（实为河南某地级市建工局局长）。

丙火虽生于腊月，但八字配合极佳。天冷有火暖之，木衰有水生之，土冻有火温之，水多有土止之，金木水火土，仁义礼智信，不偏不倚，一片祥和，为人必左右逢源，能处理好各方面的关系。且食神戊土明透，食神具备的天性必会得到充分施展和发挥。

口福、艳福，不能只看桃花沐浴，而应综合考察。该八字金水两旺，水代表内分泌物，必性功能强。月令伤官，子丑相合，伤官代表生殖系统，又合化为伤官，必有与异性相合的趋势。食神透出，食神本身就代表性功能，找女人发泄是一种必然现象。更重要的是日干不弱，有能力占有妻财。43 岁流年庚午，大运己巳，巳为丙禄，巳申相合，合住妻宫偏财，自会有主动上门者。之后大运庚午，午为桃花，又为喜神，喜悦之事不断，艳情不可一端。

分析食神宜从以下几方面着手：

1. 配合： 食神为财之根，日元旺盛，最喜食神生财。但夏木食神又不同于金水食神。夏木食神往往会火炎土燥，宜用水调候。金水食神又会金寒水冷，宜用火调候。有食又必要有财。若日主旺，有食而无财，虽天生灵巧，却一生清寒。食神与印之间的关系不可用"飞枭夺食"而一概予以否定。日主旺，喜食伤之泄，遇印则不夺食。若日主弱，食神多，反喜印克制食神而生扶日主。官煞多喜食神制官煞，但必须日主强旺。否则，克泄交加，灾祸不断。食神制煞最怕见财，因为财泄食而生助官煞反克身。比劫多财弱最喜食神通关。若无食伤则为众劫夺财之局，必大凶。

2. 位置： 食神在年柱，为喜用神，必受祖上福荫，平生福禄，事业亦会有大发展。月上食神叫天厨。月令建禄又叫天厨禄，发福最大。月令正官，月干食神宜于走仕途之路，可以在官场有作为。月柱又为性格宫，食神代表的性格表现亦十分鲜明。日支为食神，配偶多性格温和，喜吃喝而身体肥胖。时柱食神表示晚年可以享福。女命食神坐禄，头胎多生子。最忌食神与偏印同柱，飞枭夺食，易守空房。

3. 坐基：

十二运星： 食神坐长生、冠带、临官、帝旺，多是福禄寿俱全之人。坐死绝病败，福少命薄。坐墓地，多早夭亡。

神煞： 食神坐空亡，其福不足，且子息少；食神坐羊刃，多劳苦；坐沐浴桃花，子女多风流；坐驿马，子女远行，长大成人后不会生活在父母身边；坐天乙、文昌等吉神，子女聪敏有智慧。

十神： 食神坐比肩、劫财、偏财、正财、正官、正印都是大吉之象。坐比肩，常会有贵人相助，对兄弟朋友也会多情好施，有财缘，有艳福。坐劫财，常会得无意中之财，或因祸得福。命书云"食神最喜劫财乡"，就是指能得财得福。坐偏财或正财能成大富，艳福特佳。坐正印，性诚实，事业发达，能得贵人支持。坐正官，品行端正，能得众人信任，福份厚。女命可以找到好丈夫，家庭幸福。食神坐七煞、偏印，都是大凶配置。坐煞易生灾祸，一生劳禄，好发脾气，是奴才、丫环命。坐偏印，飞枭夺食，主口舌争竟，疾病灾祸不断，多成多败。食神坐食神或伤官，有吉有凶。坐食神，福禄丰厚，事业有成。但不宜做官吏，恐任内不稳，起仕途风波。食神不宜太多，多则变成伤官，往往体弱而贫穷。女命食神多，天生妾命，好色，恐成为风尘女郎。坐伤官，虽能发达，亦常常发生障碍。

4. 刑冲合害： 食神受刑冲，就等于冲散了福分，幼年缺乳，早离母，多奔波。食神合官，若官为用，则官星不显反为贱。八字中有官有煞，合官留煞更为清纯，主吉。

第六节 伤官——遇到伤官莫悲伤

我生者为食伤。食神是阳生阳，阴生阴。而伤官是阳生阴，阴生阳。异性相生的突出特点是泄秀即泄发秀气。凡命带伤官的人大都俊秀、体型美，理在于此。

伤官，故名思义，是专门伤害官星的。其表示的意义是降职、免职、削职、退位、失权、落选、退学、休学、落榜等。但理解任何十神都不能拘执。若伤官为喜用神或调候神，遇之不但不会发生名誉之害，反有升官、升学、升职之喜。男命官煞为子，伤官重则克子。女命伤官为子女星，看子女情况要充分考虑伤官的喜忌以及刑冲克害。

伤官泄秀，其性为多才多艺，聪明好学，灵巧。但缺点也很鲜明，即逞强好胜，一身傲骨，鄙视他人，刻薄任性，常遭世人误解，他人嫌弃。

试以例体察其意和象。

坤造： 丁巳　　**大运：** 9 丙午　　**流年：**
　　　　乙巳　　　　　　19 丁未　　　　1997 丁丑
　　　　甲子　　　　　　29 戊申　　　　2000 庚辰
　　　　壬申　　　　　　39 己酉　　　　2001 辛巳

为杭州某女所断。

夏月之木，婆娑多姿，其精华尽泄于外。巳火为食神，但丙火不透而透出丁火，食神即化为伤官格。夏月火旺，喜日坐子水，干透壬水。且申金生水，水有源，恰可灭火生身。书云："伤官旺盛原乃凶，比劫助之祸不轻，财星缓和衣禄丰，正印制之寿如松。"火旺有水制，成水火既济之象。断其有专科上下的学历，天性聪敏，内心灵秀，学啥会啥，但并没有在某一技艺方面有突出成就。自视清高，看不起他人，行好不得好，反被指脊梁。你走过去之后，别人会对你品头论足，不知你是否有这方面的觉察？她对我的推断叫绝。

命理： 八字金水木火，接续相生。火被水克，火虽旺而不烈。木受水生，木虽弱而有根。水有金生，水虽衰而有源。金有水护，虽休囚而有救。五行流转有情，相互拱卫。印主文凭，印又不是太旺，岂不是应有专科学历吗？（实为三年专科）伤官明透，伤官之性尽泄于外，故断其聪明，有傲气、横气。不过，推八字应适时把意转化为象，才能具体形象，有可感性。

青年女子最关心的是什么？婚姻。我断其至今（注：2001年为其推断）还未找到合适的对象，她的爸妈该急坏了吧。1997年在大学里谈了对象，第二年就"拜拜"了。2000年该有三个追你的小伙子，她犹豫而不能决断……这都是伤官惹的祸。

命理： 食伤汇聚于年月，对婚姻不利。官星申金在时支，又主晚婚。20岁后大运丁未，正走伤官运，遇到看似成婚的年份亦如过眼烟云。1997年丁丑，子丑合，合夫宫，丑土晦火，伤官气势下降，必谈恋爱。2000年庚辰，申子辰会水局而又合夫宫，三个小伙站在面前任其挑选，惜缘份不到，如此而已。

2002年夏。该女从杭州打电话来，言其准备辞去工作，自己独立经营搞服装生意，问行不行。我回话：不是你想辞去工作，而是单位要减员。个人做生意还不是时候。

命理： 2002年壬午，大运丁未，命岁运会巳午未火局，伤官成局，必不会安份守己。且岁命子午相冲，冲去印星，必会失去工作，还是伤官添乱。

分析伤官宜从以下几个方面着手：

1. 配合： 伤官是秀气之神，身旺者或喜官煞，或喜食伤。用官煞者不如用食伤者。食伤泄秀，必聪明颖异，大多文人学士都属这一类。伤官与官不能并用，若用官见伤官必有官灾。用伤者亦不宜见官，见官有祸。如果有财，形成伤官生财，财再生官的格局则化凶为吉，且主贵。伤官宜见财，主秀气。伤官重者宜见印，称为伤官佩印。伤官制煞是有条件的即伤多身弱，需印泄煞制伤而又生身。伤官见官是最不吉的一种配置，唯金水伤官可见官。因为金水伤官必寒冷偏执，官星火可以调候以暖局。

2. 位置： 年上伤官，祖业飘零，破祖离家。岁运再逢伤官，常会头面有损伤。月柱伤官，又为忌神，因月柱为父母宫，有不敬父母之嫌。干支都是伤官，同胞不和，夫妻分离，易被兄弟背弃，女命被丈夫冷落。日支伤官，男不利子，女不利夫,易被妻子或家人看不起。时柱伤官,子缘薄或有顽愚不孝之子,且女多子少。亦表示晚运凄凉悲苦。

3. **坐基**:伤官坐偏财、正财、正印、偏印为吉兆。坐偏财或正财,都可以发财得利,唯坐偏财宜戒色情之祸。坐正印、偏印为多得贵人相携之象,唯坐偏印时正业和副业有一成一败。伤官坐煞、官为凶兆。坐煞主终生辛劳,夫妻别离,甚至有冤狱之不幸。坐官,易失去权力、官位,夫妻离别,诸事涩滞不顺。伤官坐伤官,有固疾短命倾向,生涯劳苦奔忙,既使富亦不长久。坐比肩、劫财,因为化劫生助伤官,有婚姻不顺,亲戚不睦,身心劳苦之象。伤官坐羊刃,多为奴婢之人。

第七节 正财——工薪族敬业为本

财是养命之源,是不可或缺的。有人戏言,钱不是万能的,没有钱是万万不行的,大实话。

财就是财产、奉禄、金钱等一切生存、生活乃至于精神需求的物资。财又为妻妾、妻缘。为什么妻与财同类?实际还是男尊女卑观念在命理学中的反映。财可以被我支配,妻子也是供我克制、享用、支配的对象。

财分偏正。有一种观点认为,正财为辛劳之财,比如工薪阶层。偏财为外财,别人之财。正财为妻,偏财为妾,此说似可成立。我的实践体验,正财和偏财确有不同之处。既然正财为劳苦之财,其天性勤劳节俭,笃实保守,占有欲强,重现实。正财过多者,好逸恶劳,不读诗书,吝啬贪财,苟且安乐。八字中财多,头脑被金钱所控制,必然不读诗书,不求进取,也就没有文凭学历了。

试以例体察其意和象。

乾造:辛卯　　大运:34 戊子　　流年:
　　　壬辰　　　　　44 丁亥　　　　1984 甲子
　　　戊子　　　　　54 丙戌　　　　2001 辛巳
　　　乙卯　　　　　64 乙酉

日坐正财,财官两旺,为从财格。

在国有企业干过临时工,1984 年转正,算是吃国粮了。2001 年下海经商,开办工厂，赚了大钱。2006年投资数千万与妻弟合伙办企业，被妻弟讹了个精光，年年讨债，路漫漫其修远兮，至今还看不到尽头。

命理： 月令辰土，看似日主的根基，其实，辰土是含水分很大的土，像稀泥巴。壬水透干，子水为正财，日坐正财，成为国有企业职工就符合命理。1984年甲子，大运入戊子，这是人生转变的"拐点"，因为子水为财，子辰合化为财局，必然会寻求新的发财的门路；水性流动，他不甘心寂寞，不会安心于国有企业挣工资的现状，命运诱导着他闯出新路。34岁大运戊子，44岁大运丁亥，二十年风光无限，不是人求财，而是财敲门。命书说"天下没有穷戊子"，真的在他身上应验了。但到了54岁丙戌大运，戌土冲八字的辰土财库，我告诉他"千万不要与属狗的合作"，他惊呆了，因为妻弟恰是属狗的。

人的八字中总是有忌讳的生肖，应当远而避之。

分析正财宜从以下几个方面着手：

1. 配合： 日主旺财又旺，必为天下富翁。再者正官一位，富而且贵。身弱财旺，必为富屋穷人。财见官，为财官双美。若官为喜用，财生官，居官必高，且得贤妻。财见煞为财煞结党。煞为忌神，必为煞困，其妻必恶。财见食伤，财为喜用，为财有根。但伤官和正财与食神和正财的配置有异。伤官和正财，多主经商或演艺而致富；食神和正财，和气生财，多主店铺经营或技艺而致富。财见劫财叫逐马，一生中易逢小人而破耗。财见比肩，多受兄弟同胞拖累。财与印相克战，财多印轻主寒酸。财多宜官星通关。正财太多，主好逸恶劳，不读诗书，贪欲懒惰，男命易为情妇而破财。财多克印，不利母。

2. 位置： 年上正财，若为喜用，祖上富有。月柱再有正官，正财正官是极佳配置，必生于富贵之家。月柱正财，父母富有，且易得双亲荫助。又主早定婚姻，得豪门淑女。月柱又为性情宫，必勤劳节俭。日支正财为妻星得位，易得妻助而致富。时柱正财，子女富有，因子女富贵而享福。

3. 坐基：

神煞： 正财坐沐浴、桃花，妻漂亮多情，易移情别恋。再有比劫虎视，易有偷情外遇之事发生。坐驿马，妻贤能。坐羊刃，夫妻不睦，妻不贤。坐华盖，妻聪敏但性情孤独。坐天乙贵人，妻貌美聪慧。正财逢空，男命丧偶再婚。

十二运星： 正财坐长生，妻寿长。坐禄旺，再为喜用，必有才能。正财坐死绝，夫妻不和，妻体弱。正财入库又逢冲刑，主发财致富。辰戌丑未为正财亦叫正财入库。男命正财入库，易金屋藏娇，为人吝啬。

十神： 正财最宜藏于地支，主财产丰厚。透于天干易被劫夺，且性浮好面子。正财坐比肩、食神、正财、官都是吉兆。坐比肩，财缘女缘都佳，唯有受兄弟亲朋拖累之嫌。坐食神，能得妻之助，子之孝，幸福发达。坐正财，买卖兴旺，财源盛。坐官能得官，女命配佳婿，家庭美满。正财坐劫财、正印不吉。坐劫财，主父业衰微。坐正印，母与妻不睦，个人易招灾祸，平生难达志向。

4. 刑冲合害： 正财最怕刑冲，刑冲主破财，终生劳苦，男换妻，操心落魄，人财两空。正财入库喜刑冲，冲开财库而得财。正财合于日支，一般来说夫妻恩爱。但化成忌神则不吉。正财与日支外的地支相合，主妻不正，或被亲友拐骗。正财争合日主为多妻之命，但妻妾间易争风吃醋，出家庭风波。

第八节　偏财——奢望发财是种下的祸根

正财与偏财基本相似，但其意义稍有差异。正财为妻，偏财即为妾。偏财又代表父亲，从伦理上是说不通的。究其原因是子平演化出来的说法。比如日主甲木，癸为母，戊癸合，戊则为父。日主乙木，壬为母，克母者为母之夫，己则为父，此说亦可通。

正财为正业之财，那么偏财就是偏业之财、横财、暴发之财、外财，如中奖之财、股票之财等。偏财来之容易。若为喜用或偏财格，其性必慷慨，重义轻财，豪放风流，喜投机，女性缘佳，一般是远方经营致富。若偏财太多化为忌神，反懒散怠惰，贪图享受，浪费虚浮。偏财为忌神，务必谨慎，是容易因财而生祸的。

试以例体察其意和象：

乾造： 乙巳　　**大运：** 2 己卯　　**流年：**

　　　　庚辰　　　　　　12 戊寅　　　　1997 丁丑

　　　　丙申　　　　　　22 丁丑　　　　2002 壬午

　　　　庚寅　　　　　　32 丙子

偏财双透，月令食神生扶，又临禄地，旺可知矣。日主丙火，辰为湿土，晦火之光，寅木偏居一隅，又被庚申围克。喜暮春之际，阳气方张，又有巳火之禄，虽身稍弱亦能胜偏财盗泄。我断其1997年始发外财，2002年发横财，现已聚财数百万。

命理：1997年始行丙子大运，寅中所藏丙火一旦透出，丙为日，丙火必发出耀眼之光，升腾荣耀，财源滚滚（在工作之余办工厂、建网站，有两项额外收入）。2002年壬午，寅午半合火局，网站名气大增，省农业部门拨专款60万，支持网站建设。

分析偏财宜从以下几个方面着手：

1. 配合：身旺有偏财，必发财致富，商人、企业家常是这样的八字。偏财喜见官，主富贵。财喜食神、伤官相生。但食神、伤官坐偏财，宜从事表演展示性的工作，或动脑筋性质的工作。食神、伤官是泄秀之神，要表现个人这方面的才能，然后才能生出财来。偏财忌比劫，比劫重财轻，名利俱焚。若财重财多，反喜比劫助身。偏财和印两不相谋，有官煞通关则化凶为吉。关于财富的多寡，《滴天髓·何知章》云：何知其人富？财气通门户。何知其人贫？财神反不真。后有专章论述。

2. 位置：偏财在年柱，必离祖经营，发迹于他方。月干偏财，父掌家权。月支偏财最佳，因为官喜透，财喜藏，官不透不足以显耀，财不藏难言真富厚。月支藏财，又为喜用，必大富。月支偏财，有不爱家花爱野花的倾向。偏财又为将星，能娶豪门闺秀为妻。时柱偏财，其它柱无财，主中晚年发达，有后福。偏财在天干，好酒、好色、好赌，轻财重义气。财多而透，则不爱正妻爱姨娘。

3. 坐基：

十二运星：偏财坐长生，父子妻妾和睦，得父亲之财，且父长寿。坐沐浴，主父或妻妾风流；坐禄旺，父或妻妾荣显发达；坐死绝，父或妻妾衰困；坐墓，父或妻妾多病或早亡。

神煞：偏财坐临空亡，父或妻妾早丧、早亡，或破家业，损事业。坐羊刃，主父或妻妾性刚而暴躁，常破财。坐天乙贵人，父或妻妾福寿、富贵，有荣显之机。坐天月德，父或妻妾仁慈好善。

十神：偏财坐食神、伤官、偏财、正财、正印都是吉兆。坐食神，愈增福力，平生多顺，多成大富。坐伤官亦增福力。有时别人失败反变为个人得利。坐偏财发达在外乡。坐正财暗示生意兴隆，有可能兼营两种职业。坐正印，幸福圆满，平生无大辛劳。偏财坐比劫不吉。坐比肩，父业不兴，与父不和睦，或父有疾病，易生色情风波。坐劫财，男命会因色情之事遭凶，女命有婚变，财被人劫夺之害。

偏财坐偏印，主劳苦，易受他人拖累。偏财坐煞，与父缘薄，主辛劳，且为女人散财。女命有再嫁之可能。

4. 刑冲合害：财怕刑冲，冲财为逐马，主破财、贫寒。偏财入库喜刑冲，冲之则发。偏财被合要视其喜忌。财为喜用，被合为羁绊，吉化为凶。财为忌神，合反为吉。

偏财与正财的特性，用法基本相似，可以互相参照。

第九节　比肩——用兄弟之情善待一切

比肩是阴阳五行同性比和关系，即同一五行的阳见阳，阴见阴。比附到社会人事关系上来，它表示兄弟、姐妹、同事、同学、战友、同伙、合伙人、同辈等。比肩为喜用神或建禄格（比肩不论格局），其性稳健、刚毅、豪迈义气、自我主观、自尊心强、施展威权。比肩过多则平生劳累，倔强固执，好争论，遭诽谤，同辈相处难容洽，易得罪领导，但对下属晚辈却又宠爱。比肩是克制财星的，比肩多则六亲缘薄，克父克妻，男女都迟婚。

试以例体察其意和象。

乾造：癸亥　　**大运**：1 戊午　　**流年**：
　　　　己未　　　　　 11 丁巳　　　　2000 庚辰
　　　　己亥　　　　　 21 丙辰　　　　2002 壬午
　　　　辛未　　　　　 31 乙卯

该男生于1983年6月1日。八字四土两水一金。六月土旺，比肩叠叠，必有夺财之势。若有金尚可通水土之关。但辛金自坐未土，未为干土，含火气，非但不能生金，反为脆金之患，故辛金难以为用。既然无金通关，水土之战势在必然，故断：

该男衣貌不整，生性好战，难管教，好霸道。说白了，在农村属地痞流氓之流。

命理：八字土多土旺，土为忌神。土为忌神的人，一般来说多丑陋，少智慧。因为板结之土无生育之德。只有金水旺的人才会水灵灵的，有俊秀之美。水土相战，众劫夺财。其心理大势必会夺人财物，占人妻女，贪图享乐。在畸形心理的控制下，任性而为，谁的话都听不进去，称霸道，耍无赖，天性然矣。

断：2000年有了个对象，对象长得不错，眼很有神。到2002年就该"拜拜"了。且2002年会破财，有凶，是灾难年。

命理：2000年庚辰，庚金泄土生水，通水土之关，日主己土之性，因泄其秀气而趋于温存缓和。癸水财星得到生扶，且辰为水库，财为我用，有生育之德，必能完婚。但仅为完婚而已，因为不到法定成婚年龄。更重要的是命中晚婚，不可能早成鸳鸯。到了辛巳年，大运丁巳，巳亥两两相冲，婚姻已危在旦夕，女方必有散婚之意。又因流年年干尚存通关之意，女方还一时难以找到散婚的理由。2002年壬午，大运脱巳交丙，丙辛合而辛金丧失通关之能，午未合为助凶之合，比肩夺财，大凶之局已成，必有合伙作案的情节。合伙者有3～4人，也必会因此而破财。婚事自然亦会告吹。实际为他人去杀人，捅了人家一刀子，被公安抓捕，媳妇因此而提出撤婚。

分析比肩应掌握的要点：

1. **配合**：比肩多者宜见官煞或食伤。因为官煞可以制住比肩而护财。若无官煞可以用食伤，食伤能泄比肩而生财，接续相生，亦成富格。比肩多而无克泄，必手足相争，朋友失和，夫妻不睦，孤独离群，固执己见，劳苦而不聚财。印星是比肩的原神，不宜再见印比。印比多而无官者应少子女。日主弱宜用印比生扶。比肩与财相克战，比重财轻宜食伤通关。若财重日弱，这叫身弱不胜财，反宜比肩帮扶。

2. **位置**：年柱有比肩，上有兄姐，再为忌神，祖上必清寒。月干为比肩，有兄弟姐妹，有争财理财的特性。月支比肩，无官星制比，性暴乱。且易迟婚、婚变或再婚。再有羊刃，主克父克妻。时柱有比肩，少子女或无子息。

3. **坐基**：

十二运支：比肩坐长生、冠节、临官、帝旺，主兄姐荣耀。坐死墓绝地，虽有兄弟，亦多早别离。坐沐浴，主手足风流多情。

神煞：比坐桃花，手足风流。比逢空亡，必有同胞夭折，亦表示兄弟少，不和睦，少助益。

十神：比肩坐食神、正财、正印都是大吉之兆。比坐食神，食禄丰厚，有创业精神。坐正财，得财利，娶贤妻，事业顺利。坐正印，能得贵人扶持，事业繁荣。比肩坐劫财、偏印，都是凶象配置。坐劫财，兄弟间多不和，常因亲友蒙受损失，合伙事业中途解散。劫财星多，父缘妻缘不佳。坐偏印，主劳苦损失，居无定所，诸事不顺利。再比肩多，宜婚变，人冷酷。比肩坐正官、偏财、伤官，则有吉有凶。

4. 刑冲合害：比肩遇刑冲，手足不和睦，有合可解。比肩逢三刑、主贫寒，夫妻分居。日支为比肩又逢冲，往往客死他乡。比肩入库又逢合，常有夭折或残疾的兄姐，亦或有异性同胞兄弟。比肩入库又逢冲，亦会有夭折或残疾的兄姐，或有过继他人之象。

第十节　劫财——养豪放之气，防打劫为殃

劫财是阴阳五行异性比和关系，即同一五行的阴见阳、阳见阴。与社会人事关系相比附，亦表示兄弟、姐妹、朋友、同学、同事、战友、同伙、合伙人、同辈等，但多表示异性之间的关系。劫财为喜用神或羊刃格（劫财不能成格而以羊刃格代之），其性热忱坦直，神气、有傲性，好投机，敢冒险，勇往直前。劫财过多，一生辛劳，多生是非口舌，易招诽谤，抗上而爱部属，好酒好，为人刚硬不能融通，六亲缘薄，男女皆迟婚。劫财为忌神的人，宜养豪放之气，切务因财而招惹是非。

试以例体察其意和象。

乾造：癸卯　　**大运**：2 庚申　　**流年**：
　　　　辛酉　　　　　　12 己未　　　　1998 戊寅
　　　　庚申　　　　　　22 戊午　　　　2001 辛巳
　　　　丙戌　　　　　　32 丁巳　　　　2002 壬午

该男生于 1963 年 7 月 27 日。我断：此人主贵不主富，从武却是武中文人，现可达到科级，42 岁就可达县级。

命理：月令羊刃，时上一位七煞，火炼秋金，以煞为用，必为贵格。《神峰通考》云：时上偏官一位强，日辰自旺贵非常，有财有印多财禄，注定天生作栋梁。断其不主富，是说以贵为主要特征，不主富并不是说是穷人，"乌纱帽下无穷人"。七煞与羊刃的配合主武官。书云：煞无刃不显，刃无煞不威，刃旺当权，煞刃神清，必是文官而掌生煞之任。但身强煞稍弱，七煞为火，火为二七之数，故断为

官当在近乎县级。但现正行丁巳大运，巳虽为丙之禄地，但巳申合、巳酉半合，合而为绊，现在还暂时达不到县级，只为科级而已。42岁始行丙辰大运，丙煞清显，必提升（提升为派出所所长，正科级）。

断：该人性刚，傲物自高，胆气雄豪，认准的事一条路走到黑。事业顺时，有闪光点；事业不顺时，敢与领导争高下，易受同行诽谤、嫉妒。1998年当提升。2001年容易引起口舌是非，有被排挤之象。2002年会有闪光的业绩，但亦有声誉受损之事发生。

命理：月令羊刃，其劫财代表的性格表现得很充分。1998年戊寅，戊癸合，合去癸水忌神主吉。寅申冲，冲去忌神申金。寅为丙煞之长生，亦是日主庚金之财马，财旺生官，主升腾（提为公安局信息中心主任，正科级）。2001年辛巳，丙辛合，合去煞星，丙火之光受损，政治上暗然失色。巳申合，巳酉半合，虽说巳为丙火之禄，但合化为忌神，对官星有损而无益（被排挤出公安局机关、任派出所所长）。2002年壬午，流年干支之间水火不容。八字原本金旺，流年天干壬水透出，壬水克制官星，其官职受损。流年地支午火为丙煞之旺地，午戌半合火局，又有光明生辉之象，故断其这一年有两类事发生：其一，因工作有成绩或突出成果而放光彩（实际是公安工作突出，召开了全市公安工作现场会）；其二，因工作失误而遭到批评，甚至名声损伤（执法不当，被人上告）。

分析劫财应掌握的要点：

比肩、劫财与十神的配合基本相同，正如先贤陈素庵所言："比、劫、禄、刃，异情而同类，皆助日主也。特比纯而劫杂，禄和而刃暴耳。比与禄乃日衰煞旺则用之，身弱财多亦用之；劫与刃乃补助日干，尤妙能合煞（如戊日主甲为煞，己刃合而羁绊。庚日主丙为煞，辛刃合而羁绊等），盖刃煞皆刚暴之物，相合若适当，则如猛将悍卒，处置得宜，为我宣威奋武，人命值此贵而有权。"《三命通会》的编者万民英也说："阳刃、比肩、劫财、建禄，名虽不同，实一家同气之神。若地支名刃、名禄，在天干则称比、称劫，其取用大略相同。"关于劫财的意和象可参照比肩理解。

第五章 相对论——分析八字纲要

任何事物都有主导性的方面，即大纲、纲要。"纲举目张"就是说要抓住主导性方面，事物的眉目就清晰了。这是人类认识事物的重要规律。分析八字也要利用这个规律，达到纲举目张的效果。

八字的纲主要表现为旺衰、众寡、寒暖、透藏、虚实、真假、清浊、顺逆、墓库等。突破了上述问题，就是基本学会了八字。常有人说，"旺则抑之，衰则扶之"这是八字的口头禅，也是纲要之一。但仅仅以此作推断而机械套用，往往会得出错误的结论。比如，八字日主稍弱，并非一定要用印比生扶。若煞透食伤伏，当以食伤制煞为先；若八字燥烈，当优先息其燥气；若八字清寒，当以调侯取暖为要；若浊气满盘，澄浊求清方能舒展；若强众而敌寡，去寡方能顺遂等。也就是说掌握了纲要，分析八字就有了把握，再顺藤摸瓜，"瓜"即可得。

学习八字，勿要片面贪求所谓捷径，企望三五天就通晓八字，这种急功近利的心态是不可取的，也是不可能的。

学习纲要是基本功，打好基础才能顺利到达胜利的彼岸。

第一节　旺与衰

辨别八字五行的旺与衰，是八字命理的入门功夫。判断旺衰正确与否，决定了推断成功的高低。正如《滴天髓》云："能知旺衰之真机，其于三命之奥，思过半矣。"实际上分析八字的过程就是察其旺衰的过程。

旺衰的"真机"在哪里？简单地说就是：三得、三失。三得即得时、得势、得地即为旺；三失即失时、失势、失地即为衰。但在实际操作过程中并不容易把握，甚至自认为本当为旺或为衰者，推断起来却错误百出。可见"能知旺衰之真机"并非易事。

旺衰之真机，首先要分析气之深浅、进退。得时为旺，失时为衰，这是研究命理的至理名言，大凡十有六七可以依此判断。得时就是得月令。月令乃提纲之府，气象、格局、用神都是从月令上推断出来的。亦要兼看年、日、时。一个八字中的五行之气其旺衰深浅绝不是均衡的，也正因为五行的不平衡才产生了不同的命运，预测师就是要着力寻找气之差异而追索命运的高低起伏。得时为旺，亦有得时不旺者；失时为衰，亦有失时不衰者。如春木为旺，但八字干透庚辛，支有申酉，木受克甚重，得时而不旺。秋木为弱，但根深蒂固，干透甲乙，支有寅卯，失时而不衰。四柱根气以长生、禄、旺为重，墓、库、余气为轻。有比劫帮扶远不如墓库余气，因为比劫如朋友，朋友有力则帮，无力则不帮。地支之根为家室，家室虽薄，亦为人之归宿、托赖之所。

气有深浅，但因透藏不同而发挥作用的大小不同。如寅月生人，寅中藏戊丙甲，天干有戊，虽寅月土死，亦可作用。再有丙火透出，火泄木生土，土之力倍增。若戊甲并透，甲木为寅之本气，戊土受克甚重，不能为用。反过来，只透干而不藏支，也不能作用。所以，天干动于上，要人元应之；地气动于下，要天气从之。人元司令，才能引吉制凶。司令出现，才能辅格助用。以月令为例说明这个道理，实际上年日时同理，只不过不如月令之气厚重而已。

气有深浅，亦有进退。如寅卯月木旺、火相、水休、金囚、土死，即当令者为旺，将来者为相，功成者则退休，无气者受囚，受克者即死。旺与相，休与囚也稍有差异。旺是气之极盛状态，达到顶峰的事物亦意味着马上要走下坡路。相为方长之气，有勃勃向上的生机，再前进一步就是锦上添花。旺不如相更美。休为刚刚退缩之气，不可能迅速恢复到原有状态，因为极衰之气，死而将生，休反不如囚为佳。

气之深浅，与司令相关。地支所藏的天干，在不同的时间段中所发挥的能量、作用是不同的，也就是说当权司令的时间有分工。在当权的时间范围内威权大，时过境迁则逐步弱化。比如甲生于寅月，寅中藏甲丙戊，若生于立春后7日内，就是戊土司令。戊土财星本来在寅月属死气，但因司令而有气。所以，人元司令是分析天干旺衰强弱的重要参考因素。

人元司令分野如下：

寅月　立春后戊土7日，丙火7日，甲木16日。

卯月　惊蛰后甲木10日，乙木20日。

辰月　清明后乙木9日，癸水3日，戊土18日。

巳月　立夏后戊土5日，庚金9日，丙火16日。

午月　芒种后丙火10日，己土9日，丁火11日。

未月　小暑后丁火9日，乙木3日，己土18日。

申月　立秋后戊己土10日，壬水3日，庚金17日

酉月　白露后庚金10日，辛金20日。

戌月　寒露后辛金9日，丁火3日，戊土18日。

亥月　立冬后戊土7日，甲木5日，壬水18日。

子月　大雪后壬水10日，癸水20日。

丑月　小寒后癸水9日，辛金3日，己土18日。

五行旺衰，其理如自然之理，虽然玄妙，思之可得，宜细细探究。

乾造： 壬辰　　**大运：** 12 壬子

　　　　庚戌　　　　　　22 癸丑

　　　　壬子　　　　　　32 甲寅

　　　　丁未　　　　　　42 乙卯

九月土旺，一片萧煞。庚金明透，其力倍显。天干两壬，地支一子一辰，天地水势浩渺，加上庚金助水，水多为患。喜月令戊土，戌为燥土，有砥定中流之功，足以止水之患。更有时支未土，子未相害，子水受克，亦难以为害。更妙的是戌中人元丁火明透，透则力显，格成正财，可生土克金，有一箭双雕之功。

这个八字看起来丁火微微，难以发迹，实则丁火透干而力显，再有戌未两土

止水护火，更助火力。正所谓"丁火柔中，内性昭融，旺而不烈，衰而不穷"。该八字忌神受制，喜用得令。初看没有什么特别之处，细察却制化有情，精神贯足。该人为私人企业老板，资产近亿元。

乾造： 庚戌　　**大运：** 1 戊子
　　　　丁亥　　　　　　11 己丑
　　　　己未　　　　　　21 庚寅
　　　　癸酉　　　　　　31 辛卯

（1）日主己土，冬月土囚，冻土无生育之德。幸日支未土，年支戌土帮扶。未为火之余气，戌为火库，帮扶有力且有暖身调候之功。

（2）月干丁火，冬月火死，丁火为星星之火，更赖戌、未止水护火。未为火之余气，戌为火库，相互拱卫，丁火不熄，反可为用，只不过用神力薄。

（3）年干庚金，金为退气之神。然时上酉金为庚金之旺，又有土生扶，故金仍发挥不利作用。

（4）时干癸水，虽癸水本性至弱，但得时为旺。又自坐酉金，金水结党，克制丁火用神，忌神有力，不利于事业发展。

（5）未为木库，亥中藏甲木，木不透一般就不会发挥作用，一旦岁运遇木，即能泄水生火，亦能克土，有功亦有过，功过各半。

综合评价： 日主己土有根，得丁火生扶，丁为印，当有大专以上学历，属小贵。水为忌神逞旺，一生工作不顺心，多劳苦，难有大作为。岁运喜见甲、丙、丁、戊、己、寅、卯、巳、午、未、戌，忌见乙、庚、辛、壬、癸、辰、申、酉、亥、子、丑。

坤造： 壬寅　　**大运：** 7 戊申
　　　　己酉　　　　　　17 丁未
　　　　己巳　　　　　　27 丙午
　　　　甲戌　　　　　　37 乙巳

八月金旺，但地支一片木火，巳酉半合不化而克金，戌为火库而脆金，旺金受到抑制而由旺变弱。八字三土，巳火生土，寅戌拱合火局而生土，休囚之土转弱为强。甲木正官明透，虽秋月木死，但地支通根禄地。财星虽偏居年干，又被寅木耗盗，但八月水进气，财亦可用。身强官透财进气，一位铁女人的形象跃然而出。1992年壬申，辞官下海，艰苦创业，至今资产已达数千万。

第二节 众与寡

旺与衰，众与寡是从不同的角度对八字进行的概括。旺与衰是就时令而言的，得时为旺，失时为衰。众与寡是从数量上进行的判断，党众为强，寡助为弱。众寡之说，亦强弱之意。

众与寡有两类情况，一类是以日主分众寡。如日主是木，干支多水木，这就叫党众。而官星为金，八字无土，即使有土，土无根气而不能生金，这就是官星为寡。另一类是以八字分众寡。如日主为水，干支木多，木为食伤，食伤为众。土为官星，土薄而又无火生助，官星为寡。不论以日主分众寡还是以八字分众寡，其关键在于看其气势。《滴天髓》云：强众而敌寡者，势在去其寡；强寡而敌众者，势在成乎众。不要被强众、强寡，敌众、敌寡的概念弄糊涂了。所谓敌寡就是无根的意思，强寡就是少而有根的意思。强众就是已形成了气势，强寡就是虽强旺但并未形成一种气势。"强众而敌寡者，势在去其寡"的意思，就是八字全局已形成一种气势，有一二点背逆之神，又无根，或被克泄，唯有去之为美。"强寡而敌众者，势在成乎众"的意思是八字虽然形成了某种气势，但背逆之神有根而不能去之，不得已只能用之，这就是成乎众。若既不能用，又去之不净，有病无药，格局自然不高，其命运也就可想而知了。就是说无根者为敌寡，可以去之；而有根者为强寡，强寡则难以去之，有时反以强寡为用。

乾造：癸卯　　**大运**：9 甲寅
　　　　乙卯　　　　　　19 癸丑
　　　　乙亥　　　　　　29 壬子
　　　　辛巳　　　　　　9 辛亥

仲春之木，亥卯合化为木，癸水为雨露，水润生木，叠木成林，木之强众，垂东方青龙之象。《滴天髓》云："独象喜行化地，而化神要昌。"时支巳火泄木之秀，惜巳亥相冲，秀神受伤，贵气有损。时干辛金，自坐死绝，无根而朽，官星敌寡，"强众而敌寡者，势在去其寡"，岁运去寡则吉，助寡为凶。初运甲寅，气势顺畅，学业出类。次运癸丑、壬子，泄金生木，水泄金气亦为去其寡，一帆风顺。1986 年丙寅，丙辛合，病神辛金被合住，寅亥合而解巳亥冲，官职提升。一到辛亥，病神得助。2000 年庚辰和 2001 年辛巳，官煞接续，官场受阻。今后前程，大运转向西方，已是风光不再。

坤造：壬戌　　大运：13 庚戌
　　　辛亥　　　　　23 己酉
　　　丁酉　　　　　33 戊申
　　　辛亥　　　　　43 丁未

十月之火，水冻而火无焰。年上壬水透出，月、时上辛金生水，随成汪洋之势。年支虽为戌土，但水多土散，无以止水。强众之水足以敌日主之寡。去丁火之寡实际就是从煞格。由此可以看出，这类八字是以全局气势为主，而不以日元为主。逆全局气势者为敌，敌在日元，就是从格；敌在四柱，就是忌神。去其寡敌则全局气势清纯。但能不能去其寡敌，就看有没有克泄。若无克泄，则难以去之。

乾造：壬寅　　大运：19 乙巳
　　　癸卯　　　　　29 丙午
　　　丙午　　　　　39 丁未
　　　己丑　　　　　49 戊申

仲春木旺火相，日坐羊刃，木助火势，是谓强寡。壬癸为日主之敌，时干己土为湿土，不能止水反助水。丑为冻土，有蓄水之功，是谓敌众。"强寡而敌众者，势在成乎众。"壬癸水不能去之反为用神。1997 年丁丑，丑土熄火之烈，助起用神，被提拔到行政单位任职。2001 年辛巳，金泄火生水，巳丑拱合金局，用神有力，再次被提拔重用，为浙江省某地级市体改委主任。49 岁大运戊申，将有无限风光，一步一层天。

第三节　寒与暖

寒暖是一种自然现象，借用到八字命理中来，就是八字所表现出来的寒暖气象。

八字的寒暖，是从几个角度来看的。就天干而言，金水为寒，木火为暖。就方位而言，西北为寒，东南为暖。就时令而言，秋冬为寒，春夏为暖。就地支而言，寅卯巳午未戌为暖，辰、申、酉、亥、子、丑为寒。八字的寒暖，要从全局气势上分析，勿拘于冬生为寒，夏生为暖。

《滴天髓》云："天道有寒暖，发育万物，人道行之，不可过也。"天道与人道的道理是一样的，一人一太极，人的要件是大宇宙要件的浓缩。天道寒暖适宜，必然万物勃生，一派生机。人道气候调和，得中和之气，必滋润生发，一展才华，奋发有为。若八字过寒、过暖，就需要调候，而对财官印食等暂缓议论。为什么？因为财官印食虽为吉祥之物，在过寒过暖的环境条件下其作用是发挥不出来的。桃李要结果实，但冰天雪地之际，本命不顾，哪有开花结果之理？八字有官，但在严峻的条件下，官星不会出头露面。所以八字过寒过暖则以调候为先。这里需注意的是，调候神与用神有时是一致的，有时是不一致的，不应把调候神与用神混为一谈。有的书上把调候神都看作用神，似欠妥当。

八字调候，要视寒暖程度不同而区别看待。"得气之寒，遇暖而发；得气之暖，遇寒而成"，"寒虽甚，要暖有气；暖虽至，要寒有根"。根在苗先，调候神一到，必勃然而发。如八字清寒，但支有寅木，寅中藏丙火，岁运丙火一到，必倍有精神。若八字夏火甚烈，有丑土晦火，岁运壬癸一到，成水火既济之功，必有一番业绩。假若八字过寒或过暖，而调候神无根，或本身无调候神，则无需考虑调候，只能顺其气势而已。遇见调候神，不但不吉，反而有祸，正所谓："过于寒者，反以无暖为美；过于暖者，反以无寒为宜。"

乾造：庚辰　　**大运**：37 癸巳
　　　　己丑　　　　　　47 甲午
　　　　壬戌　　　　　　57 乙未
　　　　壬寅　　　　　　67 丙申

冬令之水，天寒地冻，一片寒凝。月令正官明透，必为官，但不见火则无官。戌中藏丁火，但辰戌冲，丑戌刑，丁火被刑冲怠尽，加之两壬压火，雪上加霜。最喜时上寅木能疏土纳水生火，寅藏丙火，且为丙之长生，正所谓："寒虽甚而暖有根。"岁运一旦遇火，必勃然而发。到一定时机，火暖官星，必坐官。需注意的是，这个八字就全局而言，先天无火露出，不能暖局，只待岁运遇火而成。人生寒暖鲜明，故人生落差甚大。火运之前，刑伤破耗，清苦异常，"六阴极处水凝冰，造物分明未有形"。37岁入癸巳大运，虽癸为水，但行运以地支为重，寒冬已过，春枝嫩发，渐入佳镜。41岁见巳火，始任河南某县政府办公室主任。之后，大运甲午、乙未，木火暖身，倍加荣发，一步一层天，仕途平稳。该人以文笔取胜，因为火有文明之象。凡调候神和用神同为火者，主高学历，主文笔。

坤造： 丙戌　　**大运：** 36 庚寅
　　　　甲午　　　　　　46 己丑
　　　　庚辰　　　　　　56 戊子
　　　　庚辰　　　　　　66 丁亥

五月火旺，午戌合化为火。丙火露天，又有甲木生火，木助火势，随成烈焰，有不可扼止之象。最喜两辰水库熄火之烈，化干戈为玉帛。辰又生助日主，双庚并排，日主不弱。弱金有土生，烈火有土晦，八字精华全赖两辰。火不烈，火主礼，为人有礼节。金不脆，金主义，为人义气慷慨而又做事果决。木有根，木主仁，为人仁慈诚厚。水归库，水为智，聪慧敏捷，思路清晰。46岁入己丑大运，转向北方水地，进一步调整气候，温润而清。梅知运到添春色，鸟觉时来报好音，仕途顺畅，一路升腾。丙火为煞，可通"武"。现为某省体委主任。

乾造： 戊午　　**大运：** 15 辛酉
　　　　己未　　　　　　25 壬戌
　　　　丁亥　　　　　　35 癸亥
　　　　丁未　　　　　　45 甲子

日主丁火，生于六月，六月虽为火之余气，但地支三火（未为燥土，亦为火），天干两火，天上地下，一片火海。日支亥水本可调候为用，但两未夹克，一点水气被干土旺火蒸烤已尽。这个命相先天难以调候，不会有大作为。初运庚申、辛酉，泄土生水，燥烈之性得到滋润，家庭资产丰足，生活优游。25岁入壬戌运，戌为火库，壬水临绝，徒增火势，起不到泄火作用，工作事业皆成虚花。特别是到了婚姻的年龄，但比劫夺财，东不成，西不就，父母愁，35岁前成婚都有困难。那么，到水运该好了吧？否！原局偏枯，虽值佳运，华而不实。甲子运与当生太岁相冲战，反激而有凶。

乾造： 庚子　　**大运：** 29 辛卯
　　　　戊子　　　　　　39 壬辰
　　　　癸酉　　　　　　49 癸巳
　　　　丙辰　　　　　　59 甲午

这个八字财官明透，若以财官为用，必错矣。癸水生于冬月，地支金水相连，随发波涛之声。"癸水应非雨露么，根通亥水即江河。"昆仑之水可顺不可逆。丙为财星，自坐辰库，又被水克。戊为正官，居于死绝，财官不为所用，反为其病。

或有人问，此八字不当以火调候吗？岂不知"过于寒者，反以无暖为美"，寒冻达到极致，按事物自然法则，必会走向反面。阴极而阳，阳极而阴，只能顺其气势。若遇火，众劫夺财，反有大凶。初运己丑，泄金生水，本无大害。次运庚寅、辛卯，虽有金木相战之嫌，有庚辛盖头，亦为平顺，此间发财数百万，亦加入美国国籍。39 岁入大运壬辰，人生大展鸿图，在北京做生意，大获其利。49 岁入癸巳大运，亦能进一步拓展事业。

第四节　燥与湿

寒暖和燥湿都是自然现象。寒暖是天象，燥湿是地象。

燥湿因寒暖而成。天气过寒，地气必湿；天气过暖，地气必燥。八字上表现为水火相成，如水有金生，再遇丑辰寒湿之土则愈湿。火有木生、再遇未戌之暖土则愈燥。《滴天髓》云："地道有燥湿，生成品汇，人道得之，不可偏也。"过湿过燥，都属偏枯之象。"过于湿者，滞而无成"，一生阻多顺少，不可能成就大事业。"过于燥者，烈而有祸"，性情凶暴，办事粗鲁，必酿祸端。

在分析八字的过程中，辰戌丑未四库之地必倍加谨慎。辰为湿土，虚而薄。丑为冻土，冷而寒。未为干土，厚而暖。戌为燥土，重而干。若八字为夏令之木，必精华于外，败絮于内，外观繁华，内却虚脱。丑辰之土可以培木泄火蓄水，而有生成之义，再见戌未之土，反助火之烈，暖而愈燥。若八字为冬令之金，金寒水冷，未戌之土可以除湿暖局，一举两得。再见丑辰之土，不但不能止水，反有助水增寒之凶。

寒暖和燥湿是一个事物的两个方面，相互依存又相互调剂，既有区别，又相互联系，分析八字不可拘执教条。

乾造：甲辰　　**大运**：8 丙子
　　　　乙亥　　　　　18 丁丑
　　　　乙丑　　　　　28 戊寅
　　　　戊寅　　　　　38 己卯

立冬之后五天生人，按自然气象说，并不甚寒，八字稍有调候，亦必奋发。

不少人断言：身旺财多，必为富人。言辞切切，果决无疑。我断其求学学不成，学艺艺不精，做事多阻碍，困滞运不通。实际情况正是如此。命理原因是：冬令之木，寒气进逼，内气收缩，外现凋零。辰丑之土，愈增其寒冷。寅中虽有丙火，但暗藏不露，不能暖局。过于湿者，滞而无成，学业、事业绝不会大放异彩。看似身强财旺，但寒冬木冷，木虽多亦不能相助，水虽旺而难以生扶，财虽多并非为我所用之物，反为财而愁怆。奋发必赖火来调候暖身，方有舒畅之美。然五十岁之前，木土连续，仅为生活稍安，难以大展鸿图。八字过于湿寒，所以，人生难有大作为。

坤造： 癸丑　　**大运：** 3 丙寅　　　43 庚午
　　　　乙丑　　　　　13 丁卯　　　53 辛未
　　　　戊辰　　　　　23 戊辰
　　　　丙辰　　　　　33 己巳

这是个很容易断错的八字。八字堆土成山，又有丙火生土；身强胜财官，其格必为财旺生官，用财官无疑，此为一种看法。另一种看法认为，腊月之土，丑辰为湿土，财星明朗，丙火自坐辰地，晦火无光，不可作用，格局当从财官。两种说法都是错误的，都没有真正把握分析八字的真谛。日主戊土，地支两丑两辰，丑辰为湿土，烂泥加冻土，无生成之义，不能帮扶日主。众土叠叠，反不能以旺论。癸水明透，丑为水之余，辰为水之库，天上地下一片浩渺，但这是冻水。月干乙木有根，命理认为冻木不能生火，但遇火则木能生火。恰时上丙火，木火相生。一阳解冻，万物复生。初运丙寅、丁卯，犹如大地回春，学业、事业均有成就。大运走"辰"字，阻滞不通。2001年辛巳，丙辛合，用神受制，巳丑拱合金局，发生婚变。33岁运转南方，必会在经营上创造一片新的天地。

坤造： 己酉　　**大运：** 9 己亥　　　**流年：**
　　　　戊戌　　　　　19 庚子　　　30岁　戊寅
　　　　己未　　　　　29 辛丑　　　31岁　己卯
　　　　壬申　　　　　39 壬寅
　　　　　　　　　　　49 癸卯

八字五重土，戌未为燥土，堆土成山。幸有食伤泄秀生财，不致于过份燥烈。行运宜金水之地，再遇火土不吉。申酉为用，通水土之关，一旦被冲合，必有祸患。初运己亥、庚子，金水之地，幸福优游。30岁戊寅，寅申相冲，两戊两己齐来围克壬水，喜用均伤，犯事落职。31岁己卯，卯酉冲破太岁，三己一戊围克壬水，喜用皆破。卯未合，合夫宫且夫星入墓，其夫因贪污公款而被捕入狱。"过于燥者，烈而有祸"，不虚言也。

第五节　透与藏

　　透与藏是相比较而存在的。从干与支来说，天干为透，地支为藏。从地支藏元来说，地支为透，支中所藏人元为藏。藏可以转化为透，如辰中藏乙、癸，岁运天干出现乙、癸即为透出。

　　透与藏所发挥的作用能量有很大差异，如甲和寅都属木，甲木为天干，动而不居；寅为地支，止而不迁。干主动，动则发挥的能量明显。支主静，远不如天干力大。干支是相互依存的，天干之气行于天，要有相应的地支作依托；地支之气存于地，要有相应的天干施展能量。如甲木以寅、卯、亥、未、辰为根，寅卯根重，亥未辰根轻。月令根重，其它地支为轻。若天干通根月令，又为当旺之气，得时得用，其能量发挥就明显。藏于地支的天干不透出就不发挥能量作用。一旦透出，其作用能量就显示出来了。

　　透与藏有吉有凶。有宜于透出者，也有不宜透出者。"吉神太露，起争夺之风；凶物深藏，成养虎之患。"吉神透出，岁运不可能不遇到忌神，遇到忌神就会有凶事发生。凶神藏在地支，就难以制化，随时都有发生凶事的可能。故吉神以藏为好，凶神以透为佳。但仍要看配合，吉神透出有根，又有保护神，透出亦无碍。凶神深藏而又休囚，藏亦无妨碍。如财为喜用，宜藏不宜透。财藏，个人的财富就多，不宜被人盗去。若财星明透，遇劫财岁运就会破耗。财虽透，官煞亦明透，官煞就是财的保护神。无官煞有食伤，食伤可以泄劫财之气，转而生财，食伤既是保护神，又是生财的源头，财星透出亦不可怕。假若既无官煞又无食伤，财星透出，岁运遇劫，必有争夺之祸。官星最喜透出，官星透出又为喜用，此人必有一定权力。凡是在主席台上作报告的人，都是有官衔的人，这就相当于八字官星明透。美国前总统布什、现任奥巴马，几乎天天上电视，这就是官星透出。官星不透，藏在众人之中，即使有一定权力也不会威权显赫，就是这个道理。

乾造：甲辰　　**大运**：6 戊寅

丁丑　　　　　　16 己卯

庚午　　　　　　26 庚辰

庚辰　　　　　　36 辛巳

庚金生于丑月，丑为金库，日主有根，又有庚金助身，辰土润金，身强可胜财官。最妙官星明透，又有甲木生火，八字和暖，必奋发有为。我断其从小学到大学都是班干部，千真万确。假若官星不透，地支虽有午火官星，辰丑湿土熄火，就不会放出官的能量和光芒，也不能断其在校当学生干部，只有岁运在丁火透出的时候，才闪烁光辉。甲木偏财透出，辰土可培甲木之根，正财藏于辰土之中，断其1994年有丧妻之忧，又极为准确。正财为正妻，偏财为偏房，偏财透，正财藏，一个媳妇是不行的。正财藏于辰土，1994年甲戌，大运庚辰，三庚围克甲木（注意：甲木亦代表妻），辰戌相冲，龙狗混杂，财星被冲克怠尽，必丧妻。偏财透，其为人大方慷慨讲义气。必离祖经营。实为河南人，到深圳开拓事业，现有资产达数千万。财星透，时时有被人劫夺之险。幸有丁火这个保护神，正如卫兵守护，盗贼不敢下手。辰为水库藏癸水，岁运一旦癸水透出有力，克去丁火，恐有散财之患。

乾造：癸丑　　**大运**：2 癸丑

甲寅　　　　　　12 壬子

戊寅　　　　　　22 辛亥

丙辰　　　　　　32 庚戌

　　　　　　　　42 己酉

天干透出的是癸、甲、丙，地支所藏的是丑（人元己辛癸）、寅（人元甲丙戊）、辰（人元癸戊乙）。春天木旺，甲木得气。地支寅木双排，木气太盛，日主受克甚重。虽立春后7天生人，土尚司权，亦畏克伐。最喜丙火通关调候，泄甲木之盛而补日主不足，气象和暖，必为贵人。癸水坐丑土有根，有生扶甲木之凶，扮演了一个不好的角色。喜其八字水生木，木生火，火生土，流通有情。丙火在这个八字中起了举足轻重的作用。若无丙火，格局木土相战，必为贫贱，甚或有夭折之虑。丙火不透，虽寅中藏有丙火，不能调候生身，亦无威权。岁运遇火必会升腾。1994年甲戌，寅戌拱合火局，丙火有力，分配到司法部门工作。2002年壬午，丙火临旺，寅午半合火局，提拔为科级干部。大运入庚戌，必奋发有为。

第六节　虚与实

虚与实的概念实际就是无与有。凡八字中的字即为实，而八字中没有的字即为虚。

八字的实字最多就是八个字。

研究八字以实字为主，兼顾虚字，因为其它的虚字随岁运流转，虚字会化为实字。

近读当代命理著作，对虚字实字作了很多研究，应该感谢这些命理大师们的贡献，因为古人并没有明确提出虚与实的概念。今有人言已找到了所谓虚字运用规律，其规律是"虚用逢生大凶，虚用逢制大吉。虚忌逢生大吉，虚忌逢制大凶"。以上发现是否可以称得上规律，还要经受历史的考验。实际上按照传统命理学理论分析实字与虚字，更具有科学性和准确性。

坤造：丁巳　　**大运**：1 庚戌

己酉　　　　　11 辛亥

丁酉　　　　　21 壬子

庚戌　　　　　31 癸丑

这个八字实字是 6 个字，即丁、己、庚、巳、酉、戌，虚字就应该是 16 个字。我们通过分析具体的八字，看一看实字与虚字之间是如何相互作用的。

丁火生于仲秋之月，格成偏财。地支两酉，庚金明透，巳酉拱合金局，己土食神又生金，金气厚重。若有旺火炼之方能成器。可惜巳火被酉所绊，难以发挥作用。年上丁火又有己土泄弱，唯戌为火库，丁火有根，其用神必在丁火。最喜八字无水。若有水，丁火必熄灭矣。水就是该八字的虚字。

用神为火最喜木生。但八字无木，木即为虚字。木为印，母星即喜神不现，按传统命理则说明父母助力小，庇荫不足。若依所谓虚字作用规律"虚字逢生大凶"，但岁运遇木并未见其凶，其母仍健康硬朗。水是虚字，水又是忌神、官星，大运 40 岁前都是水，至今还未找到合适的对象，父母为其愁怆甚多。可见八字中不见虚字忌神，岁运遇忌神仍不吉。

坤造：丁巳　　**大运**：1 庚戌

己酉　　　　　11 辛亥

丙申　　　　21 壬子
　　甲午　　　　31 癸丑

该女命财旺官藏，藏得恰到好处。假若官星透干或露支，丁、午之火受其冲克，日主衰弱，必贫困交加。官藏而不能克伐比劫日主，变害为利。断其1998年恋爱，1999年同房，2000年举行婚礼，所断一箭中的。1998年戊寅，寅申相冲，申为夫害，冲动夫宫，且是喜神冲忌神，必有恋情之事。1999年己卯，卯酉冲，又是喜神冲忌神，且卯申暗合（乙庚合），合住夫宫。卯又为桃花，卯为门户，卯为青龙。加之大运入壬子，命中所藏煞星透出，丁壬合为淫匿之合，又有化木生身之意，该女风情万钟，已经不住煞星即官星的诱惑，同床共枕已不可避免。2000庚辰，申辰拱合官局，穿上婚纱，"百鸟朝凤"的乐曲终于响了起来。

官为忌神，"忌神暗藏，终为养虎之患"。一旦岁运官星透出，夫妇之间的矛盾就显现出来。2001年辛巳走官运，其夫妇琴瑟难和，争吵不休，但并不会离婚。因为命中官星不透，忌神不能作威，只是大运遇到官星不吉利。待到41岁转到东方木地，子女成才，必家庭和美。

　　壬子
　　壬子
　　丙子
　　戊子

这是某大师著作中的一例。原文说："命局以戊土为用，且局中不见木，则必有木方面之吉。木为印，此为清华大学一研究生命造。"

这个八字，不论是男是女，都可以断其聪明绝顶。是清华大学研究生，自在命理之中，但并不是因为木为虚字。

戊土为用，显然十分错误。水多土散，是五行反相生克规律。天地一片汪洋，哪有用土制水之理？若为男性，大运顺行，依次为：癸丑、甲寅、乙卯。青年时期走木运，甲木克去忌神戊土，水木相生，反成生育之德，考上研究生不是顺理成章的事吗？若为女性，大运逆行，依次为：辛亥、庚戌、己酉、戊申，金水大运，顺其气势，聪明才智得到充分发挥，学业必佳，亦必然有高学历。

乾造： 辛亥　　**大运：** 4 辛卯
　　　　壬辰　　　　　　14 庚寅

壬申　　　　24 己丑

壬寅　　　　34 戊子

这个八字实字有 5，虚字则有 17。

八字中三壬水，一亥水，辰为水库，申为水之长生，辛金自坐病地，寅木被申金冲破，金衰水旺，金为母，水为子，子众母衰，"知孝子奉亲之方，始成克谐大顺之风"。母之情依乎子，金从水势，母子皆安。24 岁前大运辛卯、庚寅东方木地。寅卯为虚字，即所谓虚用神。"水宕骑虎"，木泄水气，正所谓成大顺之风，人生必顺畅。入己丑运，水土相战反多阻隔。1996 年丙子，申子辰合水局成婚。若依"虚用逢生大凶"就错了。2001 年母病，2002 年母去世，流年巳午为虚忌神，水火相战，比劫夺财，其年丧母自在命中。

根据诸多命例，可以得出这样的结论：虚与实，先贤多有论证，只是没有明确提出这些概念而已。当今大师提出虚与实之说，是对命理的一大贡献。但不可盲目地确定为"规律"，更不宜轻易否定前人的成果，并以发明创造自居，以致混淆视听。

研究命理，需要扎扎实实的功夫，不可浮躁。沿着先辈们的足迹继续探索，或许能有新的发现。

第七节　真与假

真与假就是真神与假神。何谓真神？合于日主之需要，而又得时秉令，真正得用之神就是真神。何谓假神？并不是日元之喜用神，而在八字配合上，又不能不取其为用，此失时退气之神就是假神。先贤任铁樵认为真神就是得财秉令之神，假神就是失时退气之神。依此说分真假，极易分辨。岂不知，八字分析绝不会简单到这种程度。另外真神与假神是可以互相转化的。比如寅月生人，甲木不透而透出戊土，再有辰戌丑未；或戊土虽不透却透出庚辛，再有申支冲寅，酉丑拱金局等，木火真神失势，假神却得局得势，真神即化为假神，假神亦变为真神。

用分真假。用神为真神，无假神破损，平生必富贵。即使有假神，而假神被合住克住，或遥隔无力，亦不为害。若假神与真神相冲克，或合伴真神，反不为吉。《滴天髓》云："真神得用生平贵，用若无为碌碌人。"凡真神得用之人，大都安享现成庇荫之福。凡真神受损伤之人，多劳碌而少安逸，但能创业兴家。若真神失势，假神成局，当以真为假，以假为真。这就是"提纲不与真神照，暗处寻真也有真"。不过以假神为用，虽可创业，必多劳苦。假神虽为用，但不成气局，必一生崎岖多难。

坤造：己未　　大运：6 丁卯　　流年：
　　　丙寅　　　　　16 戊辰　　1996 丙子
　　　甲寅　　　　　26 己巳　　2001 辛巳
　　　己亥　　　　　36 庚午
　　　　　　　　　　46 辛未

春天之木，叠叠成林，日时寅亥又合化为木。生于寅月，天气稍寒。"甲木参天，脱胎要火"，丙火泄秀又调候，用神得时当令，丙为真神。更美的是财星透且藏，丙火有归处。八字木生火，火生土，秀气流行。最喜大运不悖，助其成名成功。真神得用生平贵，父母都是县级干部，深受庇荫之福。自幼有良好的学习环境，从小学到中学，成绩名列前茅。1997 年丙子考入重庆大学建筑学院。2001 年大学未毕业就顺利考为复旦大学研究生，被国家教育部表彰为十佳大学生之一。真神得用，又无破损，乃大富贵之人。

乾造：庚子　　大运：8 辛巳
　　　庚辰　　　　　18 壬午
　　　戊辰　　　　　28 癸未
　　　壬子　　　　　38 甲申

2002 年 9 月 28 日夜，易友马先生打来电话，询问这个八字。

三月土虚，子辰双双合化为水，天干透水，天地之间汪洋一片，只能从财。格局清纯，亦为真神得用。只可惜行运与用神不谋，假神来乱真神，人生必受困顿。2002 年壬午，"衰来冲旺旺则发"，水火激战，火水未济。火为印，为工作，工作必受阻。水为财，必因经济。

乾造：壬寅　　流年：
　　　癸卯　　　　1997 丁丑
　　　丙午　　　　2001 辛巳
　　　己丑

木旺火相，令上卯木不可为用。年月壬癸水以丑为根，"提纲不与真神照，暗处寻真亦有真"，真神不能作用神，只能以假作真。丑土为用，丑土之功一是晦火，熄火之烈性。二是生水，水有源头。虽是假神作用神，用神有力，亦能施展才华。1997年丁丑，流年临用，从普通中学提拔到某市委宣传部工作并任科长。2001年辛巳，巳丑拱合全局，辛金明透，财旺生官，提拔为地市级某委员会主任，一步登天。

群众评论那些在官场上顺利的人"有根"，实际是有命理诱导因素的。

第八节　清与浊

何谓清？干支之间上下左右情和气协，配合适宜，喜用贴身有力，无破损合绊，忌神闲神安放得所，源清流长，这就叫清。《滴天髓》云："一清到底显精神，管教平生富贵真。"清者贵而寿。如正官格，身弱用印，无财破印为清。若有财，但能构成财生官，官生印，印生身的情势，亦为清。若无财，印星无气，官印不通或者印太旺，日主枯，日主不受印生；或虽有官印，但官星贴日，而印星远隔，日主先受官克，印星无法救助，都不能算作清。正官格身旺喜财，忌印绶和伤官。若能构成伤官生财，财生官，官制比劫的情势亦为清。若伤官贴官星，官星受伤，虽有财却远隔而不能救应亦不能视为清。大运再遇伤官，反主贫贱。

事实上，八字一清到底者甚少，而清中又有浊气混杂者为多，岁运一旦去其浊气，亦能富贵。"澄浊求清清得用，时来寒谷也回春"，重在澄浊求清。仍以正官格为例，身强喜财，财官相临，但财被合绊或财被比劫分夺，清中有浊。一旦岁运冲去合神，制住比劫，必精神倍显。身弱用印，临身相生，但印被合住，或财来坏印，必待岁运冲去合神，制住财星，印星用神能得到充分发挥，必有印上之吉，这就是澄浊求清。

浊就是混杂。如用印财坏印，用财财被劫，喜劫官制劫，喜食伤而印绶当权，用官煞而食伤得势等。"满盘浊气令人苦，一盘清枯也苦人。"正神失势，邪气乘权，清气不出，浊气不除，必为贫贱之人。

又有偏枯之说。日主无根而虚，就是日主偏枯。用神无根无气就是用神偏枯。日主偏枯，遇印亦不能受生，多主贫夭。用神偏枯，岁运滋助之乡，亦不能生发，多主孤贫。

坤造：庚子　　大运：23 庚辰　　流年：
　　　癸未　　　　　33 己卯　　　　　2004 甲申
　　　乙巳　　　　　43 戊寅
　　　庚辰　　　　　53 丁丑

财格身弱以印为用。未月土旺，未为木库，日主乙木有微根。用印忌财，财星坏印为浊。喜官星明透，官生印，印生身，源远流长。未土本坏印之物，恰子未相贴，子水可润土护金。加之时上辰土为水库，能熄巳火之旺，生金助印，益加有情。八字清中有浊，"澄浊求清清得用，时来寒谷亦回春"。大运23岁后一路木运，克去忌神未土，"澄浊求清"，"财"气横溢。担任县财政局局长。2004年甲申，申子辰合印局，大运印木合绊未土，一扫浊气，又被重用提升。

坤造：丁未　　大运：6 己酉　　流年：1988 戊辰
　　　戊申　　　　　16 庚戌　　　　　1990 庚午
　　　丁巳　　　　　26 辛亥　　　　　1991 辛未
　　　乙巳　　　　　36 壬子　　　　　1992 壬申

格局为伤官生财。

申月金旺，然八字五火，火烈而金脆，木助火势，忌神逞肆，似一片浊乱。最喜戊土通关，木生火，火生土，土生金，喜用不但不受损伤，源头反更长，似浊实清。不过八字稍嫌燥烈，仍为其病。一旦遇带水之土润泽调和，必奋发有为。1988年戊辰，大运庚戌，辰为湿土，伤官生财有力，参加了工作，成为国税局职工。1990庚午，乙庚合，合去忌神乙木，澄浊取清，有恋爱对象。1991年辛未，辛金克去乙木，去浊留清，有结婚之吉。1992年壬申，丁壬合绊住丁火，生子。且壬申与日柱天地鸳鸯合，有婚外恋。2000年庚辰，乙庚合，去其浊气，湿土调候，提拔为中层干部。

乾造：癸亥　　大运：1 戊午
　　　己未　　　　　11 丁巳
　　　己亥　　　　　21 丙辰
　　　辛未　　　　　31 乙卯
　　　　　　　　　　41 甲寅

粗看该八字身强财旺，又有食神转化，应主富。但稍有经验的预测师就不会得出这种结论。

八字比劫叠叠，水土克战，虽有辛金，但自坐衰地，且未为干土，只能脆金而不能生金，辛金起不到通关的作用，也就是用神无用。水土冲激，清水变浊水，必然头脑简单，自幼学业无成。众劫夺财，必然劳累穷困，难成妻室。书云："满盘浊气令人苦，一盘清枯也苦人，半清半浊犹自可，多成多败度晨昏。"像这样浊气满盘的八字，必一生无成。初运戊午、丁巳、丙辰，火土相连，比劫旺而岁运又助其凶，必生霸道之心。实为一乡村无赖，父母都不敢管教。

第九节　顺与逆

顺与逆可以从两个角度来认识：一是干支的顺与逆，二是气势的顺与逆。

干支是构成八字的基础材料，干支之间贵在顺而不背。所谓顺，并非有生无克。克去者皆忌神，生扶者皆喜用，这就是顺。反过来，若喜用死绝或受克，忌神结党肆虐，这就叫背（或逆）。书云"戴天履地人为贵，顺则吉兮凶则悖"。八字贵在中和，理求平正。当克者克去为吉，生之反悖；当生者生之为吉，克之为悖。如日主为木，生于秋夏，其气为弱，喜地支有亥子寅卯，天干有壬癸甲乙帮扶，此为顺。若有庚辛申酉丑戌或巳午丙丁则为逆。

气势的顺与逆，是指八字已构成了某种大的气势，不可逆转，逆之反有凶祸。如八字金水满盘成浩荡之势，只能顺水行舟。若畚其之土必有冲激之凶。这就是可顺而不可逆。金水如此，其它同理。

干支的顺与逆，"以去其有余，补其不足"为美。气势的顺与逆，"顺逆之不齐，不可逆者，其气势而已矣"，只能顺气势流转，逆之则凶。

乾造：戊午　　**大运**：4　己未
　　　　戊午　　　　　　14　庚申
　　　　戊午　　　　　　24　辛酉
　　　　丙辰　　　　　　34　壬戌

人传关公的八字是四"戊午"，不知对否，无从考证。笔者却遇到三"戊午"一男命。八字一片火土，气势不可逆转，只能顺其气势。最喜时上有辰字，辰为湿土，可晦火之光，使火不烈，土不燥。若辰土改为戌土，则八字反为下格。因为戌为燥土，其性必暴躁，头脑简单，人生必无大成。既然可顺不可逆，岁运遇火土为吉，金亦不忌，唯怕水火相激而生祸。笔者断其业当从武。关公的八字为四戊午不是戎马一生吗？该男实为某市司法系统的一位管教干部。

乾造： 庚申　　**大运：** 1 丙戌　　**流年：** 1986 丙寅
　　　　乙酉　　　　　11 丁亥　　　　　1987 丁卯
　　　　壬子　　　　　21 戊子　　　　　2002 壬午
　　　　己酉　　　　　31 己丑

这是北京的一位朋友看到笔者的网站后来电话预测的。断其 1986 年有硬伤，今年（2002 年）婚姻不顺，必告吹。有高学历，是从事文学艺术方面工作的。

八字一派金水，金白水清必有高学历。乙木被庚金合化，己土为忌神但坐于死绝之地，无力克水。昆仑之水可顺而不可逆。初运丙戌，财来坏印，逆其气势，凶多吉少。1986 年丙寅，寅戌拱合忌神火局，又与当生太岁相冲战，必有灾祸。2002 年壬午，冲动妻宫，冲之必散，对象告吹。这是流年午火惹的祸。

第十节　墓与库

墓库之说，命理学者争论颇多。有以墓为凶，库为吉者；有以冲库为吉，合墓为凶者；又有不分墓与库者等。公说公有理，婆说婆有据，各主其辞。笔者认为，墓库之说唯明代命理学者张楠所言最为确当，最能经得起实践的检验。

关于墓库的定位

墓与库实际是五行阴阳所表现出来的一种生旺死绝的状态，其吉凶是以喜忌而定的。也就是八字以中和为美，偏党为灾。若墓库帮扶了忌神则凶，帮扶了喜神则吉。墓与库多是并用的概念，说成是库或墓都是对的。也有的把吉说成是库地，如财库、官库之类；把凶说成是墓地，如入墓等。

关于墓库所藏

墓库所藏气杂，才称之为杂气。财官印藏于墓库中是无用之物，只有透出天干才可用。如月令为墓库，透出财为财格，透出官为官格，透出印为印格。财官印生旺，不必入财官印墓。"旺官旺印与旺财，入库有祸"，凡是八字中已偏于强旺的五行不宜再遇墓库。日干生旺，再遇墓地也有灾祸。凡是八字中偏弱的五行且为喜用，再遇墓库反吉。

总之，旺者忌逢库地，轻者入墓无妨。

关于墓库冲合

财官印藏于墓库，最喜刑冲，这叫冲开墓库，放出吉神。若无冲破，"少年不发墓中人"，财官印都不能为我所用。八字中无冲刑之神，岁运遇刑冲亦能发福。但刑冲又不可太过，冲之太过，反伤了财官。合墓库也要分喜忌，若为忌神，合住为吉。若为喜用，合绊为封锁，遇之反凶。

乾造：庚戌　　流年：1976 丙辰

　　　丁亥　　　　　1994 甲戌

　　　己未　　　　　2000 庚辰

　　　癸酉

笔者断其1976年有水灾，1994年参加工作挣了工资，2000年下岗。

己土生于立冬后，天渐寒凉，金水又旺，喜用在于火土。火可以调候，土可以止水。八字中有火库，是丁火之根，戌土可以止水助身兼调候，一字多能。1976年丙辰，大运戊子，水旺再遇水库，辰戌相冲，必兴水灾。实为被开水烫伤。1994年甲戌用神到位，呈吉祥之象。大学毕业分配到企业开始挣钱。2000年庚辰，又遇到水库，冲去戌中之火，火为印，为工作，下了岗。辰为水库，水为财，收入必少。

坤造：庚戌　　大运：9 己卯　　流年：1972 壬子

　　　庚辰　　　　19 戊寅　　　　1976 丙辰

　　　壬午　　　　29 丁丑　　　　1994 甲戌

　　　丁未　　　　39 丙子　　　　2000 庚辰

这是一位青岛姑娘，断其个性刚强，任性自傲，与丈夫不和。1972年壬子有重病，1976年有病，1994年赚了大钱，2000年受拘失意。

八字有戌辰相冲的人，主虚诈斗讼。辰为天罡，戌为天魁，是凶神恶煞。1972年壬子三岁，壬水合丁火，用神被合住，子辰半合，合住水库等于加锁，壬水入墓必有大灾（发烧、出水痘，差点死了）。1976年丙辰，日主旺而遇墓库有灾祸。且辰戌相冲，冲克太岁亦主不吉（有病）。1994年甲戌，戌为财库，财为喜用，冲开财库必得财（经营化妆品赚了钱）。2000年庚辰，又是日主之库，夫妻争吵不宁。

乾造：甲辰　　流年：

丁丑　　　　　1991 辛未

　　庚午　　　　　1994 甲戌

　　庚辰

这是个很明显的克父克妻的八字。

1991 年辛未，大运庚辰，三庚一辛围克一甲木，且丑未相冲，财星入库冲提纲父母宫，午未合，合住午火，天干丁火制金无力，其父丧。1994 年甲戌，仍是三庚克甲，且三辰冲一戌，午戌合绊，丁火无力克庚，其妻亡。

墓库在八字中极易引发祸端，需认真分析。

第十一节　源与流

源就是源头，流就是流向、支流。水有了源头，才能源远流长。八字有了源头，而且流水畅通，没有阻隔就是好八字。

观察源流有几个要点，一是起点和止点，即水从哪里来，流到何处去。大凡源头，就是指八字的旺神，不论财、官、印绶、食伤、比劫等，都可以成为源头。所谓流，就像风水上的"穴"，即山川结穴的地方。任铁樵说得很经典："认源之气以势，认流之气以情。"源头要有气势，八字中旺盛、有气势的那种干支五行就是源；五行流通生化，停止的地方即流，流要收局得美。

二是认清源流的年月日时，比如，源头起于年月为食神、印绶，流到日时上的财官为止，因为年月为祖上、为父母，时为子孙后代，则上能得祖上、父母的荫庇，下能享用儿孙之福。若起于年月为财、官，而时上却是伤官、劫财，则破败祖业，有刑妻克子之忧。若日时是财官，年月是食神、印绶，则是光宗耀祖的命，即为祖上增光，为儿孙立业。

流止的位置是判断优劣的重要依据。如流止于年上是官印，则祖上清高；若是伤官、劫财，祖上就会清贫寒微；流止于月上是财官，父母就是创业者，若是伤官、劫财，父母一代当是破败之家；流止于日时为财官食印，自己则是白手起家，也主妻贤子贵。日时为伤官、劫财、羊刃、枭神者，因妻因子破家者亦多有应验。当然，不能以官星、伤官等名称定吉凶，还是以喜忌做判断的依据。

三是看源流的阻断，即流水潺潺，突然阻止中断了。这种阻止若是印绶，则为长辈之祸；若为比劫，定是兄弟所带来的累赘；若是财星，当是妻子、小三、女人引起的祸端；若是食神、伤官，那就是子孙惹出来的麻烦；若是官煞，或有伤残牢狱之灾等。当然，有阻止并不可怕，有救星就能因祸得福。具体谁来拯救，那就要做具体分析了。

四是看阻止的喜忌。假若流到官星而停止了，官星又是用神，当然就是显贵之人了。若是印星，必为文上之贵；若是财星，当为生意发财；若为食神、伤官，或为财、子双美。反过来，若是忌神的话，要看什么性质的忌神，比如是官煞，或做官遭祸而倾家荡产；是财星，或因财而丧身；是食伤，或因子孙而受累赘，也有断绝后世者；是印星，或因文书犯上而受灾殃等。

源与流是看八字的基本点。有人学八字受了误导，总是在喜神、用神上打转转，跳不出这个圈儿。

厘清八字的源与流，则喜神、忌神跃然纸上，推断就有了根基和把握。

乾造：戊申　　10 乙丑

　　　　甲子　　20 丙寅

　　　　辛亥　　30 丁卯

　　　　乙未　　40 戊辰

八字五行的源头在哪里？生于大雪之后，水就是源头。而且，申子合化为水局，申金生水，更增强了澎湃。最喜亥未拱合成木局，而且甲、乙木透出天干，合化成功，木亦有勃勃生机。从源流看，申金生子水，子水生甲乙木，到木为止。日主为辛金，年上申金并不是辛金的羊刃、旺地，因为申金已经化为水气了。戊土不能生扶辛金，因为甲木气势强旺，戊土受克甚重，完全丧失了生金的能力。水为食伤，泄辛金之秀；木为财星，食伤生财的气势锐不可当，八字为从格。水主智慧，显然是高智商、高学历人才。财星在日时，一方面说明其妻贤能，另一方面说明是自身立业，既不是靠祖上的庇荫，也不是靠关系、托后门走出来的人生辉煌。最美者未土中藏着丁火，有暖身的功能。30岁丁卯大运，亥卯未凑成了木局，一举鹏程，2000年400多考生中选拔一名国家公派留学生，他却居然中举了。这是八字五行流转的结果。

乾造：壬戌　　4 庚戌

　　　　己酉　　14 辛亥

　　　　壬子　　24 壬子

丁未　　34 癸丑

　　金旺生水，金就是源头。酉金生子水，八字无木，子水就无处用功。火土是另一组源流，即丁火生未土、戌土和己土。八字形成两种相对立的势力，即火土克制金水。特别需要清醒认识的是子水并不是日主的根，只是相当于兄弟之间的帮忙而已。酉金能生壬水，但也表现出想生不想生的样子，因为酉金中并不藏壬水，真正生壬水的是申金和亥水。如此说来，壬水实际上是非常虚弱的。14 岁大运辛亥，日主扎根有力，学业顺利畅达。24 岁大运壬子，壬水与日主同气，业同秋水春花盛，人被尧天舜日恩，事业一番风顺，于 2011 年拟提拔为某市建设局局长。领导已经谈话，就要走马上任。但恰时感觉身体不适，不过数日，竟魂归西去。如此命运，不免令人叹息。

　　那么，为什么会有如此的命运结局呢？2011 年辛卯，卯酉相冲，日主所依赖的酉金完全失去生扶功能；子卯相刑，有限的生助日主的子水也失去了能力，壬水彻底无依无靠，黄泉不归路就在所难免了。

第六章 大象论——大象直观法则

大象，是八字所表现出来的外在气势和形象。一般说来，只要八字已形成某种大的气势和形象，就具有不可逆转性，只能顺水行舟，顺其气势。比如，八字只有一种五行，这叫独象；只有两种五行叫偶象；有三种以上五行叫全象；日主旺盛，财星只有一、二叫君象；日主旺盛，食伤孤弱叫母象；日主旺盛而印绶孤弱叫子象；日主无气，而财或官煞或食伤旺盛为从象；日主与月干或时干合而化之，且化神乘旺叫化象等。把握八字的大象，有利于从大的方面或者说从宏观上保证推断的准确性，不致于"跑调"。有些八字高手并不分析格局或喜用神，照样断卦如神，原因就是对八字的大象有独到的理解和把握。因此，对八字大象分析尤为紧要。

第一节 独象——一枝独秀的成与败

八字只有一种五行——一枝独秀叫独象。日主是木，地支成方成局，没有金来破局，这叫曲直仁寿格。即使地支不成方成局，只要干支一气，也为成格。比如四甲寅、四乙卯。日主是火，地支成方成局，或干支一气，无水破局，这叫炎上格。日主是金，地支成方成局或干支一气，无火破局，这叫从革格。日主是水，地支成方成局或干支一气，无土破局，这叫润下格。日主是土，四库皆全，无木破局，这叫稼穑格。即使不是四库齐全，而土多土重，也属稼穑格。

除此五格外，从强、从旺亦为独象。

形象和格局是同一个事物的两个方面，只有称谓的不同，而没有本质的差异。只是分析、观察事物的角度不同，才赋予了不同的概念。如八字皆木，从形象说是木局成象，从格局说叫曲直格。因日主强旺，已成气势，只能顺而不能逆。如木局，最喜食伤引通为妙。若八字带食伤，必英华外发，有学历技能。无食伤而有印绶亦佳，水木相生亦不凶背。无印有财必须有食伤通关。若无食伤通关，岁运遇财，不但不能发财反有大凶。众劫夺财，九死一生。独象最怕见官煞破局，凶多吉少。若八字中原本微伏破神，就靠岁运冲合为吉。

事实上，独象之人，多有起伏。因为岁运流转中，不可能不遇到忌神。顺局时，一帆风顺，成就辉煌。一遇忌神，凶祸立至，这就是独象的命运特征。

乾造： 癸卯　　**大运：** 2 甲寅　　**流年：** 1980 庚申
　　　　乙卯　　　　　12 癸丑　　　　　1981 辛酉
　　　　乙亥　　　　　22 壬子　　　　　1986 丙寅
　　　　辛巳　　　　　32 辛亥　　　　　2000 庚辰
　　　　　　　　　　　42 庚戌　　　　　2001 辛巳

仲春当令之木，亥卯合化，水润而生木。年支卯木，月干乙木，重重佳木，叠叠成林，东方青龙垂象。但独象不纯，时干辛金破局为忌神。"独象喜行化地"，时支巳火为秀气之神，亦有制金之功。惜巳亥冲，秀气伤，贵气有损，官职受限。初运甲寅，气势畅顺，正值学生阶段，学习成绩出类。1980年庚申，岁运相战。1981年辛酉，冲克太岁，卦成反吟，风波叠起，人生崎岖。次运癸丑、壬子，水木相生，顺木之性，一帆风顺。1986年丙寅，丙辛合，合住病神辛金，寅亥合而解巳亥之冲，官职提升。一到辛亥，木旺金缺。2000年庚辰和2001年辛巳，官场受阻。"夜雨无情惊醒梦，西风有意折飞花"，金运破局，逆其气势，风光不再。2004年后大运庚戌，戌字火库，尚有些许生机，继之己酉、戊申，运转西方，大势已去，再想辉煌，难矣。

乾造：丁亥　　大运：23 庚戌　　流年：
　　　癸丑　　　　　33 己酉　　　　2001 辛巳
　　　壬子　　　　　43 戊申　　　　2002 壬午
　　　癸卯　　　　　53 丁未

八字一片旺水，犹如涛涛江河。年干丁火，亦被癸水扑灭。亥子丑合为水局，丑土亦化为水。卯木为秀神，泄发秀气，必有奋发之机。

独象是大起大落的命相。53 岁前，大运水金，行运顺其气势，人生繁花似锦，在部队中一升再升，1980 年一跃提升为正团职。1983 年转业后被安排到全国知名度很高的某大企业任副总经理，1995 年升任为总经理。"南北东西皆亨通，人来有利得相从"，其势不可阻挡，人生风光无限。但惊雷乍响，53 岁入丁未运，财官来临，逆其气势，见财则破，遇官有灾。2001 年辛巳，巳亥相冲，冲克太岁，丢官降职，从天上跌落泥潭，降为平民百姓。看来，官灾是难以躲过去的。

乾造：壬子　　大运：2 甲子
　　　癸亥　　　　　12 乙丑
　　　壬子　　　　　22 丙寅
　　　辛亥　　　　　32 丁卯

八字七水，金助水势，呈北方玄武之象。水主智，必聪明绝顶。水主流，做事必漂浮，水主润泽，人长得漂亮，眼睛明亮有神。惜八字一派汪洋，水大而无归处，聪明反被聪明误，人生不会有大的业绩和创造。假若八字中有寅卯甲乙之类秀神，其格局品位大增，人生亦顺畅。初运甲子，顺水之性，学业尚佳，别人一小时难以学会的东西，该人能以分钟计算。次运乙丑，丑虽为土，但亥子丑会北方水局，无激水之凶，读小学、初中、高中，一帆风顺，唯高考的年份正赶上巳、午、未火地，水火相激，必无成就。加之命中不当有高学历，故屡考屡败。1992 年壬申，金水相涵，参加了工作。第三步运丙寅，走丙字逆水之性，事业平平。1998 年戊寅，"水宕骑虎"，水有归处，稍有提升。2000 年庚辰亦有小的收获。2001 年辛巳，2002 年壬午和 2003 年癸未，虽大运在寅，但流年又逢南方火地，年年有晋升之机，年年竹篮打水。看来，阴阳五行对人的控制力是难以改变的。

第二节　偶象——两种势力的和与战

八字中只有两种五行，且势均各半，此为偶象，或者叫两神成象。

八字中两种五行有相生者，有相克者。相生者有五局，如金水、水木、木火、火土、土金。相克者有五局，如金木、木土、土水、水火、火金。

相生五局又分生日主和泄日主两类。生日主如日主为水，金来生水，金水各占半壁江山，喜用即为金水，木亦无大害。因为虽有金克木，但有水泄金生木而通关，最忌火土夹杂。因为火可以克金，亦与水相战；土可以克水，用神受伤。书云"二人同心，可顺而不可逆"，就是指的这种形象。泄日主如日主为金，水占半壁，水为秀神，即食伤为用，木亦为宜，最忌火土。这种形象，多为富贵，且英华外露，有奇异之才。所不足者，遇火土大运，常有灾祸。生日主与泄日主相较，生日主者一般没有大富贵，因为没有秀神发露，难于施展才华。而泄日主者多富贵，多有名利地位。因为秀神外露，一展才华，宜于成名成家。

相克五局又分日主克和克日主。日主克就是财局，要依八字的情势而分喜忌。一般来说宜用食伤通关。若财太旺，宜助身；身太旺，宜泄身。过寒过暖须调候。克日主就是官煞成局。一般来说宜制煞。日主稍弱可用印化官煞。

坤造：丁巳　　**大运**：4 丁未
　　　　丙午　　　　　　14 戊申
　　　　甲寅　　　　　　24 己酉
　　　　丁卯　　　　　　34 庚戌

这位杭州姑娘八字只有木火，两神成象。丙火虽为秀神，但泄身太重。寅午半合，寅禄化为火，进一步泄弱元神。且八字过暖，无水调候，又无湿土去其燥气，其性必躁烈，难以沉下心去攻读诗书。加之初运丁未，助火之烈，学习成绩不佳。运至戊申，仍在求学阶段，寅申相冲，心躁浮动，考学无门，就开始学习驾驶技术。24 岁后入己酉运。行财运反难以得财，行官运克身甚重，难以解决婚姻大事。看来，想找个白马王子是很困难的。

乾造：癸巳　　**大运**：2 乙卯
　　　　丁巳　　　　　　12 甲寅
　　　　癸亥　　　　　　22 癸丑

丙辰　　　　32 壬子
　　　　　　42 辛亥

八字四火、三水、一土，辰为水库，亦属于水，仍为两神成象。水火相战之局，势均力敌，通关为美。12 岁后，二十年木运，用神有力，虽未完成学业，却顺利地走进了兵营。60 年代末期，农村里谁要能当上兵，比进状元都光彩。到了部队，一路顺风，提到营级干部。32 岁后大运癸丑，1986 年丙寅转业到劳改部门工作，虽倍加努力，但仕途不顺，直到 1998 年戊寅才"熬"了个纪委书记。这是清闲职位，有职无权。2001 年辛巳，大运壬子，三巳冲一亥，水火相激，昼夜难眠，精神状态不佳。后运 30 年都是金水，垂垂老矣，已难次再有大的作为了。

乾造：癸丑　　**大运**：4 癸丑　　**流年**：1999 巳卯
　　　　甲寅　　　　　　14 壬子　　　　　　2000 庚辰
　　　　癸未　　　　　　24 辛亥
　　　　癸亥　　　　　　34 庚戌

2002 年 7 月 29 日，北京李某通过电话直接告诉了自己的八字，据其八字大象作了如下判断：

1. 特别聪明，科甲出身。

2. 有飘泊之苦。1999 年个人才智得到发挥，应有闪光之喜。2000 年工作不顺。

3. 人生中常有祸事，不宁静，常起风浪。

简短地推断，李某叫绝。据李某说，几个知名度很高的大师都为她测过。某大师认为"癸丑"、"癸未"是截脚，寅亥合而化木，看起来水多，实际水弱，要用水，喜神为金……

现在的《周易》研究大师满天飞，有的还自称什么"真人"、"居士"，好像与佛、道接轨就能神秘莫测，高人一筹。不管什么大师不大师，断卦准确就掌握了真理。八字四水二木二土。立春后十二天生人，仍为初春之寒。丑为湿土应视为水。未为干土，但未是木库，亥未拱合木局，有止水助木之功，因此仍可视为两神成象。木为秀神，人必然聪明好学，有高学历（实为研究生毕业）。从小至今（2002 年壬午）一路水运，愈增其寒，且水多木漂，必有奔波之苦。1999 年巳卯，用神临旺，必一展才华（个人作品得了大奖）。2000 年庚辰，用神受伤，令印生水，印为工作，反主工作不顺。行水运不是佳运，流年遇金，常起风浪，亦为必然。

坤造：甲寅　　大运：5 癸酉
　　　甲戌　　　　　15 壬申
　　　戊戌　　　　　25 辛未
　　　甲子　　　　　35 庚午

八字四木三土，各成半壁。身旺煞强，其用必在食伤。幸初运一路西方，20岁后大运在申字，可制煞为权，必有一定权力。25 岁始大运辛未，断其 2000 年庚辰必被提拔重用，实升任某银行的部主任一级的中层干部。30 岁之后，七煞无制，并不会有美好前程。庚午大运时，庚字虽可制煞，但南方火运，寅午戌又会成火局，则食神无力。更为不吉的是八字四阳独立，主孤独清冷，至今还未生儿育女。八字偏燥者无子，食伤运没抓住生子机遇，之后生子愈难矣。

第三节　全象——三神鼎立宜通关

道生一，一生二，二生三，三生万物，三即为全。八字有伤食、财、官或财官印就属全象。若食伤与官星相战，必要有财通关。书云"全象喜行财地，而财神要旺"，就是指这种类型的八字。若财印相扰，又须借官以通关，财官印接续相生，方能顺遂。若论行运，更有一番议论。日主旺相，伤官生财，宜于财运。假若八字比劫多，既喜官运，又喜食伤。因为官煞可以制住比劫以护财，食伤可以泄比劫而生财。日主旺，伤官轻，有印绶，最喜财运而不喜官运。因为财可以制住印绶，使印绶不能克制伤官。若行官运，官能生印，反为助凶之生。同时又与伤官相战，反主不安。日主旺，财神轻，有比劫，喜官运不喜财运。因为行官运可以制住比劫以护财，行财运会被比劫分夺。日主旺，财官并现，喜财不喜官。因为行财运可以生官，行官反泄财气，不能两全其美。日主弱，有官有印，喜印绶而不喜比劫。因为印运可以护官生身，而比劫徒与官星不和。

《滴天髓》认为"三者为全"。我理解，"三"应是概数，因为三生万物。八字中有三个以上的五行都应视为全象，不应当限于食、财、官全或财、官、印全。如食伤、官、印，或财、食伤、印绶，或比劫、食伤、财，或比劫、财、官，或官、印绶、比等都是全象。八字有食伤，又见官、印，食伤与官印相克战，要看日主之需要。日主旺，行财运为佳。因为财能去印，调和了食伤与官之间的关系即通关。行食伤运或官运都不吉，食伤克制官星，有职务者受官害，无官职者生凶祸。行官运亦不利仕途，且官印相生，不合日主之需要，人生必无聊失意。

总之，要观其意向，审其旺衰，分其喜忌，以断吉凶。

乾造： 辛亥　　**大运：** 1 辛卯　　**流年：**

　　　　壬辰　　　　　11 庚寅　　　1992 壬申

　　　　辛酉　　　　　21 己丑　　　2001 辛巳

　　　　己亥　　　　　31 戊子　　　2002 壬午

　　　　　　　　　　　41 丁亥

土金水三神成象。虽生于三月，但八字一片湿寒。湿为阴气，过于湿者，滞而无成，难以成就大的事业。金水多主寒，过于寒者反以无暖为美，行运最喜金水，土亦不忌。若行木运，财来坏印，并不全美。最忌火运，遇火必激而有祸。初运辛卯、庚寅，有金盖头并无大害，其学业仅为中专。21岁后大运己丑，行运不悖。1992年壬申，流年为喜用，参加了工作，之后基本顺利。2001年辛巳，命岁运三合巳酉丑金局，提拔为保险公司经理。2002年壬午，午来破酉，所领导的单位效益不佳，几欲罢官。不过大运在戊子，行运重地支，渡过马羊流年难关，还会有新的发展。

乾造： 壬辰　　**大运：** 32 甲寅

　　　　庚戌　　　　　42 乙卯

　　　　壬子　　　　　52 丙辰

　　　　丁未　　　　　62 丁巳

财官印俱全为全象。观其意向，官印相贴，印与日主相贴，财印两不相碍，日主壬水坐旺，又有年柱壬辰帮身，并不宜印星来生。但印有官生，官星不为其益反为其害。相比之下，财星反弱。运行食伤，一方面可以克制官煞，另一方面又有生财之利。行财运亦可制印，远不如食伤为美。32岁前，大运金水，一贫如洗，是典型的"贫农"。1970年庚戌走入军旅，过上了部队生活。1974年转业到公安部门当临时工，后转为合同制。1984年甲子，大运转到东方，个人承包经营消防器材，也是独家经营，一"发"不可收拾，数年之间资产达数千万。2002年壬午，自己购买土地，建起了大酒店，已开张经营。八字以火为财，戌为财库，天干透丁，辰戌相冲，财库喜冲，三十年东方食伤大运，能不发财致富吗？

乾造： 癸巳　　**大运：** 3 甲寅
　　　　乙卯　　　　　13 癸丑
　　　　丙寅　　　　　23 壬子
　　　　壬辰　　　　　33 辛亥
　　　　　　　　　　　43 庚戌

正官、正印、比肩，全象。地支全是木火，官星虚露。笔者断其虽为准七品，但并不是县委书记、县长一类职务，甚或也不是各局委一把手，其职权虚的多，实的少（实为某市老干部局副局长）。行运最喜财，因为行财运可以去印星之余，而补财官之不足。当行财运时才能有实权。其次喜官运，但官印相生，行官运时肯定是虚官。初运甲寅，癸丑大运开始有了生机，通过关系到地委招待所当服务员。之后，一连三十年北方官运，从服务员起家，先后担任团委书记、史志办副主任、老干部局副局长、干休所所长，一路升腾。这是人的命运力量的主宰。

乾造： 己未　　**大运：** 2 辛未
　　　　壬申　　　　　12 庚午
　　　　癸丑　　　　　22 己巳
　　　　甲寅　　　　　32 戊辰

八字中有伤官、煞和印。甲木伤官坐禄，虽有申寅相冲，但间隔丑字，只能遥而动之。加之有水通关，其冲力甚微。煞星坐旺，丑未隔冲反增其煞力。正印得时秉令，又有丑土生金，金水两旺，日主足以任其克泄。该八字伤官与七煞，其势均强，形成争斗。若有财，可通木土之关，必为富贵之人。惜八字无财，命中注定人生难以平顺。幸行运有助，尚可一展才华。初运辛未，运在南方财地，生于富贵之家，生活优游快乐。次运庚午，喜遇午火财星，正值青春年少，必奋发有为。1996年丙子，大运走午字，离火旺盛，加之流年丙火透天，伤官与七煞之间由火通关，伤官、财、煞，一气贯通，人生必显腾跃奋发之机。其年搞开发经营，一举成名。之后五年意气风发，不可阻挡，成为当地最年轻的企业家。惜22岁始行己巳大运，甲己虽合但属于克合，官星受伤，始有小疾。2001年辛巳，巳申合，合住忌神为吉。辛金亦有制伤护煞之功，其年平顺。2002年壬午，年干壬水助甲木伤官，外象不吉。喜年支午火财星引通性情，该年亦平稳。2003年癸未，癸水生甲木，伤官临旺，不吉之象。岁命丑未相冲，一冲引出两冲即丑未冲，寅申冲。癸未年六月又形成三未冲一丑的凶局，其年大凶。该年六月自己驾车撞在大树上，严重受伤。应车祸者，寅申为道路，寅申相冲即金木相战，汽车撞到大树上正是金木之伤。寅为金舆，亦表示车祸。家人问其还能恢复否？我断言其为植物人。因为看今后大运已不可能东山再起。第四步大运戊辰，癸水入库，人生休矣。

乾造：辛丑　　大运：10 丙申
　　　丁酉　　　　　20 乙未
　　　甲戌　　　　　30 甲午
　　　戊辰　　　　　40 癸巳
　　　　　　　　　　50 壬辰

伤官、财、官为全象。日主甲木，生于仲秋，官居提纲，又明透于年干，财星多而生助官星，官过旺。旺则宜泄宜伤，那么，是应当用印泄官星呢，还是用伤官制官星呢？那就要看泄或伤哪个更符合日主的需要了。日主本弱，伤官伤害了官星，亦泄弱了日主，反为其害。用印泄官星，同时还可以制伏伤官，日主亦受生补，三得其美。但八字中并无印绶，必得岁运以成象。笔者断其 1983 年至 1996 年人生辉煌，仕途顺遂，官场如意。1983 年癸亥，癸水克去丁火伤官必为官（在部队提升）。1992 年壬申，丁壬合，合住伤官亦为官（提升为某粮库主任）。1995 年乙亥，乙木助身，亥为日主之长生，又有克制伤官之力，必升官（提升为某局副局长）。但大运一入午火，伤官有力，官位受损，因怀疑其有经济问题一直抬不起头来。2003 年癸未，癸水克去丁火，仕途有新的转机。

坤造：甲辰　　大运：6 丁酉
　　　甲戌　　　　　16 丙申
　　　戊申　　　　　26 乙未
　　　癸亥　　　　　36 甲午

食神、财、七煞，全象。九月之土燥而厚，日主不弱。年月天干双甲并排，时柱干支均为财，财党煞，七煞有呈凶之象。喜日坐食神，尚可制煞，但煞透食伏，远不如庚金制煞有力。初运丁酉，次运丙申，运走西方金地，制煞有功，学业、事业颇为顺利。26 岁走乙未大运，乙为官星，官煞混杂，人生进入多事之秋。1995 年乙亥，大运走未字，官星逢库，亥为甲木之长生。书云"旺官旺印与旺财，逢库兴灾"，必受官欺负。一连五年，人生多阻。36 岁入甲午大运，八字中已有两甲，大运又遇一甲，三甲围克日主，此五年中必有大凶。那么，凶在何年？

2000年庚辰，食神制煞有力，虽然有所谓小人挑拨，但不会造成大害。2001年辛巳，辛金亦有制煞之功，亦可顺利。2002年壬午，壬水党煞，喜有午火泄煞生身，还不至于出现大凶，但已经是山雨欲来风满楼。2003年癸未，癸水生煞助虐，未为官煞库地，煞旺克身，必有官灾。实际是因为经济问题而被判刑。

展望未来运程，40岁后运行南方火地，火泄煞生身，仅为平常而已。再企望大的发展，大概是梦中看花了。

第四节　君臣之象——顺君安臣和为贵

以我为中心，克我者为君即官煞，我克者为臣即财星。八字中日主所代表的五行旺盛，而财星只有一二，即君强臣衰，称之为君象。日主所代表的五行旺盛，而官煞只有一二，即臣强君衰，称之为臣象。

八字呈君象，君的气势已不可抗拒，只能顺君而行。皇帝有了至高无上的权力，顺我者昌，逆我者亡，顺君而行则吉。《滴天髓》云"君不可抗也，贵在损上以益下"。此说并不妥当，笔者认为宜改为"君不可抗也，贵在泄上而益下。"如日主是木，满局皆木，只有一二点土气，君盛臣衰，最宜见火泄木生土，也就是通关。君太盛，泄其盛气而臣受益，君臣和悦，达到了中和平衡。若见金，木盛金缺，激君之怒，且金泄土气，臣亦不安，必凶。若见木，众劫夺财，必穷困。若见水，水生木，助君之暴，亦为害。若见土，有火转化为吉，无火亦不利。

我克者为财，财就是下臣。八字中臣的气势已不可抗拒，与臣相战，必凶。不能得罪君，亦不能得罪臣，只能寻求君臣和解之法，方能全美。《滴天髓》云"臣不可过也，贵乎损下以益上"，此说亦不妥，笔者认为宜改为"臣不可过也，贵乎泄下而益上"。仍以日主是木为例，满局皆木，只有一二点金气，臣盛君衰。视八字意向，有两种办法和解君臣的矛盾。若只有金木两气，不见火土，最宜水运，因为水能泄金生木，君心可安，臣心亦顺。若无水，可行带火之土运，因为火能泄木，土能生金，君臣各得其所。若认为八字中金弱就用金，金木相战，必凶。

乾造： 己亥　　**大运：** 1 戊辰

　　　　己巳　　　　　11 丁卯

己未　　　　　21 丙寅

丙寅　　　　　31 乙丑

　　　　　　　41 甲子

比劫叠叠，堆土成山，官星一位，臣象。或问亥水为财，不是财官双全吗？岂不知亥水偏居一隅，巳亥相冲，又有己土盖头，财已无用矣。最喜丙火通关，君臣两安。若依常理，当用财官，财可以调候，官可以制劫，丙火反为忌神。

臣象重在看其意向，若遇财，必众劫夺财，反有凶祸。若遇官，木土相战，土多木折。幸有丙火通关，方无大害。初运戊辰，有泄火之伤，家境贫寒。依次丁卯、丙寅大运，用神有力，学业尚佳。1977 年丁巳考入中专学校，1980 年被分配到政府机关工作。31 岁大运乙丑，七煞临事，当有凶灾。断其 1991 年辛未有刑伤。因为丙辛合，合住用神，丑未相刑冲，必伤（实际从屋上掉下来摔伤）。1992 年壬申，1993 年癸酉，众劫夺财，用神丙火受损，工作不力。1994 年甲戌，甲己合，寅戌拱用神局，提拔为某县区委员会副主任。1995 年乙亥，又遇财煞，下派到发不出工资的企业当领导，实际是贬官流放。1998 年戊寅，用神临长生，又回到原单位。2003 年还有一次机遇。大运甲木，甲己合，又生助用神。若过了这个"村"，2004 年入财运，就再没有这个"店"了。

乾造： 壬辰　　**大运：** 9 癸卯

　　　　壬寅　　　　　　19 甲辰

　　　　壬午　　　　　　29 乙巳

　　　　壬寅　　　　　　39 丙午

　　　　　　　　　　　　49 丁未

八字四水一库，财星一点，君象。寅木能泄比生财，正好泄上而益下。寅木为秀神，必财气横溢，有一定的声望。初运东方木地，自幼爱好书法、绘画，小学、中学稍有名气。辰运晦火，屈才在农村当教师。29 岁始行乙巳大运，转入南方财地，英华外发。1986 年丙寅，调入某市做绘画教师。1994 年甲戌，被评为国家二级画师，调入书画院工作。1998 年又晋升为国家一级画师，其作品常在国家级刊物发表。49 岁丁未大运，丁壬化木，未为木库，必能一路风光。

凡以食伤为用神的人，多聪明出类，多在文学艺术方面有较高成就。

乾造： 癸卯　　**大运：** 1 戊午

　　　　己未　　　　　　11 丁巳

乙卯　　　21 丙辰

癸未　　　31 乙卯

　　　　　41 甲寅

日元强旺，财星虽有三位，但卯未合化，反助木势，君象。比重财轻，构成众劫夺财之势，一生必为经济所困。假若有火通关，必富有千钟。喜其 31 岁前，大运火土，火能泄秀生财，必有一份得心如意的工作，且名声颇高。1994 年前，曾担任某地区物资局计划科科长。但 31 岁大运入乙卯，接下来是甲寅，比肩、劫财大运，必一落千丈，已完全丧失了昔日的风光。断其 1995 年、1999 年必大破财，准确应验。1995 年乙亥，亥卯未合化为劫财局，必破财。1999 年己卯，众劫夺财，又一次破财。两次破财，几乎把"家底"给"抖"光了。41 岁走甲寅大运，之后转入北方印地，都是忌神大运。看来，再想昔日的风光已经是不可能了。

乾造： 辛亥　　**大运：** 9 丙申

丁酉　　　19 乙未

癸亥　　　29 甲午

丙辰　　　39 癸巳

这个八字三水一库，又有金生水，财星两点，看起来好似君象。若以君象推断，绝对是错误的。丙丁虽为财星，但丙火偏居一隅，自坐水库，癸亥围克，丙火之光被扑灭。丁火坐酉，有丁火长生在酉之说法，实为死绝之地。再有癸水克丁，丁火亦灭。八字金水已成气势，又无食伤泄水生火，无流转之情，当为从强，而丙丁之火反为病神。29 岁入甲午运，助起财星，一事无成。且夫妻不和，已离婚。

第五节　母子之象——母子依恋喜盈门

母子之象与君臣之象的道理基本是一致的。以日主为中心，我生者为子即食伤，生我者为母即印绶。母象是指日主所代表的五行旺盛，而食伤孤弱。子象是指日主所代表的五行旺盛，而印绶孤弱。

母象，母众子孤，其母必慈而爱抚其子。命理同伦理。《滴天髓》云"知慈母恤孤之道，始有瓜瓞无疆之庆"，其说十分中的。如日主为木，满盘皆木，火为子，唯有一二点火气，有木多火塞之病，行运遇火，泄母生子，正可谓"慈母恤孤"。带火之土运更佳。土为财，是木之孙，火之子，正可谓瓜瓞无疆，子子孙孙，无穷匮也。若行水运，水克火，子有伤，必凶。若行金运，木多金缺，亦凶。若行木运，母性甚刚，不能爱子，木多火熄，仍不吉。

子象，子众母衰，其母必依其子而安顺。如日主是木，满盘皆木，水为母，只有一两点水气，水气只能依附于木。行运遇水，母子皆安，顺而不背。行木运亦可，因木已成气势，可顺气势而行。忌见土，土为木之财星，见土母受克，其子恋妻而不顾母，母必不安。忌见金，金木相战而不宁。可行带水之金运，金水木之间能相互转化。带土之金运不可行。

母象、子象与偶象很相似，都是八字中只有两种五行。其不同点在于两种八字五行的量的差异。母象为母众子孤，子象是子众母孤。母象和子象中的两种五行落差大，而偶象中的两种五行势如双璧，几乎是等量齐观的。母子之象与偶象用法有所不同，需加以区别。

乾造：癸亥　　**大运**：5 甲子

　　　　乙丑　　　　　　15 癸亥

　　　　癸丑　　　　　　25 壬戌　　　　2002 壬午

　　　　癸卯　　　　　　35 辛酉

2002年夏，该生参加高考，鲤鱼跳龙门，这是决定命运的一搏。高考刚结束，问能不能考上。笔者断言：能考上，是三类大学，与本人的实际成绩悬殊甚远。结果被某专科学校录取。

癸水生于丑月，丑亦为水，实际应是六水二木，母象。初运甲子、癸亥，木为用神，母慈惜子，灵秀奋发。水运亦为顺局，水主智，头脑灵活而聪明，学习成绩必佳（班级前一二名的学生）。2002年壬午，火水未济，火水相激，冲昏了头脑。本来十分熟悉的学习内容，到了考场就会头脑昏浊，绝不会考出好分数。

坤造：癸丑　　**大运**：3 庚申

　　　　己未　　　　　　13 辛酉

　　　　戊辰　　　　　　23 壬戌

　　　　丙辰　　　　　　33 癸亥

六土一火，年月天克地冲，癸水无用，子象。子众母衰，母依赖其子而生存。初运庚申、辛酉，亦不为悖。正值学业阶段，成绩必佳。参加工作后，学习不辍。

2001年夏，问考研能中否？告诉他，若考法律报考南方大学，定能考中。若报考北方、东方学校，则难成行。结果考上南方某大学法律系研究生。

2002年壬午，大运壬戌，午戌合火，母依子性，母子皆安，故可以考中。加之法律为火，南方为火，加大了考中的成功率。

乾造： 乙未　　**大运：** 16 辛巳
　　　　癸未　　　　　26 庚辰
　　　　己丑　　　　　36 己卯
　　　　辛未　　　　　46 戊寅

五土一金一木一水，虽有财煞，亦当看作母象。日主强旺，最喜泄发秀气，辛金当为用神，财官反为忌神。癸水坐于死绝，已成众劫夺财之势，有克妻之嫌。1991年辛未，克去七煞为吉，从一位普通农村学校教师调到城市建设银行工作，真可谓一步登天。2000年庚辰，庚金合去七煞，被提拔为科级干部。

坤造： 辛卯　　**大运：** 3 壬辰
　　　　辛卯　　　　　13 癸巳
　　　　丁卯　　　　　23 甲午
　　　　癸卯　　　　　33 乙未
　　　　　　　　　　　43 丙申

春木成林，**叠叠逢华**。天干癸水润木，年月辛干虽克木但自坐绝地，日主丁火孤弱，印绶成象。初运壬辰，日主受制，体质甚弱，学业亦不佳。次运癸巳，运转火地，泄而助身，慈母恤孤，丁火熠熠，渐次增暖。因出身于干部家庭，便早早参加了工作。23岁入甲午大运。1976年丙辰，丙辛合，合去忌神，喜气临门，成婚。次年又生子，家庭和睦，夫妻恩爱，其乐融融。乙未运亦佳。43岁入丙申运后，申金伐木，木多金缺，金为夫之元神，夫妇矛盾渐生。1997年丁丑，癸水官星生根，离婚。

第六节　从象——从神的吉与凶

从者，随从、服从、屈从的意思，即自己无能力立足，只好屈从于他人。

从象又分真从和假从。真从的条件是日主孤立无气，又无印绶生扶，不能不从属于财官七煞。日主无气，是指日主临于绝地，所从之神临于长生禄旺之地，其气强旺，天干又透出财官七煞，这就是真从。所谓假从，有两种类型，其一是从日主看，日主孤弱，不能不从。但日主又有微根或有印生扶；其二是从所从之神来看，从财而食伤不透，不能引动生财或有比劫破坏从神；从官煞而财星不透，不能引动官煞之气或有食伤破坏官煞。

从象所从之神已成气势，可顺而不可逆。一般来说以所从之神为用，从财则用财，从官煞则用官煞。"从得真者只论从，从神又有吉和凶。"假若为从财，日主是金，财神即是木，生于春季，木势雄壮，又有水生木，财神太过，虽为从财，亦可用火泄其财气。生于夏令，火太过而泄财气，喜水以生木兼调候。生于冬天，水多木漂，喜土止水，亦喜火来暖局。最忌日主生根，逢印比则从而不从，必凶。从官煞亦然。假从，是因为日主有微根即有印比，印比就是病点。有比则喜逢官煞制之，有印则喜逢财星克之，有微根则喜冲之合之，去其病点，假从亦化为真从。假从而又不能去其病者，其人往往心术不正，常趋势奉迎。

除从财、从官煞外，还有从儿。从儿与从财、从官煞基本道理是一样的。日主孤立，食伤满盘，不得不从儿。但稍有差异的是日主既使稍有根，只要食伤形成了气势，就可从。书云"一出门来只见儿，吾儿成气构门闾，从儿不论身强弱，只要我儿又得儿"。从儿之人，多聪明绝顶。需说明的是从儿之象与偶象中的相生之局有某些相似点，其看法基本相同，只是偶象强调了两神并立，各占半壁。而从儿则是食伤成象，已成气势。

从儿最喜见财，财为儿之儿，子孙昌盛，可安享晚年。不可见官煞，因为食伤与官煞相克战。亦不可见印，印能生扶日主，我自有为，不能容子孙，亦必灾殃。

坤造：壬子　　**大运**：8 辛亥

　　　　壬子　　　　　18 庚戌

　　　　丙申　　　　　28 己酉

　　　　甲辰　　　　　38 戊申

　　　　　　　　　　　48 丁未

满盘七煞，日主孤弱，看似时干甲木有生扶日主之意，但冬木为寒湿之木，不能生火，从煞甚真。

从煞已成，必为富贵。初运金水，正值求学阶段，喜用齐临，势如破竹，一路顺达。小学、中学、大学、研究生，均成绩优异。28岁后大运己酉，甲己合，合去印绶为吉。2000年庚辰，又考取高级会计师。从官，夫妇和美，琴瑟和鸣。有其命，得其运，风光无限。

乾造：癸亥　　大运：10庚申
　　　辛酉　　　　　20己未
　　　己巳　　　　　30戊午
　　　壬申　　　　　40丁巳
　　　　　　　　　　50丙辰

大象从财。八字食伤财结党，唯嫌日坐正印。岂不知巳申一合，有壬水引化，巳化为水，看似无情更有情。日主孤弱，无比劫争夺，乃为真从。从财最忌破局，岁运破局亦凶。1986年丙寅，申为道路，为金舆，寅申相冲，断其必有车祸。其母言：在路上爬着玩，天晚时分，被一骑自行车人从身上碾过去。1989年己巳，比印生扶日主，从而不从。巳亥相冲，冲克太岁，必有灾。其母言：学骑自行车摔断了胳膊。初运庚申，行运不悖，学习成绩颇佳。1995年乙亥，亥为驿马，巳亥相冲，冲去巳火忌神，必有晋升动迁之事。其母证实：从农村搬到城市里来。20岁后，土火大运，命好运不济，多崎岖，难以心舒意畅。

坤造：丙辰　　大运：2己亥
　　　庚子　　　　　12戊戌
　　　庚子　　　　　22丁酉
　　　丙子　　　　　32丙申

满盘伤官，宜从儿。若以俗论，日主泄身太重，又有两煞克身，用辰生金为宜。岂不知子辰合而化水，一丙临辰库，晦火无光。一丙坐子水死绝之地，庚金比肩从水势，又被丙火克绝，日主虚弱，不得不从。八字之病在于水火相战，一旦七煞通根，必有祸灾。"从儿不论身强弱，只要吾儿又得儿"，没财星，就是吾儿没生儿，不成生育之德，难言富贵。出生后流年丁巳、戊午、己未，火水未济，体弱多病。7岁壬戌，辰戌相冲，撞伤甚重，至今仍留有伤疤。12岁始行戊戌运，学业不佳，工作不顺，多事之秋。1994年甲戌又逢辰戌相冲，小腿骨折，伤势甚重。今后岁运，并不能去其病神，且地支四空。看来一生多崎岖不平，已成定势。

第七节 化象——合化的真与假

日干与月干或时干合而化之，才能形成化象。

从象是所从之神形成气象，化象即是所化之神形成气象。

化象有真有假。真化有两个条件，一是化气之神乘旺秉令，天干有引化或助化，更喜见辰，即"逢龙而化"。因为辰为三月季春，时在三阳，气辟而动，动则变，变则化，才有逢龙而化之说。还有"逢五位而化"，即甲己合见戊辰，乙庚合见庚辰，丙辛合见壬辰，丁壬合见甲辰，戊癸合见丙辰，都是化气元神透出，有助于合化成功。实际上不见辰字，只要化气元神形成气势即可化。二是原来日干气势衰绝，不见比劫印绶。如日干为甲，忌见壬癸甲乙寅卯。

所谓假化，就是化气之神不真。一种情况是日主有根苗，有劫印生扶，但又非常孤弱，不得不化。另一种情况是化神受克制或化神泄气稍重。

真化与假化相较，真化者格局纯粹，一般说出身地位较高。而假化因其格局混杂，常幼遭孤苦，孤儿异姓者有之。不然，则人性执傲凝滞。就行运来说，真化行化神旺乡，能飞黄腾达，即使平常运气也不会有大的阻碍。如松柏，遇寒冬而不凋，仍不失其青萃。假化者，行化神旺乡，如同真化。书云"假化之人亦多贵，孤儿异姓能出类"，同样可以富贵。但运过则无。未交好运前，必然寒微。运过之后，仍然凝滞。

乾造：戊戌　　大运：6 丙辰
　　　乙卯　　　　　16 丁巳
　　　癸巳　　　　　26 戊午
　　　戊午　　　　　36 己未
　　　　　　　　　　46 庚申

戊癸合，能否成化？真化假化？要看日主是否有根苗，化神是否旺相，有没有伤害化神之物等。日主癸水孤弱，又无生扶，化神亦旺，月柱乙卯既可泄日主，又能生助化神，起了催化作用，合化成功，亦为真化。只是土多泄化神之气，稍有病。36岁前一路行化神之运，意顺气畅，心想事成，在某市建筑委员会任人事科长，几乎能呼风唤雨。据其本人讲"没有办不成的事"，风光无限。36岁始行己未大运，泄化神之气，出任某公司经理，企业越干越萧条，经济滑坡，劳累辛苦，亦无大成。若行至庚申、辛酉印绶运，恐更不佳。即使遇到化神的年份，亦为偶露峥嵘。运去英雄不自由，命运和合，方成双璧。有好命无好运，必多阻滞崎岖。

坤造：庚戌　　大运：8 乙酉
　　　丙戌　　　　　18 甲申
　　　乙酉　　　　　28 癸未
　　　庚辰　　　　　38 壬午

日主孤弱无气，不能不化。地支辰酉合化，又有庚辰引化，化之似真。然丙火伤害化神，加之戌月为火库，伤官有根，乃为假化。只要行运得所，去其病神，假亦为真。初运乙酉、甲申，化神临旺，学业有成。1988 年戊辰，顺利考上大学。1992 年壬申，壬水克去病神，申金为驿马，大学毕业分配到某县检察院工作。1993 年癸酉，命岁运三合化神局，成婚。28 岁大运转向南方，伤官病神有力，其官必伤。女命官星为丈夫，本来乙庚合化为妻从夫化，夫妻关系应佳，但伤官丙火伤害官星，夫妻关系反劣。自 1998 年戊寅起，寅戌拱合火局，家庭始有纷争，夫妻常有口角。2002 年壬午，伤官临旺，闹离婚。其后大运壬午，恐有不吉。

或有人认为是从象，当从官煞，亦对。本来从象与化象同属一类。就这个八字来说，不论是以从象看或以化象看，喜忌都是相同的，其结论亦必然相同。

坤造：戊申　　大运：5 丙辰　　流年：
　　　丁巳　　　　　15 乙卯　　1986 丙寅
　　　己丑　　　　　25 甲寅　　1992 壬申
　　　甲子　　　　　35 癸丑

这是我于 2001 年 8 月在杭州讲学时为某女士所断。

甲己合化土，巳月火旺生助化神。子丑合，合绊子水，子水无力生木，合神孤弱，不能不化。巳申合，申金被合绊。天干戊土明透，化神引出，且丁火助化，化神为真。出身干部家庭，本人形象亦佳。行大运之前，流年金水，与化神不和，体嫩多病。五岁入丙辰大运，学习成绩甚佳，并担任班干部。15 岁乙卯，合神甲木临旺，克制化神，正值丰华时期，一阻前程，升大学无门。1986 年丙寅，高中毕业即参加了工作。1992 年单位效益差，工作亦无着落。25 岁大运甲寅，甲木禄地，化神被克且甲己争合日主，介绍的对象一茬又一茬，终不能成婚。即便勉强成婚，亦不是意中人。在正官大运中，成婚甚难。35 岁转入北方水运，耗盗化神之气，亦难顺遂。该八字命虽佳，无佳运亦不能通达。

从以上大象论可知，认真分析八字的大象是八字预测的基本功。分析得法，尤胜于格局。有些算命大师并不看喜神、用神，而照样铁口神断，其秘诀就在于观察大象。大象的分析主要在于八字的气势和意向。顺气势和意向则吉，反之为凶，即"顺则吉兮悖则凶"。不管是一般格局还是特殊格局，都可以从大象入手作准确推断。这是一种大象观察法则，也就是从宏观上把握八字的基本特征。熟练运用这种办法，就会大大降低出错率。笔者认为，从大局上看准人生的几个重大事件就是成功，即使个别小事推断有误也不会被别人讥之为"失手"。这是大象分析推断法的优势，且不可钻入只讲格局、喜用神的死牛角。八字预测若补之以大象，与格局相互照应，必会更加准确，甚至出神入化。

第七章

精神论——抓主要矛盾法则

天有三宝日月星，人有三宝精气神。精神是人的生命力的外在表现。精神贯足、神采亮丽的人，肯定正处于一帆风顺的人生阶段：为官者加戴花翎，经商者黄白盈箱，求学者鲤鱼跳龙门，热恋者春潮荡漾，即使草根百姓也无忧无虑哼小曲儿。笔者有这样的体验：来问八字的人，观其精神就知道了几分处境。若满面滞色，愁眉紧锁，阴云密布，甚或神情恍惚，低声哀叹，能有几多喜庆？更何况，大凡问八字的人多有解不开的疙瘩绕不开的弯儿，或遇到不顺心的事儿，或走到人生的十字路口，或破财、失恋等。

怎样从八字看人的精神？任铁樵是这样解释的："精者，生我之神也；神者，克我之物也。"笔者认为任氏的解释似有不妥。若然身弱，生我之神为精是对的。假若身旺比劫多，生我者为病，不仅不能化育为精气，反成多余的赘肉，徒增烦恼和忧伤。人的神气是精气的释放，若然身强、身旺，克我、泄我之物为神是对的，若身弱日衰，则克之泄之为害，不仅没有神气，反有浊气、晦气。

那么，什么是精神呢？笔者认为，凡对我有用之物则为精，而释放精气则为神。八字的道理与生活的道理是一样的，人释放精气的时候不是神采飞扬吗？精气是培育的过程，神气是释放、彰显的过程。身弱者，印绶就是精气；身强者，财官就是精气。有了精气才能发挥神气，所以，精、神是同一个事物的两个方面，是辩证的统一，而且互相转化。精足则神定，神足则精安。若八字五行流通生化，损益适中，喜用神有情得力，这就是有精神。《滴天髓》曰"人有精神，不可以一偏求也，要在损之益之得其中"，"损之益之"是手段，"得其中"是目的。

人的精神是通过喜神、用神、忌神、闲神并随着岁运流转展现出来的，所以分析喜神、用神以及忌神、闲神，就成了重中之重。

第一节　用神总论

什么叫用神？简言之，就是为我所用之神。根据人的出生年月日时，用天干地支阴阳五行就可以排列组合成八字。推敲分析八字，就会发现阴阳五行的强弱是不同的。命理学家讲"八字贵以中和"，真正中和是少数，而多数人阴阳五行之气旺衰不一，轻重不同。如有的四柱身弱煞重而不及，有的又身旺无制而太过等。这种太过和不及需要加以补救。凡是起到补救作用的五行就是用神。

怎样选取用神？其基本理论依据就是旺则抑之，弱则扶之。需抑则抑，需扶则扶。例如，某一水命，生于四季土月，土克水，水则死，而四柱中又木多，进一步消耗了水气，水淹淹一息，急需用生水之金相助。若月柱中有金，就可以把金作为用神，此用神又称为印，以印为用神。

再如，一日干为丙火，生于夏月，此为得时令。四柱中又多处遇火遇木，木能生火，更助其火势。这种太过就需要抑制。用什么来抑制？水克火，就可以选定水为用神。水为官煞，用神为官煞。另外，火生土，土可以损泄火势，达到抑其过强的作用，也可以选定土为用神。土为伤官、食神，用神就是伤官、食神。假若四柱中既有水又有土，以何为用神呢？那就看"最需要"的那个五行。若水多土少，则以土为用神。反之，则以水为用神。

选取用神是以"最需要"为准则，先看月令，次观日时。因月柱中的用神最为有力，故应优先考虑在月柱中选用神。

在推命的实践中，会遇到不同的命相。有的八字中有用神，大运中又碰到用神，此大运阶段坦途一片，一帆风顺，是相当吉利的。为官者，可平步青云，扶摇直上；经营者，会大利商市，黄白盈箱，甚至成为暴发户、资本家等。有些人的运程是大起大落的，倒霉时盐也生蛆，祸不单行。而好的时候又喜事连台。这类情况大体是用神在大运上出现。当然，也有四柱、大运均碰不上用神的，其命相是可想而知的了。

选取用神，还要看用神与其它各柱的关系。若用神没有刑冲克破，却得到生扶，那是相当吉利的。若用神被冲被克或本身就是凶煞，那就不吉利了。

选定用神是八字分析中最为困难的课程，它决定着推断结论的准确与否。用神选准了，大获全胜，几乎是百发百中。若用神选错选偏了，则全盘皆输，一败涂地。因此。选定用神务必千锤百炼，悟出其规律。

第二节　选取用神的方法

怎样取用神？命书云："用神专求月令，以日元配月令地支，察其旺衰强弱而定用神也。"这句话已把取用神的基本方法说得清清楚楚。就是说，取用神先在月令中寻找，若月令中不能取用，再在年日时干支中去找。虽然用神在月令以外的干支上，但其关键仍在于月令。如日干旺盛，月令又是劫禄印绶，虽然月令上不能取用，而需在其它干支上找克泄之神为用。反过来，若四柱八字克泄太重，日元转弱，则月令上的劫印仍可为用。

选取用神的方法，大约可以归纳为五种。

1. 扶抑法

所谓扶，就是衰弱者扶之。所谓抑，就是强旺者抑之。扶抑有两类，一是扶抑日主，二是扶抑月令之神。

扶抑日主，日主强旺者常用财、官、煞、食、伤，日主衰弱者常用印、比、劫。

辛巳
甲午
癸卯
癸亥

午月火旺，日主不得时令。喜癸水通根于亥，更妙巳亥遥冲，去火而存金，辛金可以为用，此乃日主弱而用印。

丁酉
己酉
庚戌
庚辰

庚金生于仲秋，酉为庚之旺地，辰戌均为印地，天干又透印比，得时得势又得地，日主旺，可以丁火官星为用。

扶抑月令之神，亦是月令之神太强，需要加以抑制；月令之神太弱，又需加以扶之。如：

戊辰
甲寅
丁卯
戊申

丁火生于孟春，地支寅卯辰会东方木，甲木透干，身强印旺无需印生，故月令之神需抑之。时支申金为财，用财损印，使印不来生身。此造系以财损印为用。

2. 病药法

病药法是以去病之药为用神。若八字以扶为喜，而伤其扶者为病；以抑为喜，而去其抑者为病。除病之药就是用神。有一歌说："有病方为贵，无伤不是奇，格中如去病，财禄两相随。"八字中有病而得药，是富贵之人；病轻而得药，略略富贵之人；病重药少或病轻药重，最好行运中弥补；若有病而无药，则贫病交加，其凶可知。

壬戌
己酉
丁丑
甲辰

月令酉金，酉丑半合金局，土又可以生金，八字财旺而生官。惜月干己土临官而克，使官星受伤。可见，此八字病在食神。喜时柱甲辰，透印可去食，食不得肆虐，官星得到保护，故甲木为药为用。

3. 调候法

调候者，调整气候也。月有圆缺，天有冷热，人有寒暖。过寒过暖，人都不能舒展生发，就需要调整气候。比如金水生于冬令，气候太寒，则需暖之；木火生于夏令，气候太燥，又需润之。这种起到"暖"或"润"作用之神就是用神。

清人任铁樵对人之寒暖有精辟的论述：寒虽甚，要暖有气；暖虽至，要寒有根，则能生成万物。若寒甚而暖无气，暖至而寒无根，必无生成之妙。是以过于寒者，反以无暖为美；过于暖者反以无寒为宜。

壬辰
癸丑
辛丑
甲午

冬令之金，金寒水冷。喜时上有午火，天干甲木覆之，有情而助，可取丁火调候为用。当大运行至南方木火阳明之地，用神得地得助，必然兴盛。

丁丑
丙午
丙午
壬辰

南方之火，双刃重会，其暖之极也。时有壬水，并不能制极盛之火，但喜其坐辰，年上有丑土，可生金晦火蓄水。壬水虽弱，而根深缔固，行运若见金水调候，则大有用武之地。惜看其运途并不畅顺，起起伏伏，命运使之然也。

己酉
丙子
庚辰
甲申

金寒水冷，土冷木凋，甲木坐申临绝，丙火临子，申子辰合局而火无焰。火无气反以无火为美，此造只能顺其气势，岁运以金水为美。若遇木火，反激起旺神，则刑伤破耗，在所难免。

运用调候法选取用神是有条件的，有些八字可以调候，而有些八字看似应该调候，而调候则得出与命运完全相左的结论。这就要求我们，研究八字要精雕细刻。同是冬令之金，火有根有气，则可以用火调候；若八字本无和暖之字，只能顺其气势，不能用火调候。拘于死法，则难得正果。

4. 通关法

引通两气叫通关，实际上是起到一个中介调和的作用。犹如两家为仇，中间有人和稀泥，可使两家变仇为亲。八字中两神相克，强弱不相上下，犹如两军对峙，各不相让。此时，则以通关为美。木土相峙，以火通关；火金相峙，以土通关；水土相战，以金通关；金木相克，以水通关。遇水火不相容的状态，有和事老出面，变仇敌为亲朋，此类并不鲜见。"关内有织女，关外有牛郎，此关若通也，相邀入洞房。"一旦通关，则其乐融融。

癸亥
庚申
甲寅
乙亥

月令七煞透干，木坐禄于寅，寅亥相生而合为木，八字为金木两强，各不相让，形成对峙之局。喜有和事老癸水通关，金生水，水生木，癸水为印，煞印相生，癸印为用，实则起到通关作用。

己酉
丙午
丁酉
丁酉

火旺金亦旺，火金相战，割据为敌，互不相让。恰己土泄火生金，引通金火两气，化干戈为玉帛，相安无事，其功全在于己土，只因己可通关为用，金火才能相邀而入洞房，成其夫妇之道。

5. 相从法

相从法，意思是自己无立身之本，只能随从于他人。八字中日主孤立无气，无劫印生扶，气势偏于一方，势不可转，唯有从其强旺之势为用。若八字中满局官星，则从官，满局七煞则从煞，满局财星则从财。若八字中财官食伤并旺，视其独旺之神而从之。若八字中满局比劫印绶，无官煞之制，印比强旺则从强从旺。

癸卯
乙卯
甲寅
乙亥

仲春之木，支逢长生禄旺，癸水生木，无金克制，比劫重叠，其旺至极，只能从其旺势。根据相从法的理论，岁运顺其气势为佳，水木之地，必能发达；若遇金地，激怒旺神，其灾咎不可避免。

甲戌
壬辰
癸巳
甲寅

季春之水，财旺官旺伤亦旺，克泄交加，印伏藏于地支而无气，日主无根无助，其弱至极，官星当令，应从官之势。日支财星引寅木伤官生财，气势流通。行运财官，必然前程锦绣。若行运金水，日主与财官分庭抗争，凶祸难免。

6. 化气法

天干五合而化，取用之法，仍然要看化神之旺衰。化神旺而有余，宜取泄化神之神为用；若化神衰而不足，宜取生助化神之神为用。有的命书上认为，凡化神者均以化神为用，此说未免过于绝对，不足为凭。

化神有化真化假之别。何谓化真？如日干甲木与己合，生于四季土月，又得辰龙运化，这就叫真化。其他如乙庚生于秋月，丁壬生于春月，丙辛生于冬月，戊癸生于夏月，再得一辰字，均为真化。何谓化假？日主孤弱而遇合，不能不化，又无辰龙运化，这就叫化假。化假的表现形式有：合神真而日主孤弱；化神有余而日带根苗；合神不真而日主无根；化神不足而日主无气；既合化神而日主得劫印生扶；既合化而闲神来伤化神等。凡化真者，一般说来，夫妻和美，从一而终；合而不化，有勉强的意味，并不是美满婚姻；假化者，多异姓，幼年常孤苦，性格多孤执。

己卯
丁卯
壬午
甲戌

丁壬合化为木，日主壬水生于仲春，合化极真。甲木透出，化神旺而有余，宜泄化神之神为用。恰坐下午火，泄木之秀气，火又生土，周流不息，火土之运，必能生发，遇水地则阻滞难行。八字虽没有辰龙运化，也是真化。所以，是否真化，不以辰龙为据，还是要看化神的气势。

甲辰
丁卯
壬辰
辛亥

丁壬合化为木，仲春之季，甲木元神透出，化神当令。时干辛金无根临绝，丁火足以克金。辛金虚浮，不能生水。亥水为甲木之长生，日干不得不合而化木，当属假化之列，用神为火，自然岁运喜行火地。若行金水之运，则破局多凶。另当注意的是，此类八字，不可当作身弱用印断。

上面介绍的是六种选取用神的方法。"旺则抑之，弱则扶之。"这是选取用神的真机要言，绝大多数的人的八字可以用这个办法选取用神，但应灵活掌握运用。若见到八字就用"扶"、"抑"硬套，必然错误百出。

第三节　喜神、忌神和闲神

对于用神，古代命理学说法并不统一。有的把间接起抑扶作用的也看作用神。有的又把用神分为大用神、中用神和小用神。有的喜用并论，不分喜神和用神等。本书则把喜神、用神加以区别，且用神只指八字中最需要之神，亦无大中小之别。除喜神、用神之外还有忌神、闲神。下面就对喜神、忌神和闲神作些简要介绍。

喜神，又叫相神，"辅格助用之神"就是喜神。如果把用神比为君，那么，喜神就相当于辅佐君主的丞相。如以正官为用，逢官看财，以财为引，财就是喜神。若用印护官，印就是喜神，其它依此类推。另外，合去忌神或制化忌神之神亦为喜神，如甲日生人，以酉为官为用，有丁伤官。若八字中有壬合丁，壬就是喜神；若有癸水制丁，癸就是喜神。总之，辅助用神者就是喜神。

忌神，"破格损用之神"就是忌神。显然，忌神是伤害用神之神。如甲日生人以官为用，丁火伤官即是忌神。

忌神在八字中是最令人讨厌的。若忌神根深透出而无制，必为贫夭之命。行运或流年遇到忌神，也会遇到麻烦。当然忌神被制被合，可以逢凶化吉。

闲神。顾名思义，它是用神、喜神、忌神之外的闲散之神。当着闲神不伤体用，不碍喜神时，可以任其闲着。

分析八字时，亦可不问闲神。但斗转星移、干支变化，经常会发生闲神不闲的情况。当岁运损用时，闲神可以制化岁运之凶，闲神就等于与我合为一家；同时，闲神又可以助凶为虐，帮助忌神破坏喜用格局等。总之，闲神具有两面性，可以制凶，亦可以助凶；可以助喜用，亦可以制喜用。助喜用为吉，助忌为凶。

庚寅
戊子
甲寅
丙寅

仲冬之木，印旺生身。三坐禄地，木旺且坚，参天雄健。年干庚金临绝，无克木之力，反为忌神。寒木喜火，恰丙火透出，菁英吐秀，丙火为用。冬火虚弱，喜木来生，木为喜神。戊土能生金，又能止水，故为闲神。水为忌神所生，与金同类（有的书上称为仇神）。据喜用忌闲神的分析可知，木火岁运为佳，金水之地，若有闲神制合，亦可；若忌神无制则凶。

第四节　精、气、神分析举要

日干又叫日主，也叫元神、命主。

日主代表己身，日主的精神如何，决定着人的穷富、贵贱、寿夭、穷通、吉凶等方方面面的人生，所以，分析日主，观其精气、神气是八字的重点，矛盾的主要方面。

那么，怎样分析日主精神？现以例说明。

乾造：　甲申　　　1 甲戌　　　41 戊寅

　　　　癸酉　　　11 乙亥　　　51 己卯

　　　　癸卯　　　21 丙子　　　61 庚辰

　　　　辛酉　　　31 丁丑　　　71 辛巳

第一，要把握日干的基本性质。日干癸水，癸水是阴水，是雨露之水，而且是秋天的雨露，晶莹剔透。"癸水至弱，达于天津；得龙而运，功化斯神。"虽然八字中没有辰龙运化，却有金来生化。透过日干癸水及其八字环境，我们好像看到了这个人的形象和气质：修长的个儿，白净的脸儿，温柔的话儿，流转的神儿……总之，有良好的精神状态，温文而儒雅。

第二，结合月令，看是否得时。"得时为旺，失时为衰。"秋天的癸水，得时得令。假若是壬水，就是汪洋之水了。虽然癸水临旺地，但并不能说癸水是旺水，因为癸水的本质就是至弱之水。也只有仲秋之月，才能彰显癸水雨露的价值。酷夏寒冬，怎容露水的存在？所以，癸水这个人出生得恰到好处，就像秋天的露珠一样闪烁着五彩晶莹的人生光华，当然也就会有自己峥嵘的存在（这是位知名度很高的画家）。假若生于冬夏，那就生不逢时了。

第三，看日干与其他天干的关系。月干癸水为比肩，说明上有长兄，而且关系不错。秋天的露珠争芳斗艳，相互映衬，能与兄弟以及其他朋友和平共处。甲木为伤官，是秀神，又是一颗艺术星，一方面铸就了帅气的个人形象，另一方面，艺术才华会得到充分绽放。辛金是生我之物，"精者，生我之神也"。没有辛金，则精气不足。可见，出生的辛酉时，又是恰到好处。若晚生一个时辰到了壬戌时，壬水淹没了癸水，哪还能出人头地？这位画家似乎从出生那一刻起，就注定了未来的光辉。

第四，看地支构成及其相互关系。日坐卯木为食神，食神为用神，终身之福聚集在卯木上。卯木是艺术星，又是福神星，近在坐下，一生受用。居于妻宫，还是桃花，妻子漂亮而且感情非常融洽。男怕选错行，女怕配错郎，男人找个好媳妇，也是千年修来的福缘。

或有人问：两酉夹冲日支卯，不是应当离婚或对妻子不利吗？否。因为有了癸水通关而解除了冲克。所以，看八字宜活，不能教条死板。再说，癸水是柔和的阴水，不管多么激烈的场面，都能温良恭检的化解，正所谓以柔克刚。

第五，干支合看。申、酉、辛，八个字金占四位，金气过盛。最喜癸水泄金生木，泄其有余而补其不足，达到了新的平衡。由此可以断定，水为用神，木为喜神，金、火为闲神，土为忌神。代表精气的是水，代表神气的是木。再看大运，仍是恰到好处：41岁前，30年的水运，金印受泄，反得金神之福。印为权力，走了近20年的行政道路。41岁后转到东方木运，秀神有力，艺术上大方异彩。60年一路通达，学业、事业，步步为营；婚姻、家庭，和谐美满。70岁后转到南方火地，闲神之地，安闲处之，并无大碍。福禄寿俱全的八字，难得啊。

上述几个步骤，是把分析日干的过程加以分解了。在实际运作过程中，并不能机械的这样照搬照套。熟练地掌握了分析日干的看法、步骤后，也没有必要搞得如此繁琐，这里仅是为了初学者的方便，以理清思路罢了。

分析日干是如此，分析其他干支也是如此。经过详尽分析、反复揣摩，才能得出基本符合其人生实际的结论。

第八章 格局论——八字分类归属法则

格局和大象,是从两个不同的角度立论,进而对八字进行分析推断的方法。大象主要是对八字的气势、意向的分析,根据五行的流转损益以定吉凶。而格局则侧重于十神间相互生克制化,依喜忌神以定灾祥。同时,大象与格局又相互交叉,论格局时也看大象,论大象时又看格局,则相得益彰。当然只用格局或只论大象也能直接操作,甚或有些高手根本不论喜忌,而断命却相当准确,原因就在于能把握八字的大象即气势和意向。反过来,只论格局、喜忌也是可以的。不过,作为八字研究,还是大象、格局并用为好。

对于格局,有些八字研究者特别是有些当代高师,有否定格局的倾向,认为"不管用",根本不用讲格局。这种观点,笔者实在不敢苟同。应该说,掌握了格局,更有利于确定喜忌,且人的贵贱高低,全在于格局。格局理之不清,能成其为高手、大师,实不能恭维。当然,学会分析喜忌,肯定是能够判断命运的。若以此之经验就否定格局,恐为草率。再者,格局是自古以来先贤们对经验的理性升华,是不能轻易否定的。以一己之见就否定前人成果,恐有不妥。作为对命理的研究,笔者主张还是谨慎点好。

笔者不反对创新，若发现前人所未曾发现的东西，绝对是对命理文化的贡献。但笔者却发现有些自我标榜的所谓新理论、新体系、新创造，却原来就是传统命理早已形成的定论，只不过偷换了概念、名称而已。还有所谓"速算法"，好像参加个指导班，几天的功夫就能"百发百中"。有的干脆就叫"速成班"，为招揽学员还信誓旦旦。对于这种做法，笔者实在不敢恭维，大概是受了市场经济的影响吧。

世界上可能有神算，不学自通，生来就会。也可能有仙算，睡了一觉，第二天早晨起床，一切都"明白"了。除得道成仙者外，要学会命理非有十年八年功夫不可，至少也要三年五载。所以，对于格局的分类，先贤观点稍有差异，但并没有本质上的不同。

笔者采用子平分类法即分成正格和偏格。正格有六种，即官、煞、财、印、食神、伤官。有的说是八格，是把财又分成正财、偏财；印分成正印、偏印。偏格依五行之气势而确定，不能以常理相论。如从强、从旺、从财、从官煞、从儿、化气等。禄刃不能成为专格。若为财旺而用禄刃，归入财格；食伤旺而用禄刃，归于食伤格。禄旺喜泄，归入食伤格。刃旺喜官煞，归入官煞格。禄刃旺无克泄，归入从格。

另外，古书对于格局的说法甚多，如六一鼠贵，飞天禄马，井栏叉等，这是一些正格的特例，其看法仍依常理，没有必要搞得这么繁杂。至于联珠、挟拱、暗冲、遥合等，本是一种干支配合的方法，也不能成其为格。

关于杂格。命理学有冲开墓库为杂格的说法，即墓库中藏着财官印，冲出财为杂气财格，冲出官为杂气官格，冲出印为杂气印格。而事实上，大凡财官印透出即可定格，无必要冲开。地支会合，动而得用，亦不必冲。只有既不透干，也不会合，深藏于库内，就不能定为格。若四柱中别无财官，又必须用财官，这种条件下才能用库中财官，且不能冲，冲则散。亦不能合，合则加锁。偶尔有喜冲者，也要看具体情况。

正格取用以月令为主。但用神并不一定必在月令。八字的重心所在即平衡点就是用神。以格局寻用神，或以用神而定格局，随局而变化，必要细细琢磨研读，方能悟而得之。

第一节　正官格

正官为格，有三种基本用法：第一是身强官轻，宜用财生官，财是官的根基。常说逢官看财，就是官以财为引，财官愈旺愈贵。第二是官重身轻，宜用印化官生身，印起一个通关的作用。第三是财印并用，财与印本不能同流，只有财印两不相战的情况下才能并用。并用也并非都可以作用神，而是指都能起到好作用。但还要具体看八字的流向，同为用神，发挥的作用也不相同。若论贵之高低，主要还是看八字配合之清浊纯杂。正官格，用印不如用财显赫，因为我克者为财，是管辖他人。生我者为印，是受别人庇护。两相较，受庇护者不如管辖他人者更有权威。不过，若身弱，反不如受别人保护更为安逸。财印两用者，若清纯，必大贵。

遇伤佩印，混煞取清。伤官重，必用印制伤以护官，这就是遇伤佩印。用印最忌见财，因为财会坏印护伤，官必受伤。有煞混官，去煞为清。去煞办法一是合住七煞，二是克去七煞，都叫混煞取清。

刑冲破害为忌，生之护之为喜。官星透干忌合（被闲神合去）、忌杂（杂煞）、忌重（官多）。官藏于地支忌会合刑冲。凡是用神均不可刑冲。"用之为财不可劫，用之为印不可破，用之为官不可伤。"独以官为用者少，一般要配合使用即用财生之或用印护之。

官得月令之气为上，次者年时。月令官星根气重，福气也大。年月有官星，可以福人一生，早年就得享成功，为晚年奠定了基础。

贵的外在征象是：官与日主同旬同遁；官与日主干支相合或互换得贵等。同旬同遁如丙寅见癸酉，丙日以癸为官，且都在甲子旬中。互换得贵如己丑见甲子，己以子为贵人，甲以丑为贵人。又叫天地合德，天干地支两两相合。

坤造： 癸巳　　**大运：** 3 癸亥
　　　　壬戌　　　　　　13 甲子
　　　　甲寅　　　　　　23 乙丑
　　　　辛未　　　　　　33 丙寅
　　　　　　　　　　　　43 丁卯

杂气正官格，戌中藏戊辛丁。辛为正官，辛金透出就是正官格，辛不透则不可用。日柱甲寅，九月水木进气，金退气，身强能胜财官。喜财生官，但戌未均为干土，脆金而不能生金，孤官无辅，其权必受限。28 岁行丑运，虽丑戌未三刑，仍为人生最得意之时。因为丑藏辛金，官星有力，必能出人头地。33 岁后大运丙寅、丁卯，仕途上并不顺遂。唯癸酉年，官临禄地，才熬到一个科级干部。现为某市纪委科长。

乾造：辛卯　　大运：9 丁酉
　　　戊戌　　　　　19 丙申
　　　戊申　　　　　29 乙未
　　　乙卯　　　　　39 甲午
　　　　　　　　　　49 癸巳

月令戌中辛金透于年干，辛为伤官，并不能确定为伤官格。因为官星透而有力，比劫过旺，当以官制比劫为用，伤官为忌神。由此可以得出这样的结论，岁运合住或克去伤官，或遇财泄伤生官时方能做官。初运西方金地，伤官有力，有志难伸。29 岁入乙未大运，正官主事，开始走上仕途。1983 年癸亥，癸水泄金生木，亥卯半合木局，调到县政府工作。自此一步一层天。1996 年丙子，丙辛合绊伤官，被任命为河北省某县县委书记。2001 年要竞争副厅级干部，并千里迢迢找到笔者问前程，我明确告诉他，不可能达到目的，原因是流年辛巳伤官临事，官星受损。后果未晋升。

第二节　七煞格

官与煞同为克我之物，因为阴阳配合不同，才各主门户，各成格局。其用法大同小异，不应见官而喜之，遇煞而恶之。实际上官亦是煞，煞亦是官。不同的八字组合，其看法稍有不同。如身强官轻，喜用财生官，而身强煞轻亦喜财助煞；身弱官重，宜用印化官，而身弱煞重，亦宜用印化煞。只有日主与官煞煞两停时，其官仍用财生之，而煞却宜用食伤制之。因为日主与官的配合是阴阳相克而有情，日主不畏官来克。而日主与煞是同性无情之克，才宜于制煞。

食神制煞，多有大贵。食神制煞，阴日干和阳日干是有区别的。阴日干不怕煞旺，只须食制之；而阳日干遇食神制煞必有一个前提条件即日主健旺，否则克泄交加，必有灾祸。原因是阴日干与阳日干性情有别。阴主柔，阳主刚。阳日干遇煞必抗之，能胜其克制则福，不胜其克制则祸。凡食神制煞格局，多有大贵，一些大人物常属这种格局。但食神制煞，不宜见财，亦不宜见印。见财则泄食党煞，见印则泄煞制食，用神受伤，格局被破坏。

煞重用印，文武兼备。七煞克身太重，印能起通关作用，无情而有情。倘若煞重用食神，会因身弱而克泄交加。用印就不能见财，见财则破。煞重用印者，多从武，笔者多有所验。

身强煞浅，借煞为权。身强煞浅，煞亦是官，要用财生煞，格局清纯必贵。

制煞太过，终生抑郁。煞表示人的名誉、地位、权势，食伤太多必有志难伸，才能受到压抑。食伤为病，治其病有两味药。一味是用财化食伤而生煞；第二味是用印制食伤以护煞。用财必身强，用印必身弱，故药宜分而用之。

官煞混杂来问我，有可有不可。可混与不可混，依下列情况为参考依据：其一，用财生官不可混煞，混煞则不清纯。用印化官不忌混煞，遇煞有印化之；其二，用食神制煞忌煞重，更忌官混。若煞轻食伤重，宜扶煞，可见官；其三，身煞两停，宜印化煞；身轻煞重，忌见官混，亦忌再见七煞。身强煞轻，喜官来混煞，更喜财生七煞。总起来看，日主旺相可混，日主休囚不可混；官煞轻而用官或用煞可混，官煞重而忌官或忌煞则不可混。

乾造：戊申　　**大运**：5 辛酉

　　　庚申　　　　　15 壬戌

　　　甲子　　　　　25 癸亥

　　　丙寅　　　　　35 甲子

甲木生于七月，七煞明透，七煞格。阳日主，必须身强方能用食制煞。甲禄在时，虽有两申冲寅，因有子水通关有情，日主坐印，身不弱可用食神制煞。但最令人讨厌的是财星，财泄食生煞，成为病点。当财星被合住或克去之时，方是人生转机之日。初运辛酉，官煞混杂，丙辛合，合去用神，清贫如洗。次运壬戌，财星有力，百事无成，唯1986年丙寅，制煞有力，当兵入伍，在部队学了驾驶技术。第三步运癸亥，戊癸合，绊住财星。1994年甲戌，甲木克去财星而生助食神，被安置到县财政局当驾驶员。亥水运毕竟有扑火之嫌，并无大的发展。35岁后甲子运，必有起色。命中有官，无运助亦不能自达。

乾造：庚寅　　**大运**：5 壬午

辛巳　　　　15 癸未
丁巳　　　　25 甲申
癸酉　　　　35 乙酉
　　　　　　45 丙戌
　　　　　　55 丁亥

偏正财双透，众财生煞，煞又自坐财地，巳酉拱合财局，岂非煞旺无制？实则不然。四月火旺，寅巳刑反刑旺了火势。巳酉半合，合而不化，而财星受克。庚辛金均坐于死绝之地而助煞无力。身强煞浅，借煞为权，财煞之地助起七煞方能执掌一定权力。初运壬午、癸未，壬癸虽为官煞却有午未截脚，且行运南方火地，财煞无力，才能难以施展，且家境贫寒。1968年戊申，寅申相冲，冲去忌神，财星临旺，助起七煞，走进军营开始了军旅生涯。1973年癸丑，巳酉丑合化为财，七煞有力，在部队提干。25岁入甲申大运，走甲字泄煞生身，难以得志。1980年庚申，大运入申，巳申两两相合，合去忌神，调到检察院工作，并得到提拔。1992年壬申，大运乙酉，调到某县公安局工作，并提拔为政委至今。1992年为正官主事，身强煞浅，流年正官，助煞为吉。

乾造：己丑　　大运：13 庚午
　　　壬申　　　　　23 己巳
　　　庚辰　　　　　33 戊辰
煞　　丙戌　　　　　43 丁卯
　　　　　　　　　　53 丙寅

庚金生于七月，自坐印地，年上正印明透，身强无疑。秋月之金，最喜火炼，丙火七煞为用。能够支撑七煞的只有火库戌土。惜辰戌冲，煞根受损。幸申辰拱合，在一定程度上可解辰戌之冲。月干壬水自坐长生，又直接克害丙火用神，壬为八字之病，克合壬水者为药。1978年戊午，戊土克制病神壬水，有病得药，午火为丙火旺地，必有升腾（该年考上大学）。33岁始行戊辰大运，病神受制，一帆风顺，在仕途上一步一层天。43岁大运丁卯，丁壬合，合住病神，丙火摆脱了束缚，丙为太阳，必大放异彩。惜大运走卯字，卯戌合，合住了丙火之根，丙火孤立无辅，仕途上必有阻碍（任县级干部时有不少人写上告信）。53岁大运丙寅，丙火遇长生，必会有新的发展。

第三节　财格

财分偏正，可分为正财格和偏财格。不过，正财格和偏财格大致相似，故合为财格。

财为我克之物，用财必须身强。身旺方能任财官。一个人只有精神健旺，体魄健壮，才能享妻妾之奉。若身弱，有财也不能胜任，犹如小人怀璧，反获其罪。

用财逢禄，不贵必富。凡财皆喜见禄，这叫财禄两相随。月令得禄叫建禄，日主坐禄为专禄，时支逢禄为归禄。

财喜根深不宜太露。财藏于地支，不易破劫夺。若透于天干，逢比劫岁运会起争端，"用之为财不可劫"就是这个道理。但财根深厚，露亦无妨。若财旺生官，亦不怕露，因为官星可以制住比劫，犹如银行国库，有官兵把守，谁敢劫夺？

财格之贵局大致有这样几类：一是身强财旺而生官，不见伤官，不混七煞。二是身强无官有食伤生财。若透官则为坏格。三是财旺身弱而佩印。四是比强财弱而用伤官以生财等。

另外，财要与日主有情。如财透干而与日主相合，这叫财来就我。日支为财，又叫日下坐财，都主富裕。

坤造：庚戌　　**大运**：9 己卯　　**流年**：
　　　　庚辰　　　　　　19 戊寅　　　　1994 甲戌
　　　　壬午　　　　　　29 丁丑
　　　　丁未　　　　　　39 丙子

这是一个满身财气的女性。日下坐财，最为亲切。午未合成财局，构成老板气势。财星明透，丁壬合，财来就我，一生中绝不会缺钱花。唯嫌辰戌相冲，七煞相战，与夫不合。未土正官合入夫宫，有多夫之象。1994年甲戌，大运戊寅，寅午戌拱合财局，甲木泄比生财，大获其利，本人经营化妆品，一年盈利几十万。之后数年，已有数百万资产。

乾造：癸卯　　**大运**：12 戊午
　　　　庚申　　　　　　22 丁巳
　　　　庚寅　　　　　　32 丙辰
　　　　庚辰　　　　　　42 乙卯

52 甲寅

月令建禄，年支正财，日坐偏财，寅卯辰会东方木局，当以伤官生财格论。

该八字身强财多，主富。寅中藏丙火，主贵，只须待火旺之时。年干癸水通金木之关，泄比生财，主文才。综合评断：可为官，但职位不会太高。为官当理财，但最终应是企业的老板。从行运来看，36岁前走官煞大运，必混官场（实为某市委员会财务科长）。1994年甲戌，大运巳火，偏财明透，辰戌相冲，冲去辰土忌神主喜庆，寅戌拱合官局，必升官（提升为副科长）。1998年戊寅，大运丙火煞星，戊癸合化官局，财旺生官，祥云紫气环绕，必再次升官（转升正科长）。之后数年，大运辰土，仕途受阻。几次眼看要提升均化为泡影。我告诉他，八字有争夺之象，提官轮不到你的号，务必淡化仕途，可转到"财路"上来，这是命运的安排。

乾造： 戊申　　**大运：** 8乙卯
　　　　甲寅　　　　　　18丙辰
　　　　庚戌　　　　　　28丁巳
　　　　丁丑　　　　　　38戊午
　　　　　　　　　　　　48己未

月令偏财明透，偏财格。

偏财格并不一定偏财就是用神，该八字日主庚金被丁克甲盗，日坐戌土，虽为金之余气，但燥土不能生金。年干戊土本可为用，惜被月干甲木所克。申金本可冲去寅木，但春月木旺，金反受损。幸时支丑土泄火生身，日主之根亦固。

那么，这个人的经济状况如何？可以做这样的概括：一生不缺钱，家中不存钱，外人看来是富翁，实际外强内中空。当然，财源也有根基，缺钱时也容易筹措。

再从大运流年上看，初运乙卯，幼行财运，表明家庭经济状况稍差。但因八字组合较好，也并不十分贫寒。1985年乙丑，丑为用神，又为印星，主文上之喜。该年考上大学。1990年大运走"辰"字，湿土可以生金，工作一帆风顺。特别是1992年壬申，1993年癸酉，必被提拔中用。1995年乙亥，亥为马星，主调动之事。该年离开了公务员岗位而下海经商。28岁走丁巳大运，看起来是正官克身，因为八字组合基础较好，每年都有较好的经济收入。1998年戊寅，身财两旺，发财数百万。但2002年壬午，寅午戌合火局，克身甚重，经营稍有不顺。2004年之后岁运土金，必有奋发。但42岁之后大运走午字，必不吉。特别是2010年庚寅，命岁运三合火局，巳冲克太岁，应防官灾。

第四节　印绶格

印分偏正，但因为同为生我者，故归为一格。

印绶不论偏正，只要身弱而财重，或官煞重，或食伤重，均喜印绶扶身。只要印星有根，都可以作用神，只是不能见财破印，即"用之为印不可破"。若身强印旺，宜用财破印，即"不用之印尽可破"。

印格取贵表现不一。有虽带食伤亦为贵者。食伤被印所克，或食伤、财、官煞、印顺序相生，或食伤与官星远隔等，都不能损伤贵气，甚或有印格而用食伤者。若身强印旺，不见官星，当以食伤泄秀为用。假若印浅身弱而食伤重，必当贫寒之至。有用七煞而贵者。财生煞破印与煞生印是完全不同的格局。财生煞破印在于印太重，必以财破之。煞生印在于印弱而宜煞生之。更有食伤制煞为用者，必是身强煞旺，方能制煞为权。喜制者不宜再行财煞运。制煞太过者，喜财煞，不宜再行食伤运。若身弱煞旺，则食伤不能制煞，制煞则克泄交加，非贫即夭。

乾造：戊申　　大运：2 丁巳
　　　丙辰　　　　　12 戊午
　　　庚午　　　　　22 己未
　　　戊寅　　　　　32 庚申
　　　　　　　　　　42 辛酉

月令辰土，又有戊土透出，格成印绶。

格局虽归属为偏印，但八字的平衡点却在于财星。因为印星太重，又有七煞生助，身强印重，最宜财破印生煞。时支寅木无破，其用在寅。论行运，最喜财运，其次官运。行财运发财，行官运升官。22岁前一路火地，正值求学阶段，学业必佳，一路升腾，从小学到中学，再到大学，桃花开罢杏花开，青年凌云沐春风。一到己未大运，土泄火生金，常有阻滞。走到未运，午未合，绊住官星，亦主不吉。幸未中有火，又为木库，不为大害，遇到好的流年，亦主奋发。32岁走庚申大运，比肩主事，经济上难有大的收获。2004年甲申，三申冲一寅，一是妻子有病，二是个人受伤，三是父亲有凶。这一年多事之秋，祸不单行。

坤造：庚申　　**大运**：10 癸未
　　　　甲申　　　　　　20 壬午
　　　　壬午　　　　　　30 辛巳
　　　　己酉　　　　　　40 庚辰

秋月之水，庚金透出，偏印格。

秋水为昆仑之水，源远流长，永不枯竭。印重身强，印即为病。《滴天髓》云"君赖臣生理最微"，印为病神，自当用财破印，方能保持八字的平衡态。若论行运，食伤为佳，因为食伤有助火之功。其不利的一面是官星受损，不利仕途威权。或有人认为日主旺最好行官煞运。实则行官煞运并不吉利，因为官煞泄弱了午火用神，同时生扶忌神印星。日主壬水虽为有根，但金多水浊，再官煞克之，反不吉利。初运癸未、壬午，印为学业，病神受制，当有学历，但学历达不到本科，因为大运有壬癸水盖头，金虽受火炼，但火力不足，不能炼就完美之器，仅为专科而已。30岁后大运辛巳、庚申，助其病神，必不顺利。

印为母星，年月申金和时支酉金均空，正偏印落入空亡，加之年上偏印明透，当有生母早丧或另嫁的倾向。因印逢月令而旺，母丧的可能性不大，而另嫁的可能性最大。实际为另嫁。

乾造：甲辰　　**大运**：5 丁丑
　　　　丙子　　　　　　15 戊寅
　　　　甲辰　　　　　　25 己卯
　　　　戊辰　　　　　　35 庚辰

甲木生于子月，格成正印。

这个八字分析起来是需要费点功夫的。

一般看八字的人首论日主强弱。强则抑之，衰则扶之。该八字是日主强呢，还是弱呢？冬令水旺，水库有三，子辰合化为水局。但水有归宿，即甲木有消水之功，行运到木地必佳。大雪之后天寒地冻水冷，必赖丙火照暖，木方能受水之生。若无丙火，必成寒凝，终身阻滞。土能克水，水大不是正需土制吗？非也。因为土能泄火，使本来微弱之火更趋于歇灭。土为日主之财，木被耗盗亦不吉。再者三辰一子，子水归库，辰中又有乙木泄水，勿需止水。综上所述，当以甲木为用神，丙为调候神，土为闲神，水为病神，金为忌神。初运丁丑，丁虽有调候之功，但丁火为星火，蜡烛微火，火力不足，调候微弱，无助于大局。丑为冻土，晦火助水，必家境清寒。次运戊寅、己卯，木地用神有力，"水荡骑虎"，学业事业均顺利（大学毕业后分配到银行工作）。35岁后大运庚辰，庚金助水克木，政治上必受压抑（多年的副科级干部，有几次提拔机会均未成）。待辛巳大运，丙辛合化为忌神，将会进一步失去人生光辉，该退位清闲了。

正印为母，身弱印旺，兄弟成行，其同胞8人。

第五节　伤官格

伤官格的人多英华外发，聪明伶俐。但伤官善恶无常，正如一匹烈马，若不能驾驭，则祸患百出。若能为我所用，反主文学艺术技艺等方面的成就。

命书云：伤官见官，祸患百端。执于此一句话是不准确的。伤官有不能见官者，亦有能见官者。《滴天髓》认为"伤官见官果难辨，可见可不见"。那么，什么情况下可见官，什么情况下不可见官呢？若日主旺，伤官亦旺，可用财泄伤，八字中有比劫则可见官，无比劫则不宜见官；若日主弱，伤官旺，用印制伤生身，可见官不可见财，因为见官有印可顺序相生。若日主弱，伤官旺无印绶，可用比劫，忌见官星。若日主旺，无财官，宜用伤官，喜见财伤，忌见官印。若日主旺，比劫多，财星衰弱，伤官轻，可用官，喜见财。总之，伤官能不能见官，要看八字的喜用流向，不能死记教条。一般说来，日主弱者，用比劫帮身，遇官则比劫受克，会为祸百端。若局中有印，见官则官印相生，不但无祸反有福份。伤官用印，八字无财，运行身旺之地能显贵，运行财伤旺乡主破耗贫贱。伤官用财，运行财旺伤旺之地则发福进财，运行印旺比劫旺之地则贫乏耗散。伤官用劫，运行印旺劫旺之地发贵。

伤官只是表示五行生克关系的一个术语，不要认为伤官格局的人不能做官。伤官用官，运行财旺官旺之地必富而且贵。伤官用伤，运行到财乡亦发福发贵。

乾造：甲辰　　大运：8 辛未
　　　庚午　　　　　18 壬申
　　　甲午　　　　　28 癸酉
　　　甲戌　　　　　38 甲戌

48 乙亥

甲木成排，伤官旺而烈。煞星一位，煞亦为官。五月火旺，木从火势，官坐死地，好似从儿格；若从辰土泄火生金来看，又不能相从。究竟是从格呢还是伤官用官？这样的八字最易使人迷惑。须知，在这个八字中，辰土起了举足轻重的作用。一方面息其燥气，五月火旺，午戌半合火局，三木架构而助火之烈。若天干再有丙火或丁火，则火势冲发，只能从火之势。但天干无丙丁，火虽旺而无焰。辰为湿土，晦火有功，燥性得到弱化。另一方面助官有功。辰土能养金，庚金虽坐死地，因有辰土泄火护金，金有克伐之功，以显其威权。再者，辰土为甲木之根，若无辰土，甲木失去根基和承托，犹如水中浮萍。辰土是甲木的立身之本。

由此可以得出结论：伤官用官。惜官星先天力量不足，就决定了为官职位低微，岁运一旦冲破辰土，则孤官无辅，乌纱难保。初运辛未，未为干土，正值求学阶段，并不能生金助官，反有燥金之忧，难于完成学业（1981年辛酉参加工作）。次运壬申，煞临禄地，人生平顺。但先天八字中辰戌遥动，有克妻之象，婚姻不顺（1987年结婚后就闹离婚）。癸酉运亦佳。1992年壬申，1993年癸酉，流年官旺，任厂长职务。1994年甲戌，冲破辰土，被解除了厂长职务。38岁后大运甲戌，突然失魂落魄。特别是2006年丙戌，命岁运构成三戌冲一辰，患重大疾病，差点殒命。

坤造：壬寅　　**大运**：11 丙午
　　　　戊申　　　　　　21 乙巳
　　　　己卯　　　　　　31 甲辰
　　　　癸酉　　　　　　41 癸卯

八字中既有伤官又有食神，当以伤官论。

这个八字最突出的特点就是结构不稳定。年月两柱天克地冲，日时两柱又形成天克地冲。年支寅木为正官，寅申相冲，官见伤官，官星受伤，必然会与第一任丈夫分道扬镳。日坐七煞，可理解为第二任丈夫，卯酉相冲，冲破七煞，没有其他五行调节流转，不会长期维持夫妻关系，没有三婚四嫁是不行的。实际该女已于2000年离婚。2003年癸未，卯未合，合住七煞，没有登记而同居，算是没有名分的事实婚姻。能稳定吗？显然是不行的，命中夫星受伤，不会有稳定的婚配结构。

乾造：壬寅　　**大运**：5 甲寅

癸丑　　　　15 乙卯

癸亥　　　　25 丙辰

壬戌　　　　35 丁巳

　　　　　　45 戊午

　　腊月生人，丑中癸水透出，但不能成格。年支寅木为伤官，时支戌土为正官。究竟是伤官格还是正官格呢？主要看在八字中发挥的功能而确定为用神即格局。

　　八字天干四水，地支有亥水，丑为冻土，亦化为水，水势浩荡。若用戌土止水，犹如畚箕之土挡长江、黄河，水荡土散，不但不能止水，反有激水之凶。唯有寅木可泄水势。"水宕骑虎"，以息其水患。寅木为冻木，耗水的能量虽然不足，仍比没有寅木好。既然水势难于疏导，其人本性必流荡而缺乏约束。聪明反被聪明误，就是这种类型。初运甲寅、乙卯，助用神之力，本人出身富有之家，生活优游快乐，但学习并不十分用功，以致没有较高的学历。25岁后大运转入火地，调候有力，寅木会因暖局而增强耗水功能，水虽旺而有所归，人生较为顺利，工作有起色。丁巳运时，丁壬合化木，合去忌神，事业颇有成就，现已成为资产半亿的企业老板。

　　就这个八字来说并非佳造，由于行运极佳，才创造了人生辉煌。由此可进一步证明，命与运是一个统一体，命虽好，但无佳运配合仍不能远达。命不好，碰到好运程亦能一路顺遂。

第六节　食神格

　　食神和伤官都属泄气之物，但食神气顺而纯，而伤官则气强而杂。伤官有喜印制之者，而食神最喜生财。因用法不同，才将食神与伤官分作两格。若八字中食神太多或食伤并现，当以伤官论之。

　　食神生财，食神即是财根。日主旺者，见食神生财，必为贵格，且多有学历，易在文学艺术方面有卓越成就。若身旺无泄，并非为美。好似人的能量很大，却不能有效地发挥出来，当然就难以取得成就。

　　金水食神主文贵，木火食神多就武。金水伤官宜见官，金水食神同样宜见官。因为金水食伤一般偏冷，火是官星，可起到调候作用。金水旺主聪明多智慧，有调候神，其聪明才智能得到充分释放，学历就高，由本科或研究生入仕途或搞科研就顺理成章了。木火食神往往会火炎土燥，性情急燥，难于沉下心来攻读诗书，而对于具有火药味的武艺却另有独钟，宜于发挥个性，往往能取得成就。当然有印调候亦可以取得学历。

食神制煞，要分日主强弱。日主旺，煞喜食制；日主弱，煞旺食强，克泄甚重，多主贫夭。单以食神为用，有财运则富，无财运则贫。

坤造：癸卯　　**大运**：8 丙寅
　　　　乙丑　　　　　　18 丁卯
　　　　辛酉　　　　　　28 戊辰
　　　　戊子　　　　　　38 己巳

月令丑土藏癸辛己。癸水透出，为食神格。

日主辛金自坐禄地。月令丑土和时干戊土生金，日主以旺论。冬月水旺，食神有力，月干财星逢禄，食神生财，秀气流行，必主贵。但八字病在稍寒，若遇火暖之，方显奋发之迹。初运丙寅，丙为太阳火，丙火照耀，一派生机，其学业顺利，学习成绩尚好。次运丁卯，木火通明，1982 年壬戌，岁运合和，顺利考上中专学校。1986 年丙寅，必然又会光彩闪烁，被提拔为市级公安局副科长。28 岁始行戊辰运，虽不为佳运，亦为平顺。1999 年己卯，由副科转为正科。其后运转南方，必奋发有为。

乾造：戊戌　　**大运**：19 丙寅
　　　　甲子　　　　　　29 丁卯
　　　　辛酉　　　　　　39 戊辰
　　　　庚寅　　　　　　49 己巳
　　　　　　　　　　　　59 庚午

月令子水为食神，食神格。

辛金生于大雪之后，金多又逢印生，一派清寒之象。好在年支戌土藏火暖身又可以止水，一箭双雕。时支寅木又藏丙火，一旦岁运遇火，必会放射光华。

这个八字是要好的朋友来电话为他的朋友预测的，时间为 2003 年农历三月十八日晚上 8 时。现将电话的对话摘要如下：

问：我有个朋友，请您看看八字。出生于 1958 年 12 月初 10 早 4 时。看看这个人的运气。

答：（分析八字后）运气糟糕。

问：糟糕到什么程度？

答：有凶象，很可能要失去自由。

问：能有多长时间？

答：五年。

问：从什么时候到什么时候？

答：从 2001 年起到狗叫的时候，才能看到光明。

问：狗叫是什么意思？

答：今年（2003 年癸未）羊叫，下一年（2004 年甲申）猴闹，再一年（2005 年乙酉）鸡鸣，鸡鸣之后就是狗叫（2006 年丙戌）。

朋友回答：对极了。2001 年因经济问题被审查，去年（2002 年）进了看守所，今年（2003 年）法院判决有期徒刑 4 年。自 2002 年 3 月 31 日起至 2006 年 2 月 28 日止。很冤屈，你看还有没有活动活动再改判的可能。我告诉朋友：再活动也是白费蜡，别再花冤枉钱了。19 岁到 38 岁之间的 20 年不是很辉煌吗？这是天意。早知今天，何不手脚干净一点？话再说回来，若在他辉煌的时候告诉他哪年会坐牢，不揍人才怪呢！

第七节　变格

变格是八字中有一种或两种五行且已形成不可抗拒的气势，只能顺气而行的一种格局。六格是以五行正理论命，而变格重在看其气势。六格论命规律是先看月令是何支，次看天干透出的是何神，再探究气之深浅，司令之物，以确定其真神假神。最后分清浊，取喜用。这种分析依经顺理，符合常规。但是月逢禄刃，一般不言禄刃格，而是根据日主喜忌，另寻别支透出天干为格为用。至于月令墓库，或有人认为墓库中气杂不纯而称之为杂气格，实际并无必要，按五行正理分析即可。

正格之外，有些八字具有特殊性，若以命之正理分析推断往往会得出与命运相左的结论，必用独特的思维分析方式即顺气而行，方能得出正确结论。此类格局主要有：从财、从官煞、从食伤、从势、从强、从旺、从气（参看本书第六章气象论)。日主孤立无气，即使有生扶，而生扶之神被克制，日主没有自我独立的能力，必须从属于他人。若满局财星即从财，满局官星即从官，满局煞星即从煞，满局官煞亦谓之从煞，满局食伤即从食伤，亦谓之从儿。食伤、财、官煞满盘，克我、泄我、盗我之气过盛为从势。日主旺，比劫叠叠，无官煞之制，谓之从旺。其中曲直、润下、从革、炎上、稼穑五格又是从旺中的特例，又称为专旺。日主为金，印绶叠叠，无财破印，无官煞制比劫，二人同心，可顺而不可逆，谓之从强。八字不论财、官、食伤、印绶，先观其是否形成了气势。气势在木火则木火为喜用；气势在金水则金水为喜用，此为从气。

乾造： 癸丑　　**大运：** 10 辛酉

　　　　壬戌　　　　　　20 庚申

　　　　乙巳　　　　　　30 己未

　　　　壬午　　　　　　40 戊午

这个八字是从财格还是财格用印呢？

八字天干三水，两壬水分别自坐于死绝，而癸水坐丑，癸水有根，有一定的生扶能力。岂不知九月之土为燥土，又有巳午烘干，丑戌相刑，丑土有伤，癸水根拔。既使癸水能生乙木，但乙木枯朽无根，不受水生。正如无根之木，即使用水浇灌，亦犹如瞎子点灯。八字财旺，又有食伤生财，必为从财。加之乙木为阴木，书云："阳干从气不从势，阴干从势无情义。"乙木本身就有柔弱易从的特性。不过，印星多而成为病神，乃为假从。从财格其用在财，食伤为喜，壬癸水为病神。行大运前重在看流年。二岁三岁，甲寅、乙卯，日主生根不从，多有灾伤。七岁己未，丑未相冲，未为乙木库根，又有血光。第一步运辛酉，泄木生水，用神弱化，病神得助，凶多吉少。正值学业阶段，赶上考大学的年份，必名落孙山。第二步运庚申，仍有志难伸。唯 1994 年甲戌，戌土用神临位，主喜庆之事，该年考上大专。1998 年戊寅，日主临旺，命岁运正好构成寅巳申三刑，有重大刑伤，差点丧命。2000 年庚辰，正官主事，官印相生，病神有力，必生官害，差点被所在的工作单位除名。30 岁后大运入南方火地，喜用连缀，必升腾发达，前途顺遂。

乾造： 戊辰　　**大运：** 42 丙寅

　　　　辛酉　　　　　　52 丁卯

　　　　甲戌　　　　　　62 戊辰

　　　　己巳　　　　　　72 己巳

这是位大人物的八字。就结果查命理，他为什么做了高官？

八月金旺，木处于死地，辰酉合化金，巳酉半合金局，财官两旺，日主孤立，只能从官。"从得真者只论从，从神又有吉和凶。"格局纯粹而真，这是做高官的先天基础。日主甲木，甲木之性主仁，为官必以仁为本。正官之性正直，为官必清正。财为喜用，善长于抓经济金融等项工作。日主为阳木，多光明正大，坦荡自如。从行运来看，前三步运为忌神运，幼必孤苦。32岁大运乙丑，乙木虽为忌神，但有辛金回克无大碍。先天命好即使平运亦能升腾。正如先贤徐乐吾所言："命如种子，运如开花之时节。命优运劣，如奇葩异卉，而不值花时，仅可培养于温室，而不为世重；若命劣运劣，则弱草轻尘，蹂躏道旁矣。故命优而运劣者，大都安享有余，而不能有为于时。"大运走丑字，巳酉丑合化为官局，大放异彩。之后仕路平坦。大运丙寅、丁卯，亦能奋发有为，只不过晋升稍缓。62岁大运戊辰，财运助官，平步青云，星光熠熠生辉。72岁大运己巳，仍为财运主事，虽退出政坛，仍有余辉相映，心境必较从政时期更为坦然优游，亦必老有作为，名誉愈彰。唯到87岁午运破酉，垂垂老矣，凶多吉少。

坤造： 丁巳　　**大运：** 4 丁未

　　　　丙午　　　　　　14 戊申

　　　　甲寅　　　　　　24 己酉

　　　　丁卯　　　　　　34 庚戌

八字中只有木火两种五行。日主甲木自坐禄地，时上临旺，是用水生扶日主并调候而成既济之功呢，还是火太旺而从食伤？正确的结论总是来源于科学分析。五月火旺，天干丙丁三透，地支巳午成列，天地一片火光，其气势不可阻挡。若见水必激火之烈，其水受伤。寅卯为甲木之根，但寅午半合化火，木从火势，木亦化为火焰。"从儿不管身强弱，只要吾儿又得儿"，日主稍强亦从食伤，只是八字中无财，火无泄处，无生育之德，人生必多阻碍。初运丁未，喜用并临，生活优游，学习亦佳。次运戊申，戊土为喜神，火土相生，流转有情，亦必顺遂。然流年金水接续，必阻前程。加之先天八字中就有缺憾，其间考学难以如愿。走申字，寅申相冲，冲动夫宫，正值婚恋年龄，要想找到如意郎君，恐非易事。24岁后走己酉大运，已进入大龄。好在2003年癸未，大运正财，财为夫之恩星，巳午未合火局，当婚。不过，八字无流转之情，日主甲寅为木虎，清孤之象，恐婚姻多崎岖波折。女人最大的不幸就是婚姻上的不幸。命也，并非个人能力所为。

乾造： 辛亥　　**大运：** 5 戊戌
　　　　己亥　　　　　15 丁酉
　　　　壬子　　　　　25 丙申
　　　　壬子　　　　　35 乙未
　　　　　　　　　　　45 甲午

格成从旺。

立冬后水旺，天干地支一片汪洋，水势浩荡，不可阻挡。年干辛金无根，只能从其水势。"旺之极者不可损，损之有害。"月干己土无力止水反为病神。一旦岁运己土生根，必有凶灾。水主智，人很聪明，但大水主流荡，人必无定性，朝三暮四，举止无常。自视聪明，聪明反被聪明误，不会有高学历。初运戊戌，己土得力，病神逞凶，水土两激，清水变浊，必不思学业，难于管教。7岁丁巳，冲克太岁，卦成反吟，有断胳膊断腿之灾。第二步大运丁酉，走丁字不务正业。行酉运，工作基本顺利。第三步运丙申，丙辛合化水，申子亦化水，轻松自由地发福发财，资产达数百万。望未来，2006年始入南方火地，命运克战，必无好结果。

从旺格一般来说是属于大起大落的类型。气势顺时，一顺百顺，点石成金，不可厄止。一旦逆其气势，凶祸立至，人生降到低点，度日如年。

乾造： 丁亥　　**大运：** 3 壬子
　　　　癸丑　　　　　13 辛亥
　　　　壬子　　　　　23 庚戌
　　　　辛丑　　　　　33 己酉
　　　　　　　　　　　43 戊申
　　　　　　　　　　　53 丁未

小寒之后，一片寒凝。以俗论命有丁火当以调候为先。岂不知丁火被癸水克绝，"寒之至，又以无暖为美"。月令丑土所藏辛金透于天干，金亦有力。八字金水两旺，其气势在于金水，格成从气。或有人确定为从旺或从强格亦可。因为从旺、从强就是日主强旺，而形成了大气势，难以分清楚到底是从强还是从旺。

既为从气，岁运当以气势为重。53岁以前，大运由北方转到西方，顺其气势，扬帆千里。"两岸猿声啼不住，轻舟已过万重山"，发展的气势令人叫绝。在部队当班长、排长、连长、营长，一路绿灯。1980年33岁时就当上了正团长，喝令三军，威武雄壮。转业后仍不失当年之勇，又被任命为大企业老总，举步奥迪、皇冠、雪铁龙，前呼后拥。然53岁丁未大运，助起凶神，火水未济，必一扫当年威风。2001年辛巳，冲克太岁，"反吟伏吟泪淋淋"，因经济问题被"拿下"。2002年壬午，丁火逢禄，忌神肆虐，被开除公职。之后，南方火运，休矣。

第八节　杂格

正格、变格之外的格局姑且称之为杂格。

《滴天髓》认为"正格必兼五行之常理"，"变格必从五行之气势"，概说的极为精当。凡正格，当以五行生克制化进行分析推导。变格当顺应五行之气势进行推断。不过，在"从"与"不从"的区别上还需要练好硬功夫，特别是似从而又不从的格局，须谨慎细致为上。

对于杂格，自古就有争论。张楠著《神峰通考》对杂格论述的较为透彻。不过，仔细研究会发现他对每一种杂格格局都作很多限定条件。若把所有的限定条件都考虑进去，实际就是正格或变格的一种变体或特例。《滴天髓》对于杂格持否定态度，认为"其余外格多端，余务考群书，俱不从五行正理，尽属谬谈"，"一切奇格异局，纳音诸法，尤属不经，不待辨而知其荒唐也"。《子平真诠》把变格也归入杂格一类，并不妥当。而把前人归纳总结出来的正格、变格之外的奇异格局统称为杂格似较为妥贴。

杂格主要有倒冲、刑合、朝阳、井兰、遥合等。先贤徐乐吾认为杂格有一部分是正格变化而来的，如六一鼠贵、六辛朝阳、飞天禄马等；有一部分是纳音神煞配合而成的，如魁罡、日贵、日德等；还有一类是干支配合关系而命名的，如暗冲、遥合、联珠等。笔者并不赞成另立杂格，因为若是由正格变化而来的，当以生克制化而论之。若是神煞纳音变化而来的，自不属于子平命理，而应归于五星算命之法。若是干支配合而来的，更不宜将八字干支配合关系规定为格局。不过，前人沿袭了杂格之说，故略加补释。

倒冲成格。八字中无财官，而冲财官的字多，就能把财官从暗处冲动出来而得到财官。前人多举关圣一造，认为关羽是四戊午，八字午多，子水为财，四午冲暗子，但忌岁运填实。实际上，关羽八字应归入从强格。火土已成气势，只能顺势而行。若遇子水，子午相冲，激火之烈，逆其性情，必有血光之凶。

乾造：戊午　　大运：4 己未
　　　戊午　　　　　14 庚申
　　　戊午　　　　　24 辛酉
　　　甲寅　　　　　34 壬戌

此人巧遇三戊午一甲寅的八字。子水为财，三午暗冲一子，似可归入倒冲格。八字看起来官星有根，岂不知寅午合化为火，甲木虚浮，格成从强。初运己未，顺其气势，少年优游。其后大运庚申、辛酉，虽不为喜用，亦不是忌神，学业事业亦无大结果。1996年丙子，激火之烈，血光破财，差点丧命。幸大运在庚，才保全了性命。流年遇水尚生凶灾，若中年走到癸亥大运，必有大凶之祸。

刑合成格。癸亥、癸卯、癸酉三日生人，时上见甲寅。同时，八字中无官煞，寅巳相刑，巳中戊土为日主癸水之官，这叫刑出官星。这种格局理论非常勉强，不能自圆其说。

朝阳成格。六辛日，戊子时，八字中无官煞才叫六辛朝阳，或叫六阴朝阳。理论是用子克巳火，巳为丙之原神，丙是辛金日主的官星，丙火为用就可以做官。《神峰通考》举例张知县的命造是：戊辰、辛酉、辛酉、戊子。何以能成为七品？是因为土金两旺，格成从旺，又有子水泄秀。用今天的话说，格局甚高，当有较高学历，会走仕途道路。但岁运遇财官反不吉。

井栏成格。庚子、庚申、庚辰三日生人，要申子辰全，用申子辰去暗冲寅午戌。因为寅为财，午为官，戌为印，冲出财官印为吉。其实，这是一种金水伤官格，应根据具体的八字分析其吉凶喜忌。

其他奇异格局尚有拱禄、拱贵、趋乾、归禄、鼠贵、骑龙、日德、日贵、合禄等，不一而足。其实，实际掌握这些格的意义并不大，仅作为一种研讨的参考吧。

第九章 六亲论——家庭结构分析法则

六亲指父母、兄弟、妻子和子女。

六亲是社会关系中最为紧密的层次，与本人血脉相连，预测中必有涉及。其准确率高低是评价一个预测师水平的最主要的指标之一。因此，必须突破这一关。

父母，生养我者也。八字也是以生我者为父母。又有以偏财为父之说，理出于子平，且常有应验。

对父母的推断，一要看星，二要看宫，还要结合大限及社会实际情况，这就是既讲象数，又讲理数。人在青少年时期，依靠父母而生存，断父母就至关紧要。50岁开外了，论父母就远没有论子女更为关切。

祖父母的情况，与父母相较并不特别紧要，以看年柱为主，兼看祖父母星即伤官为祖父，偏印为祖母。

月柱是兄弟宫，准确地说应该是同胞宫。这是封建社会重男轻女思想在命理学中的反映。男命比肩为兄弟，劫财为姐妹；女命则以比肩为姐妹，劫财为兄弟。这种观点没有大的争议，只是在推断兄弟姐妹情况时要灵活运用。

现代社会是以夫妻为核心的单元，那种四世同堂式的家庭并不多见。因此，断夫妻方面的情况就至为关切。本章对夫妻命理多着了些笔墨，以期引起读者深入研读。

对子女的推断要与社会思想意识相适应。以前预测子女主要看子女有无、多寡等，现代预测就要以头胎生男生女、是否有前途、孝顺等为重点。

第一节　夫妻恩爱，让美在生活中荡漾

夫妻是家庭的主体，在家庭中始终占有主导地位，一旦失去夫妻这个重心，其家庭必肢离破碎，这就是一阴一阳之谓道。阴阳合和交媾，成生育之德，家庭才能繁盛和美，生机勃勃。

夫妻姻缘实际是一种先天的缘份。《滴天髓》说"夫妻姻缘宿世来，喜神有意傍天财"。夫妻关系的组合并不是个人的意志决定的。都想找个漂亮贤惠的媳妇或英俊潇洒的丈夫，才子配佳人，可能吗？"愿天下有情人终成眷属"，只是善良人的愿望和期盼。有情还必须有分，有情有分是夫妻。情分天定，不然，怎么能仅从一个人的八字就能知道妻子的美丑贤愚或丈夫的贵贱吉凶的呢？

看夫妻方面的情况，应该分成两个问题来讨论，即由男命看妻子和由女命看丈夫。

一、由丈夫看妻子

从男命看妻子是多角度、多层面的，如妻子的美丑、贤愚，夫妻关系是否和谐美满，能否相互助益，白头到老；妻子是否本分，敬重翁姑；男命是否克妻以致重婚等。因为夫妻关系是人的命运的重要组成部分，从命理上琢磨透彻明白，才能作准确推断。

关于妻星妻宫。财为妻，正财为正妻，偏财为妾，为二房，为二奶，为续室，此说合乎命理。我克者为妻，克就是控制、制约、管束的意思。妻是供我使用之物，正如金钱财宝一样。但完全拘于财即是妻又会陷入教条主义的泥潭。假若八字中根本无财星，且八字五行流转有情，那就没有妻子了吗？显然是不对的。认定以财为妻，理出于正论，绝大多数八字都符合这种规律。但少数八字套用这种

办法又不准确。

那么，如何看妻星？《穷通宝鉴》以喜神为妻，用神为子。《滴天髓》亦云："喜神有意傍天财。"清人徐乐吾在《滴天髓补注》中也认定喜神为妻星。我在实践中一般情况下是以财看妻，兼顾喜用。凡八字中喜神有力有情、不争不妒，既使无财星，亦必得美贤之妻。屡试屡中，勿须置疑。若财星就是喜神就更无任何疑问了。若八字财星满盘，岁运又遇食伤或财星，绝不会成婚，就是天地鸳鸯合也最终难成一家人，等不到比劫岁运，就不会花烛生辉。若八字比劫重叠，见财星无食伤，则财星岁运不但不能成婚，已成婚者也有丧妻之险，必待食伤岁运，泄比劫以生扶财星，缘分即到。

由此可以看出，由喜神看妻子较以财论妻更具科学性、合理性，能经得起实践的考验。至于日支为妻宫，这是比较统一的看法。

关于妻子的美丑、贤愚。家和万事兴，必因有贤美之妻。人人都想得贤美之妻，不知命由天定。依八字评价妻子，就是以财星为中心点，看财星与其他十神的平衡制约关系即财星是否起到喜用神作用。如身强煞浅，财助七煞；官轻伤重，伤官克害官星，财星恰化煞助官；印绶重叠，财星克制印星等。财星在这样的八字中起到了平衡作用，充当了喜用神角色，其妻必贤美，能得到妻子物质上、精神上的帮助，夫妻和美，琴瑟和鸣。假若身轻煞重，本身受煞克制，再有财星党煞；官多用印，财星坏印生官；伤重用印，而财星结成财局等，财在这样的八字中助凶制用，起到了很坏的作用，八字失去平衡，其妻必失贤惠，甚或妒悍无情，因妻招祸或因妻丧身。

除了看财星在八字中的平衡作用外，还要注意冲克合化方面的情况。如日支为财，又是喜用神，日主与财星贴得很近，夫妻关系必佳，且能得到妻子物质财产；财为喜神，日主合财，夫妻如漆似胶。若财与闲神合化为财，更得妻子帮扶。若财与闲神合化为忌神，其妻必不贤，同床异梦必有外情。财为喜神，被冲被克、妻子虽贤美，必有痛失贤妻之忧患。财为忌神，一般来说夫妻不和，常常争闹不休。财为忌神又与闲神合化为财，必南辕北辙，琴瑟难和。

另外，还要看财星的根基。若财星浮泛，露于天干，根基不牢，最喜财库以收藏。若财星深伏于地支，藏于财库，最宜冲开财库或有财星引助为吉。

评价妻子，除了看妻星外，还要看妻宫。妻星是不固定的，而妻宫是固定的。星宫均为喜用，必为上上夫妻。星为喜用，宫为病凶，虽为夫妻，亦有不足。星为忌神，宫为喜用，夫妻虽不和亦能得妻子之助。宫星相较，以星为主，宫辅之。

总之，男命看妻，应以日主喜忌为重，要抓住财星在八字中起的作用以及情势而定妻子的美丑贤愚。

关于克妻之说。克妻就是对妻子的一种伤害。克妻的程度不同就决定了对妻子伤害的轻重差异——有夫妻不和者；有病者、残者、丧者；有克去数妻者等。

看克妻的最主要依据还是十神配置关系。如比劫多，财神轻，无官煞制比劫或无食伤泄比劫而生财；财神重，日主弱，无比劫或有比劫又遇官煞等都主克妻，其结果多是夫妻不和，离婚再娶。官煞旺财星微，无食伤生财，有印绶耗财气，主妻子体弱多病或有不能根除的疾病。劫刃重，财星轻，有食伤又逢枭印，或比劫羊刃克伐财星而无解救，主妻遭横祸凶死。《滴天髓·何知章》对妻子的美丑与贫富之间的差异作了阐述：身旺有印，官星泄气，四柱不见食伤而得财星生官，无食伤则财星亦浅，主妻美而财薄也；身旺无印，官弱逢伤，得财星化伤生官，则财通根，官亦得助，不仅妻美，而且富厚；身旺官弱，食伤重见，财不与官通，家虽富而妻必陋也；身旺无官，食伤有气，财星不与劫连，无印则妻财并美，有印则财旺妻伤。

另外还要看八字间的配合关系。如日时相冲，主伤妻损子；月令羊刃合日支或时支羊刃合日支，主断弦再续；日支合时支化为忌神，主妻多病，破财克妻；日支合时支，月支冲日支，主离婚；妻宫成三合局克身，主离婚；日支正财与邻支相刑，主第一次婚姻失败；干上有妻星，地支人元又合出妻星，主再婚或有二奶；不管妻星在天干还是地支，妻星被闲神合走，主劳燕分飞。财逢墓绝，主妻有病或不贤；日支为日干墓，妻星入墓，主克妻等。

乾造：甲辰　　**大运**：1 丁丑
　　　　丙子　　　　　　11 戊寅
　　　　戊午　　　　　　21 己卯
　　　　甲寅　　　　　　31 庚辰
　　　　　　　　　　　　41 辛巳

由男命看妻子，其妻的优劣吉凶是由男命的命局决定的。所谓"夫妻姻缘宿世来"，就是说夫妻相配有先天的规定性。

1. 找什么样的对象能成夫妻。子为妻星，又为月令，子为四正之一，四正主妻美。子水虽不是用神，但子辰合绊，并未形成子午相冲的态势，也决定了应找到比较漂亮的妻子。

日支妻宫为午火,午火为用神,午又是四正之一,亦主妻美。戊午日为阴阳煞,该日生人主妻美。从各个方面来看,妻当漂亮。长得丑陋就不符合这个八字的命理。

2. 何时成婚。 财在月令,成婚时间不会太早也不会太晚,当在 23～26 岁之间。八字财为病神,金水岁运绝不会成婚。有人说:"岁运碰上财,媳妇自然来。"不能死搬硬套,这是教条主义。火为用神,土为喜神,成婚必在火土岁运。1985 年起始行劫财运,提亲的会接连不断。1986 年丙寅,寅为甲之禄,克身甚重,成婚的可能性不大。1987 年丁卯,卯为桃花,可定婚,仍不能完婚。1988 年戊辰,喜神有力,子辰合住财星,门庭添彩当完婚。另外,寅午半合,妻宫合子星又合子宫,会有子女催婚即先同房后结婚的现象发生。

3. 夫妻关系。 子午相冲,冲妻宫,看似夫妻不和。但子辰合,子水受制不能冲午。从气势上讲,财星气势高涨,日主赖火的生扶,男必怕妻。妻宫午火为用神,亦主能得到妻子的帮助。正印为用神,又入妻宫,婆媳关系必佳。

4. 贤与不贤。 这个八字有个矛盾现象,即子辰合,喜忧各半。所喜者,子辰合而不冲午,用神不伤。所忧者唯一的一个财星被比肩合去,其妻必有外情。子辰合,还能说明这样几个问题,一是辰在年柱,婚前早有了情人。二是辰为比肩,会找年龄大的男朋友;其三,比肩为兄弟,情夫与丈夫是同事、朋友、相识等。

5. 能否白头到老。 八字中子辰合,寅午合,坎离相激,火水未济,已潜存凶象。岁运流转,一旦形成水火对抗的大局必大凶。

乾造: 丁未　　**大运:** 2 庚戌

　　　　辛亥　　　　　12 己酉

　　　　壬午　　　　　22 戊申

　　　　丙午　　　　　32 丁未

日主壬水生于亥月,冬月水旺,又有金生水,似乎身强能任财官,当是个富户。实际不然。月令亥水虽旺,但被土克又临午火炙烤,旺而变弱。辛金自坐病死之地,又被丁火克绝,无力助水。故虽生于水旺之月仍以身弱财多论。由财重身弱可对其妻子推导出如下结论:

1. 怕妻,其妻不孝姑翁。 八字五重火,代表妻子的丁火气势强盛。年支未土为煞,财生煞而克制日主,日主的气势太弱,财对日主形成了高压态势,其夫只能听命于妻子。辛金为印，代表父母，丙丁两火均克制辛金，故婆媳关系不佳。

2. 妻有外情，一事两夫。 1991年辛未，丙辛合、午未合，合住忌神，主喜庆之事，且合动了妻宫，应当成婚。但1992年壬申，丁壬合住正财，申为喜用，亦主成婚。两年相较，还是1992年完婚的可能性最大。但1991年不成婚，也必有同床之事发生。（实为1992年结婚）之后，岁运走西方金地，身弱转为身强，收入颇丰，夫妻和美，如荡春风。但好景不长，1998年戊寅交脱，脱去用神运而临忌神运，寅亥合，合住用神，而为助忌之合，财星气势进一步高涨，可以不顾日主而为所欲为，其年必有情夫。大运转到丁未南方火地，其妻会与情夫继续好下去。等到大运走未字，午未合，合住夫宫，与情夫关系越来越好，而与丈夫如同异路。

3. 妻子形象一般，个子不高。 八字中代表妻星的火太旺，旺者喜泄，但无土泄秀，未为火之余气，起不到泄秀作用，只有戊己丑辰土财能泄秀。金可耗盗火的力量，也可以成为泄秀的补充。但八字无金，故其妻形象仅能一般人才。火旺极则衰，又不能泄秀，个头不会高，超不过1.60米。

乾造：己酉　　大运：3 丙寅

　　　丁卯　　　　　13 乙丑

　　　庚寅　　　　　23 甲子

　　　辛巳　　　　　33 癸亥

这个八字的特点很鲜明，一是财旺身亦强；二是卯酉相冲。身强财旺主富亦主多妻，一个妻子是满足不了个人要求的。卯为正财，被酉金冲破，第一位妻子必不能长久。从年柱看空亡，寅卯逢空，亦主夫妻不能长久。

那么其妻是丧还是离？正财临月令，天干透官制比，当然是离婚了。离婚就有财产分割问题。此八字虽为身强财旺，但两相比较，木的气势强于金的气势，即日主不如财星旺盛，自然要付给女方一定的财产。何时离婚？23岁大运甲子，子运泄金生木，子又刑卯，自1997年始夫妻之间就发生矛盾冲突。2002年壬午，官星有力必判离婚。日主庚寅，纳音松柏木，子为沐浴，松柏木的败地，又为桃花，该男早已准备好了"后续力量"，离婚之日距花烛重辉仅弹指之间。

乾造：甲辰　　大运：6 戊寅

　　　丁丑　　　　　16 己卯

　　　庚午　　　　　26 庚辰

　　　庚辰　　　　　36 辛巳

断其 1990~1991 年其父有难，1994 年有丧妻之痛。一言中的。

八字的突出特点是：庚金双排，丑辰生金，甲木根弱，虽有丁火制金，但丁坐丑土，腊月火休囚，炼金无力。庚甲为无情之克，书云"比劫叠叠克父克妻"，先天已有克父克妻的信息。初运戊寅、己卯，东方财地，家有余庆。1985 年卯运结婚，后喜生贵子。值得注意的是 26 岁走庚辰大运，命与运已构成三庚克甲的危险局面，再遇流年冲战刑克，必大凶。1990 年庚午，命岁运四庚围克甲木，偏财为父，父已在劫难逃，得不治之症，于 1991 年死。应于 1991 年者，三庚一辛克甲木，丑未相冲，冲破父母宫。1994 年甲戌，财星透出，群劫争夺。辰戌相冲，辰中藏正财，辰又能培甲木之根，根基被冲垮，必丧妻。

以上两例均为克妻，但要考究是妻死还是离婚。死与离的八字表现形式是不同的。一般说财星旺相有根多为离，而财星入库或衰病死绝多为丧。

二、从妻子看丈夫

1. 关于夫星和夫宫

官煞为夫或官为夫、煞为情夫等，这种认定是比较一致的。俗语有"嫁鸡随鸡，嫁狗随狗"之说。克我者为官煞为夫，我只能受制于人。但看命绝不能执一，变通为上。若官星太旺，又无比劫助身，印可以泄官生身，印为护我之物，当以印为夫；有比劫无印绶，食伤能制住官星而护我日主，当以食伤为夫；官星太弱，又有伤官，财可以通关，当以财为夫；无财而比劫旺者，仍以食伤为夫；满盘比劫，无印无官，食伤泄秀，当以食伤为夫；满局印绶，无官无伤，财克制印星，当以财为夫；伤官旺，日主弱，印能制伤而扶日主，当以印为夫；日主旺，食伤多，当以财为夫；官星轻，印太重，财能克印生扶官星，当以财为夫。总之，女命靠丈夫而生存，八字用神就是夫星，喜神就是子星。

丈夫的宫位在日支。有人认为月令为婚姻宫，亦对。当论及女命婚姻时，日支与月支应参看。

关于夫妻关系，丈夫的贵贱、性情等情况。

丈夫方面的信息是由女命八字折射出来的。因此，由女命看丈夫是一个难度大而又必须突破的一道难关。假若拿到一个女命八字，看不出夫妻关系、丈夫贵贱等主要信息，肯定是不合格的江湖术士。

那么，究竟怎样看丈夫呢？我归纳出"五依"的方法。

其一，依五行看丈夫。看八字，说到底就是寻找五行的平衡点。八字平衡或基本平衡，夫妻就是最佳组合，夫贵妻荣，反之则劣。假若女命日主不弱，官或煞旺，再有官或煞透到天干，官或煞本身就是用神，代表自身的日主与代表丈夫的官星，是基本平衡的，或官煞星稍强些，其夫必贵。以此理论可以顺推其它。若女命官煞过旺，而有食神制住官煞；或官煞过旺，有印泄官煞转而生扶日主，均主夫贵。若官煞太弱，有财星生官煞，就是助夫之命；官煞太弱，印重，有财克印而生官煞，财又有力，就能帮助丈夫走向成功之路；官煞太弱，比劫多，有财生官，使官增强了克制比劫的力量，就能顺从丈夫，夫妇和美。反过来，如果失去平衡，就难言富贵。若八字官煞太旺，食伤之力不足以制住官煞，或印之力不能泄官煞之气，代表夫星的官煞无所制约，官煞气盛，其夫必自高自大，不从妻言，亦终不能成就大事。若官煞太弱，食伤再旺，财星无力，不能泄食伤而生官煞，官煞软弱无力，其夫亦懦弱无能。女命如此，男命看妻亦同理可推。

其二，依喜用神看丈夫。女命官煞为喜用神，其夫必贵，夫妇融洽，琴瑟和鸣。若官煞为忌神，则夫妻难和，即使八字中没有官煞星，只要喜用神有力、有情，必夫妇和美。如日主旺，有食伤，见财星，八字中无官煞，但八字流转有情，当以食伤为夫星。财星是丈夫的恩星，不见官煞却暗生官煞，亦主夫贵。而岁运遇到官煞反与食伤不和，容易引起夫妻争端。女命八字中官或煞一位为好。官煞混杂，八字不清纯，感情易发生变质。

其三，依刑冲化合看丈夫。八字中有刑冲破害，一般来说是不吉利的，唯有冲去忌神为吉。官煞星被冲克或用神被冲克，于夫不利，难于夫妻齐眉。日支被冲克，主夫多灾多病或早丧。对合化要作具体分析，官星为喜用神被闲神合去，其夫另有所钟，自己会被丈夫冷落、遗弃。若合化为喜用神，当然以吉断。

其四，依坐基看丈夫。夫星坐长生，夫必长寿。若夫星本来就比较弱，又坐于病死墓绝之地，夫必多病而寿短，或夫妻生离死别。

其五，依神煞看丈夫。日支为红鸾天喜星[①]，主夫多情。日支逢空亡，易引起

[①]红鸾天喜，虚拟神煞之一。红鸾、天喜，多主婚恋、喜庆之事。岁运逢之，多有订亲、成婚、添人进口之喜。歌诀：红鸾卯上子年起，逆行数到生年止，对官即是天喜星，运限命逢偏有喜。用年支查月日时三支。在手掌图上卯位起子，逆数到生年，落在何字上，何字即为红鸾星。红鸾相对的官位就是天喜星。如1998年生人，干支为戊寅，卯位起子，逆数寅为丑，丑为寅，若月日时支有丑即为红鸾，有未即为天喜。

婚变。官星坐沐浴，主丈夫风流。"官坐桃花福禄夸"，坐桃花却主得好丈夫。通过日支神煞和夫星神煞可以从一个侧面推断丈夫所具有的某种神煞的特性。

2. 关于克夫之说

女命是否克夫，主要还是看十神之间的关系。如官星微，无财星，日主强，伤官重，必克夫；官星微，无财星，比劫旺，必欺夫；官星微，无财星，日主旺，印绶重，欺夫又克夫；官星弱，印绶多，无财星，必克夫；比劫旺而无官，印旺无财，必克夫；官星旺，印绶轻，必克夫等。

除了辨析十神间关系外，还有其他方面的克夫的信息。如八字只有一位官星，又落入空亡，主中途失偶或终生不婚，也有丈夫终生残疾者；月支正官被临支刑，第一次婚姻失败；天干合来官星，地支藏的人元中再合出官星，主再婚；天干妒合媾合，有争夫夺夫之象；四柱纯阴、纯阳主孤家寡人，清灯自守等。

还要注意八字的气候。女命八字过燥、过冷、过湿、过热等，都主婚姻不顺或有克夫之象。

坤造：乙巳　　**大运**：7 丙戌
　　　　乙酉　　　　　　27 戊子
　　　　癸酉　　　　　　17 丁亥
　　　　癸亥　　　　　　37 己丑
　　　　　　　　　　　　47 庚寅

从女命看丈夫，找什么样的丈夫也是天数。

这个"天数"，就是个人的八字。

该坤造为偏印格，金水旺，宜用财破印。若如此思考就错了。八字中金木水火俱全，似为全象。岂不知乙木无根，自坐死绝，虽乙木双排亦不受水生，即水不能泄秀于木。巳酉半合，又有亥水遥冲，巳火根拔，亦为无用之物。木火皆不可用，八字金水两神成象。其用必在癸水。《滴天髓》云："两气合而成象，象不可破也。"官星反为忌神。由此可对其丈夫作如下推论：

1. 丈夫形象甚好。若以官星为夫论，戊土忌神不现为吉。夫宫坐酉金，酉为四正之一，又是喜神，丈夫必然长得漂亮潇洒。若以用神为夫星来分析，金水两旺，其夫亦佳。

2. 结婚当在亥运。第二步大运丁亥，丁为凶神，水火相战，不会成婚。走亥字，亥水冲去忌神巳火，必喜庆迎门，婚姻甜蜜，事业有闪光点。1987年丁卯、亥卯半合木局，乙木有根，原局本不能泄秀的乙木，因有根发挥了泄秀的作用。子午卯酉是桃花，桃花入命，当有婚恋之庆。1998年戊辰，流年与时柱天地鸳鸯合，必成婚。或有人会问，戊为忌神，辰为自库，都不为吉，为何能在这一年结婚？岂不知辰虽为水库，但水为用神，辰酉合化而助水，用神增力当以吉断。戊土虽为忌神，一方面戊土甚弱，另一方面被癸水合绊，加之大运走亥字，故必婚。

3. 双女争夫之象。该八字两酉两癸两乙木，癸为比肩，都自坐于生旺之地，先天就有两女争夫的信息。1985年乙丑，巳酉丑合局，两酉金，一个在夫宫，一个在月令，都发挥作用，谈恋爱会有左右不定的倾向。1987年丁卯，卯酉相冲，冲月令又冲夫宫，必然会在婚姻问题上有一番争吵。不过，大运亥水，不会发生什么不吉利之事。但一入戊子大运，巳中所藏戊土透出，就如恶虎出林，必受其伤，两癸争合戊土，必因婚姻问题受连累（情妇提出诉讼）。一连五年都会有思想压力。

4. 丈夫贵而花心不退。癸水比肩为用神为夫星，用神旺而有力，主夫贵。但癸水不能生木亦即木不受水生，水旺而无泄，亦暗示才智得不到施展发挥，其夫贵而有限。若以夫星为太极点进行分析，癸水夫星自坐旺地，身强能胜财，癸水双排，又形成争妇之象，亦即别人的妻子，又是自己的情妇。当大运走北方水运时，夫妇尚能相安无事。遇到戊己丑土运，婚姻变质，会因此而引起家庭矛盾。特别是到丑运巳酉丑合金局，金多水浊，还会有一番折腾。不过，八字水旺而无消处，只能是夫妇长期不和，并不会劳燕分飞。

坤造：癸巳　　大运：2 丙辰
　　　乙卯　　　　　12 丁巳
　　　庚辰　　　　　22 戊午
　　　辛巳　　　　　32 己未
　　　　　　　　　　42 庚申

庚金生于卯月，乙木透出，又有癸水生木，财星以旺论。春月金囚，喜有辰土养金，又有辛金助身，日主稍弱。《阴命赋》云："日主旺相夺夫权，月令休囚安本分。"女命身弱为福。火为官星，虽未透于天干，但火处相地，又有旺财生官，其火必熠熠生辉。总起来看，八字木虽旺，火能泄木；金虽弱，有印生扶；水虽少，有辰库蓄水。八字夫星较旺，日主稍弱。命书云："夫星要值健旺，己身须禀中和。"其妇必得贵夫。虽然该坤造日主魁罡，个性甚强，夫妇不免口角，但

总起来看，不失和美之家。（丈夫为一知名画家）

三、关于淫贱之说

现在流传一句顺口溜：男人有钱就变坏，女人一坏就有钱。坏是淫贱的代名词。

淫贱，自古有之。只要地球上存在男女，就会有这种丑恶现象。不过，不同的时代，其表现形式不完全相同。旧社会的中国，政治腐败，妓女院成了达官贵人寻欢作乐的场所。新中国成立后，这种丑恶现象受到严厉打击，根绝了这种行业的存在，淫贱私通仅属于个别。改革开放后，淫贱之风悄然兴起，由秘密到公开，由个别到普遍，而且，年龄趋向于低龄化。这种社会毒瘤，严重地污染了社会风气。从命理来说，同是属于淫贱的八字，在一种政治清明，民风纯朴的气候下，只能是一种隐蔽的、偷偷摸摸的行为。而在世风日下，淫贱猖獗的氛围中，就会肆无忌惮，淫威发作，无所顾忌。看来，要正本清源，返朴归真，扫"黄"打"非"是一项长期而艰巨的任务。

从八字看人是否存在淫贱倾向，是有其信息标记的，现将几种明显标记归纳如下：

1. 命带桃花主风流

凡命中带桃花的人一般来说都长得比较漂亮，这是优点。但命带桃花的人性欲强，贞操观念弱又是缺点。桃花又分内外，年月上叫内桃花，而子午卯酉日生人，时上再见子午卯酉都称做外桃花。还有滚浪桃花、遍野桃花之说。听听这名字，就知道非常放荡了。如日柱为丙子，时柱为辛卯，丙辛相合，子卯相刑。丙辛合为无情之合，主貌美多淫；子卯相刑为无礼之刑，亦主不守礼节。八字中子午卯酉全，桃花遍野，还不是任人采择？"子午逢卯酉，必定随人走"，是说子午日生人，岁运再见卯或酉，女性有随人私奔的倾向。《三命通会》说："桃花沐浴不堪闻，叔伯姑姨合共婚，日月时若三犯此，岂知无义乱人伦。"

2. 命带红艳主多情

《星平会海》上有首歌诀：多情多欲少人知，六丙逢寅辛见鸡，癸临申上丁见未，眉开眼笑乐嘻嘻，甲乙见午庚见戌，世间只是众人妻，戊己怕辰壬怕子，禄马相逢作路妓。任是宦官宰相女，花前月下亦逾期。从歌诀可以看出，凡八字有红艳煞的人，色情倾向也是很严重的。

3. 八专九丑，醉歌秦楼

八专为淫欲煞。甲寅、乙卯、己未、丁未、庚申、辛酉、戊戌、癸丑为八专。主要从日时上查八专。《壶中子》说"老醉秦楼十二，只缘重犯八专。"若八字中有两个以上淫欲煞，说明极为淫荡。凡日柱为淫欲煞者，主有不正之妻；时柱为淫欲煞者，主有不正之子。壬子、壬午、戊子、戊午、己酉、己卯、乙酉、乙卯、辛卯为九丑。九丑又叫九鬼妨害煞，主要倾向是夫妻不睦，不利六亲。因九丑为四正之日时，多带九丑亦多色情倾向。

4. 八字多合，易受迷惑

凡八字中有两组以上合，其人必人缘关系好。但缺点是耳根子软，没有坚定的意志，易受他人迷惑，经不起他人挑逗。女性若有煞旺官轻，或金水多，或伤官气盛，必被迷惑而走向失身的道路，甚或落入风尘。女性若生于申子辰亥月，再逢多合，或伤官气盛，或煞旺官轻，易成为娼妓。金水旺的人多风流，因为水为肾，金为水之源头，肾功能强的人，性要求高，这是一种生理现象。煞旺官轻的人多风流，因为女性官为正夫，煞为偏夫，正夫不如偏夫强旺，必然身侍多夫。伤官气盛的人多风流。因为女命伤官直接克制住官星，就可以不顾丈夫的存在而随心所欲。

5. 日坐伤官沐浴多风情

甲子、乙巳、庚午、辛亥、甲午、庚子、癸亥，这七日生人均主风流好色。

6. 根据六神推断淫邪

清人任铁樵对于推断女命的淫邪有精辟的论述，准确率极高，现摘录如下：

日主旺，官星微，日主足以"敌"之者；

日主旺，官星微，伤食重，日主足以"欺"之者；

日主旺，官星弱，官与日主合而化之者；

日主旺，无财星，官星轻，食伤重，官星无依靠者；

日主旺，官无根，日主合财而去之者；

日主弱，食伤重，印绶轻者；

食伤当令，财官失势者；

有官星，无财星，比劫又生助食伤者。

满局伤官无财者；

满局官星无印者；

满局比劫无食伤者；

满局印绶无食伤者。

坤造： 丙寅　　**大运：** 6 癸巳

　　　　甲午　　　　　　16 壬辰

　　　　庚子　　　　　　26 辛卯

　　　　壬午　　　　　　36 庚寅

该女 2000 年庚辰，虽在豆蔻年华，已随人私奔。命理依据为：

1. 庚子日为风流好色的七日之一，月时支午为沐浴，沐浴含有喜新厌旧、风流花俏的倾向。她厌倦了呆板、枯燥、乏味的学校生活，要到大千世界去闯荡，去享受灯红酒绿的新生活，她终于出走了。《沐浴歌》："沐浴凶神切忌之，多成多败少人知，女命逢之定别离，破败两三家不足。"可见，她离家出走是命理使然。

2. 煞透官藏，子午相冲，冲动夫宫，她能安静地呆在学校、家中吗？七煞早透，偏夫克制日主，食神救之无功，已挡不住男孩的诱惑，又是一种命理必然。

3. 庚辰年，子辰半合化伤，合住夫宫。庚金助身，合伙出逃。星斗移转，该发生的事终于发生了。

乾造： 壬寅　　**大运：** 4 庚戌

　　　　己酉　　　　　　14 辛亥

　　　　丁卯　　　　　　24 壬子

　　　　丙午　　　　　　34 癸丑

该男风流成性，不爱家花爱野花。命理依据为：

八字四正占其三，遍野桃花，生性风流、淫乱。

24 岁起始行壬子大运，子午卯酉，四正汇集，已开始了玩弄女性的秦楼生涯。

酉卯相冲，冲动妻宫，妻宫卯木为忌神，夫妻关系难言和谐。

这是一位国家干部，我一针见血地揭露其谜底。他问我是否会影响前途。我告知，2002 年已有色难，若不检点，甚至会因此而引起生命之忧，万望自我珍重。

坤造： 庚戌　　**大运：** 5 戊寅

　　　　己卯　　　　　　15 丁丑

　　　　庚子　　　　　　25 丙子

丙戌　　　　35 乙亥

该女长期与情夫厮混。

1. 日坐伤官，主风流。

2. 子卯相刑为无礼之刑，不守本份。

3. 煞透官藏，官星入墓，卯戌合化为夫星，有多夫之象。

1994年甲戌成婚。25岁大运丙子，七煞明透，子水为桃花，有了情夫。

坤造：庚申　　**大运**：4 戊子

　　　　己丑　　　　14 丁亥

　　　　乙未　　　　24 丙戌

　　　　庚辰　　　　34 乙酉

粗观八字，很难说是个漂亮女子。掌握了命理真髓，必以美女相断。

其一，乙木的本质属性就是秀木，刘伯温认为"乙木者，春如桃李，夏如禾稼，秋如桐桂，冬如奇葩"，正是一位冬天的奇葩。

其二，乙庚合化，化出玲珑剔透之金。《王照定真经》云："乙庚同会，女子娉婷。"乙庚合化不同于其它合化，合化成功者，其形象、气质不同凡响。

其三，地支丑未辰，既是墓库，又是冠带。《神峰通考》认为"冠带壬逢，定有风声之丑"。名誉丑而人不丑，或者说因人美而带来不好名声。

美女与淫贱并不一定有必然联系。但这位美女，就有点勾人心髓了。断其自1998年以后，每年都有新欢。1998年走亥水运，亥水生乙木，乙庚化之不真或认为是从之不真（这个八字可以合化论，也可以从财官论），从而不从，不会找到真正的丈夫。1998年戊寅，岁与运合，岁与命冲，虽有男朋友，但驿马冲合，用情不专。1999年己卯，亥卯未三合局，亥为红鸾，红鸾入命，又合住夫宫，必有动情之事。但合成忌神，必不钟情。2000年庚辰，用神临岁，会找到一份如意的工作（银行职员，因其美貌而被老板安排在办公室负责接待工作）。2002年壬午，午未合，流年合夫宫，午为桃花，必定红颜出墙。2003年癸未感应夫宫，应论及婚事，但也是一场虚花。第二步大运丙戌，伤官主事，忌神运不会找到如意郎君，更趋于放荡、淫贱。

坤造：庚戌　　**大运**：9 己卯

　　　　庚辰　　　　19 戊寅

　　　　壬午　　　　29 丁丑

　　　　丁未　　　　　39 丙子

　　这位女士于 1986 年上高中的阶段，已有很要好的男生。当然，由于年龄尚小，仅是一种朦朦胧胧的初恋。1989 年有了新的恋爱对象。1990 年又有人追求，但都不能成为她的先生。或许，她已经做出了自己不应该做的奉献。1994 年她穿上了婚纱，展示着幸福的开端。1998 年经济的纽带把她与另一男士连在一起。丈夫已经发现了一些蛛丝马迹，有备受约束之象。她不是那种忍气吞声、忍辱负重的女性。因此，矛盾会愈演愈烈。即便如此，还是走着自己的路，1999 年又遇到新朋友……

　　命理： 八字的特殊之处在于两合一冲。丁壬合为淫匿之合，壬为天后，天后为淫女，丁是阴火，主女人。这种合有色情倾向。午未合，年干庚金和庚戌纳音钗钏金都是沐浴在午。未为正官，官与沐浴作合，必有未婚先破身，喜新厌旧的诱导。戌辰冲，戌为河魁，辰为天罡，主斗讼，不屈从于丈夫的压制。

　　另外，女怕合多，合多就是异性朋友多。初运己卯，卯为桃花，卯戌合，桃花入命，虽然年龄尚小，亦会与异性相亲相爱。次运戊寅，戊为七煞，经不住男子的诱惑挑斗，必有失节之事。寅运正构成寅午戌三合局，合住夫宫，必婚。1998 年戊寅，流年七煞主事，婚外恋又是一种必然。1999 年己卯，卯与命中戌合，桃花入命，大运丁丑，两丁争合日主壬水，走马灯似地不断变换"把式"，难怪夫主对其严加约束。不过，命中注定的故事还会演绎下去。

四、关于再婚再嫁

　　男命再婚，大体有两种情况，一种是妻丧后续弦或离婚后另找配偶，这在命理上叫克妻；另一种就是一夫双妻或多妻。

1. 克妻

　　克妻在八字中有多种多样的表现。主要为：

　　八字日时相冲，中年伤妻损子。因为日支为妻宫，时支为子女宫。两相冲激，必伤妻子。若再带三刑、自刑，则损伤更重；

　　比劫重叠，再透天干，几度花烛重辉。因为比劫太多就克夺妻星，比劫再透出天干，没有食伤泄比生财，就主克妻，再次婚姻。

　　月支羊刃与日支合，时支羊刃与日支合，琴断再续。因为羊刃就是比劫，羊刃合妻宫，主克丧妻子再娶妻。

日时支合化为忌神，主妻多病，克妻。因为忌神在妻宫于妻不利。

日支合时支，月支又冲日支，离婚之兆。八字中冲合妻室，对妻不利。

妻宫与他支三合成局，又来克日主，自身受克过甚，有妻亦难留。

日支正财被临支所制，离婚再娶。日支为正财，本为夫妻齐眉之象，但财星被刑伤，会有第二次婚姻。

财星轻又被劫，丧妻再续。因为财星轻怕比劫克害，岁运再助比劫，必丧妻。

日支为自身之墓，而财星入日墓；或财星藏于命局墓中，均主克妻。任何十神衰而入墓，均为不吉之象。

2. 双妻或多妻

双妻或多妻，主要表现为日主强、财星旺。身强能胜财，才会多妻。若日主衰弱，一个妻子都难以控制，哪还会多妻？现在有一些个体企业老板包二奶，大多为身强财旺的命理类型。也有身弱财旺包二奶的，是因为大运流年印比助身，大运一过，包二奶就会化为泡影。不过，这种类型的人包二奶常会因女人惹出麻烦。即便是助身之运，也常因为包二奶，或破财，或搅得家宅不宁，或受刑伤，甚至遭来杀身之祸。

女命再婚，主要是夫宫夫星受损伤，主要表现为：

八字中唯一的官星落入空亡，有两种可能性：一是中年失偶，二是终身不嫁。若空亡又临贵人，丈夫不死也残疾。

伤官旺，又没有财星化解伤官而生官，官星直接受克，主克夫再嫁。

八字有官有煞，其中官星落入空亡，煞为偏夫或为后夫，主离婚再嫁或夫亡再嫁。

月支是正官，被临支所刑，月支为婚姻宫，主第一次婚姻失败。

八字中有两戊一癸，主再婚，这是明显的直观征兆。

八字中纯阴或纯阳，主孤寡，女命再婚亦不能久长。因为纯阴不生，纯阳不长，阴阳失调。

夫星临墓、绝、伤官之乡，主重婚再嫁。

天干上有官星或天干合来官星，地支又合出官星或地支所藏的人元中又合出官星，主二次以上的婚姻。

正官不透而透出七煞、伤官，正官受伤，七煞气盛，再加上日支逢刑冲化合，夫宫和夫星均受损伤，必为两次婚姻。

天干和地支先出现正官，后出现七煞，日支再受刑冲化合，必为两次婚姻。

伤官透而旺，夫宫受刑冲化合，必主两次婚姻。

八字中官星被刑冲破损太重，或八字无官星而干支多合，或官星多现而均被克伤，均主三婚四嫁。

坤造： 比　壬寅　　**大运：** 7 戊申　　**流年：**
　　　　官　己酉　　　　　17 丁未　　　1999 己卯
　　　　　　壬申　　　　　27 丙午　　　2001 辛巳
　　　　印　辛亥　　　　　37 乙巳

该女身强印旺，官星虽居月干但虚浮无根，其力微弱。微弱之官一方面要付出气力克制比劫，另一方面又有辛金盗泄，实在难以忍受妻子的气焰。到丙午大运，火土相生，财生官旺，官星气势增强，离妻而去，于1999己卯年离婚。现正与另一对象来往。我告诉她，今年（2001年辛巳）还难以成婚，需要耐心等待。

坤造： 壬寅　　**大运：** 1 丁未
　　　　　戊申　　　　　11 丙午
　　　　　己卯　　　　　21 乙巳
　　　　　癸酉　　　　　31 甲辰
　　　　　　　　　　　　41 癸卯

这个八字非常鲜明的特点就是年柱与月柱，日柱与时柱分别天克地冲。

女命官为夫星，年支寅木官星被月令申金冲破，生木之壬水被戊土所克，其夫被抛弃，必离婚再嫁。日坐煞星可视为第二夫，卯酉相冲，宫和星同时被冲，必再次离婚。看来，不三婚四嫁是不能解决问题的。

那么，何时婚，何时离呢？1984年甲子，官来合我，子卯相刑，日柱与流年天合地刑，当婚。婚后逢"巳"运，巳申合，合住申金不克官星，夫妇相随，尚能维持这个家。31岁大运甲辰，虽甲己相合，但甲木为忌神，克合日主。地支金木相战，必矛盾丛生，不得安宁。1998年戊寅，1999年己卯，岁命冲战，不会有平安日子。2000年庚辰，寅卯辰会成东方官局，庚为伤官，伤官见官，当离。2003年癸未，日主有力，必有花烛重辉之喜。不过，此次婚姻并不是一生的最后一次，还会演绎出新的故事。

屡婚屡败，是人生命运的外在表现形式，其内因是：

1. 寅申相冲，既冲动官星，又是冲动驿马。心猿意马，不会把全部感情凝聚在一个男人身上。

2. 卯酉冲，既冲财星，又冲夫宫，且日支逢空亡。"子午逢卯酉，万人可夫"，会追求新的刺激，新的花样。

3. 根据《玉照定真经》论命，戊壬癸为色情诱导，戊为老夫，癸为少妇，戊癸为无情之合。壬为天后，天后为淫女。癸为玄武，主偷窃暧昧之事。卯酉为门户。盗贼逢淫女，门户不正，必有阴私之事。

天耶？命耶？

坤造：乙卯　　大运：9 己丑

　　　戊子　　　　　19 庚寅

　　　辛卯　　　　　29 辛卯

　　　辛卯　　　　　39 壬辰

该女的婚姻状况可作如下推断：

1994年就开始谈恋爱了，她把最值得宝贵的东西献给了白马王子，当在1998或1999年成婚。婚后会发现丈夫并不是意中人，会对她有很多限制，甚至有时施暴，特别是2002年以后更甚。她不是很检点，今年（2003年）既有夫妇矛盾，也会有另一男友的关爱。男友不是属马的就是属羊的，而且喜欢与"大男"交朋友。

作上述推断的命理依据：三卯刑一子，水木都不是喜用神，无礼之刑就表现出来了，必然会做出越轨之事，未婚先破身就成为必然。财星明透坏印，用神受伤，夫必施暴，此为其一。其二是日主弱喜印比，比肩坐于死绝，无力帮扶日主。正印为喜用，印为父母，必然喜欢找一个相当于父母年龄的人作男朋友。且今年（2003年）癸未，午未合，其男友不是属马就是属羊。其三是八字阴浊，喜用无力，辛为太阴，主暗昧。己卯为六合，主私情。戊为老男，子为玄武，辛卯为阴差阳错，都是婚姻不顺的标志。

坤造：壬子　　大运：9 癸卯　　流年：

　　　甲辰　　　　　19 壬寅　　　2000 庚辰

　　　癸巳　　　　　29 辛丑　　　2001 辛巳

　　　丁巳　　　　　39 庚子

"丈夫对你很好。不过，你还是离婚了。或许你丈夫的错，或许是你的错。你丈夫错在找了情妇，你错在过于刚强。"我如是说。

癸水生于辰月，水并不旺，且癸水有至弱之性，其人性当柔美。岂不知，月令为水库，年柱壬子，子辰合而化水，"癸水并非雨露么，根通亥子即江河。"雨露之水变成江河之水，至弱之性化成桀骜不驯的江河。甲木伤官，有伤官之人爱管丈夫。火是官的恩星，辰土晦火，又消减了丈夫的气势。或者说，丈夫受制甚重，不能满足丈夫的某些需求，岂不是癸水之错！辰为正官，代表夫星。夫星与子水合化，与忌神合又化出忌神，化神是日主的同性之物，丈夫岂不是被别的女性吸引跑了吗？按其规律，男性多爱野花少爱家花。而日柱癸巳，巳为天乙贵人，其丈夫爱妻子也在命理之中。2000年之前，大运壬寅，伤官之力倍增，伤官为喜神，自然家庭和睦，丈夫百依百顺，能体贴妻子。2000年庚辰，癸水见库，"身旺入库必兴灾"，子辰合，必是因男女私情之事引来的祸端。之后，大运辛丑，偏印主事，其女必清寒孤傲。"枯滕、老树、昏鸦、古道、西风、瘦马"，正是该女生活的写照。

附记：2000年，该女发现丈夫另有所钟，气昏了头脑。2001年离婚。清灯自守，思想压力甚重。

五、关于结婚时间

青年人常常测婚姻，问什么时间能结婚。大龄青年更是为婚姻烦恼，他（她）们更关心结婚时间。即便是一些结婚多年的中年人，甚或老年人，若能准确地说出他们的结婚时间，也会让他们大吃一惊。

断结婚时间，应分两步走。第一步，应分析是早婚还是晚婚，大约在什么年龄能结婚。第二步，再结合岁运断具体结婚的年限。

人的婚姻早晚是有标志的，其主要标志是：配偶星早现主早婚，配偶星晚现主晚婚。具体说就是男命正财，女命正官在年柱、或月柱，不被刑冲化合主早婚。男命正财，女命正官在日支，婚姻早晚适中，既不太早，也不会太晚。男命正财，女命正官在时柱，而年月日又无配偶星，主晚婚。除此之外，再参照下列短语进行综合评定。

命中天干有五合者，早婚之兆；

岁运男命财星，女命官星出现过晚者，主晚婚；

日支逢冲或逢合或落空亡者，主晚婚；

男命日支为比劫，女命日支为伤官，都不是喜用神者，主晚婚；

男命比劫多而且旺，财星少或无；或者财星多而且旺，比劫少或无，主晚婚；

女命伤官多而且旺，官星少或无；或者官星多而且旺，食伤少或无，主晚婚；

男命八字无财星，女命八字无官星，晚婚之兆。

确定婚姻的早晚，先观其大象，有个大体的概数。之后再根据岁运确定具体的婚期。

那么，怎样确定具体婚姻时间呢？应掌握下列基本规律：

夫妻星出现在大运上，若流年为喜用神或流年亦为夫妻星，该年为结婚之年。反之，流年为忌神或大运不现夫妻星，一般不会成婚。

岁运干支与日支会、合即为婚姻期；尤其是男会合成财局，女会合成官局，定婚无疑。

岁或运与四柱中任何一柱天合地合都叫天地鸳鸯合，定会成婚或成为事实婚姻。

男命岁运干支合八字中财星，女命岁运干支合八字中官星，为婚姻之期。

日主弱，八字中财官气势强旺，以比劫为喜用神，再行比劫岁运；或岁运又与比劫干支合，当为婚姻之期。

男命正财逢沐浴，女命正官临沐浴，都是婚姻之兆，至少会进入恋爱期。

流年逢喜用神，再加上出现夫妻星，一般说都可成婚。

坤造：　乙酉　　大运：4 壬午　　流年：20 癸卯
　　　官　辛巳　　　　　14 癸未　　　　　21 甲辰
　　　　　甲午　　　　　24 甲申　　　　　22 乙巳
　　　　　　　　　　　　34 乙酉　　　　　23 丙午
　　　　　　　　　　　　　　　　　　　　　24 丁未

该女命不知生时，月干官星明透，年支酉金为官之禄，巳酉合金助官，官星早透主早婚，时间当在 20 岁左右，且"官星明朗夫峥嵘"，丈夫必才能出众。确定了婚姻早晚及大体的年龄段后，再看具体结婚年份。14 岁后行癸未大运，18 岁后走"未"字，与八字中巳午正好会成巳午未火局，夫宫被合，18 至 22 岁间必婚。其间的流年为癸卯、甲辰、乙巳、丙午、丁未。该八字官星和伤官均旺，当以比劫为喜用。1963 年癸卯，1964 年甲辰，1965 年乙巳，这三年都有成婚的可能性。再细推敲，癸卯年虽癸水生木，但卯酉逢冲，冲太岁，会有谈恋爱的动因，不会结婚。1965年乙巳，虽乙木为喜用，可以结婚，但巳为食伤泄气，巳酉合官克身，也不会成婚。唯有1964年甲辰，甲木明朗，辰为湿土，可以晦火，应断该年结婚。该女于1964年甲辰结婚，后生一子一女。

乾造：甲寅　　大运：10 甲戌
　　　癸酉　　　　　20 乙亥
　　　甲寅　　　　　30 丙子
　　　己巳　　　　　40 丁丑

该男甲木雄壮，月干正印又生木，正财为妻星在时干。财星晚现主晚婚。比劫多而强旺，财星衰弱亦主晚婚。成婚时间当在30岁左右。观其行运，20岁始行乙亥，正是适婚的年龄，但乙亥为木水，均为忌神，结婚的可能性不大。到30岁始行丙子大运，丙为食神，可泄身生财，当论婚姻。再从流年看，30岁甲申，甲木来合命中己土财星，申金冲动妻宫，天合地冲，当是婚姻之期限。

该男已27岁（指2001年），属于大龄青年了，常为婚姻而苦恼，谈了数不清的对象，高不成，低不就，父母亦为之焦虑不安。我告诉他2004年甲申才是结婚之期，应耐心等待，有情人到时会成眷属。

乾造：丙午　　大运：1 辛丑　　流年：26 辛未
　　　庚子　　　　　11 壬寅　　　　　27 壬申
　　　庚子　　　　　21 癸卯　　　　　28 癸酉
　　　丁亥　　　　　31 甲辰　　　　　29 甲戌
　　　　　　　　　　　　　　　　　　　30 乙亥

八字无妻星，亦属于晚婚之兆。在什么时间能结婚，主要就应该依据岁运了。21岁始行癸卯大运，"癸"字为忌神，不会结婚。26岁到"卯"字，卯为正财妻星出现，当在26～30岁间成婚。那么具体成婚在哪年？行卯木大运时，流年依次为辛未、壬申、癸酉、甲戌、乙亥。辛未年正好命岁运合成亥卯未木局，财为喜用神，有很强的成婚诱导力，接下来的壬申、癸酉均为忌神。甲戌、乙亥年虽财星明透，其财之气势远不如辛未年合局有力，应断其成婚在1991年。该男反馈，是1991年结婚的。

六、关于外遇

乾造：甲辰　　大运：9 己巳

戊辰	19 庚午
戊子	29 辛未
甲寅	39 壬申

对这个八字是这样描述的：

1992年，一个女性投入了他的怀抱。她个子稍高有1.64~1.66米，形象好，偷情四五年。1997年有被妻子发现的可能性。自此，妻子时时对他有管束和制约。虽有要好的女朋友，但不会与妻子离婚。周围的女性多，一生中都离不开要好的女人。

命理：八字四土，身强能胜财。子辰半合财局，辰为财库，库中藏了不少俊俏女子，能不金屋藏娇？初运己巳、庚午，南方火运。日主强不喜见火，工作不顺心，难得领导重用，人前抬不起头来。此阶段本人不会有非份之想，也不会引起女人们的注意。1992年壬申，申子辰合水局，合入妻宫，又合出妻星，必有意中人。之后大运走"辛"字，辛为伤官泄秀，一展才华。此时的妻子认为丈夫一心扑在工作上，决不会怀疑丈夫的作为。到了1997年丁丑年，岁运相战，比劫争财，妻子会发现其蛛丝马迹。大运"未"为官库，会增加对丈夫的管束力度。39岁入壬申运，偏财明透有力，还会有要好的异性朋友，对妻子只能怕而避之，日坐正财，绝不会离婚。

乾造：癸卯　　**大运**：5 癸亥
　　　　甲子　　　　　　15 壬戌
　　　　己亥　　　　　　25 辛酉
　　　　丙寅　　　　　　35 庚申

这是个身弱财旺的八字。

身弱财旺的人，好拈花惹草，常因女人惹出麻烦。断其1984年谈恋爱，1986年结婚。1988年有外遇，造成坏影响。1992年会因女人问题出是非，无端留下多年的烦恼。

命理：冬月水旺，喜有火暖局，八字构成连续相生即水生木，木生火，火生土的格局。其中丙火在这个相生的链条上起了至关重要的作用。若没有火，冻水不能生木。即使能生木，木克身更重，反不吉。有了丙火，一是能暖局，阳光普照，生机盎然。二是泄木生土，引通性情。

初运癸亥，用神丙火临死绝，家境必清寒。第二步运壬戌，只要一走"戌"字，必奋发有为。戌为火库，天干丙火因有根基而闪耀人生光辉。1984年甲子，甲木生丙火有力，子为年柱纳音金的败地，必谈恋爱。1986年丙寅，寅合日支亥水，用神有力，必婚。婚后生活幸福，人财两旺。但到了辛酉运，1988年戊辰，命运丙辛相合，合住丙火，丙火不能燃放光辉。丙辛合为水，又出现新财星，妻子之外的女人出现了。辰为水库，"旺官旺印与旺财，入库有祸"，必因外遇惹出麻烦。到1992年壬申，与时柱丙寅天克地冲，用神丙火彻底熄灭，必会有官非口舌（情妇与其打官司，要求赔偿青春费）。35岁始行庚申运，仍为忌神运，与情妇割不断的赔偿费用始终压抑着，到不了己未运就会始终生活在暗淡中。

这都是外遇惹出来的麻烦。

坤造：丁未　　**大运**：6 己酉
　　　　戊申　　　　　　16 庚戌
　　　　丁巳　　　　　　26 辛亥
　　　　乙巳　　　　　　36 壬子

断语：1992年是婚姻上的关键一年。若是这年结婚，除了丈夫之外，还会有男朋友。若是1992年前结婚的，思想会有矛盾现象，对自己的丈夫既能接受，又不甘心情愿，到1992年仍有男朋友（1991年结婚，1992年与上中学时的同学相好）。

命理：八字火土金相生成象，虽生于七月，但因火旺而金转旺为衰，故以伤官生财为用。女以官为夫，八字官星壬水暗藏，巳申又合出一个官星（虽合而不化，亦以化出之官星论），1992年壬申，与日柱天地合，同时又构成了两组巳申分别相合，故断其必有情夫出现。1988年起大运走戌字，戌为燥土，燥土难以生金，但毕竟有泄火之功，对其丈夫虽不完全满意，也能和好相处，不会出现离婚现象。

本节所涉及的内容大多是婚姻感情生活的话题，有些还属于个人隐私。命理师应当把"口德"放在第一位，多说正经话，给迷茫的人指出一条正确的道路；多说规劝的话，促使家庭和睦、夫妻和睦；多说鼓劲的话，让问八字的人增添生活的信心等。有时候也需要巧妙的批评，在得到来者充分信任的前提下，指出存在的缺点，有时事半功倍，非常奏效。命理师肩负着重大的社会责任，宜好自为之。

第二节　生儿育女，承担启蒙教育的社会责任

计划生育是我国的基本国策，自70年代末实行计划生育以来，人口得到有效

控制，经济发展，国力增强，百姓生活得到迅速改善。因为"一孩化"，头胎生男生女倍受世人关注。

生男生女是染色体决定的，这是生理学的结论。

生男生女是阴阳五行相互作用的结果，这是命理学的观点。

当代命理高手探讨了不少推断生男生女的方法，主要有：

以日干时干的阴阳定生男生女。"日阳时阳阳先到，日阴时阴女先生。日阳时阴头胎女，日阴时阳定生男。"在掌握这个基本规律的前提下，再据日主强弱，岁运的流转作具体分析。

以生日生时的天干生克看头胎生男生女。男命时干克日干，女命日干克时干为男；男命日干克时干，女命时干克日干，或不论男女日干时干相生相合、比劫等头胎均生女。

以夫妻双方日柱、时柱的阴阳看头胎生男生女。日柱均为阳、时柱均为阴者先生男，日柱均为阴，时柱均为阳者先生女。

以年干、时干与日干的阴阳关系确定头胎生男生女。男命年干、时干为日干的阴阳同性之物则生男；年干、时干为日干的阴阳异性之物则生女。女命反断。

另外，还有以女命怀胎流年地支与日主阴阳相比较而定生男生女者；有以男女生日、生时的干支阴阳定生男生女者，方法甚多，不一而拘。

以上方法，实践证明大多不准。从命理说，也不合子平之道，因为子平之法，全在于四柱五行的阴阳生克、刑冲化合。仅凭日柱、时柱天干相生克等简单地教条就降低了命中率。"欲识三元万法宗，先观帝载与神功"，八字到手，必察其旺衰，审其顺逆，究其进退，论其喜忌，即全面地分析权衡，才能得出近于正确的结论。

除了推断生男生女方法的纷杂混乱外，还有子女星的混乱。有言官煞为子女者，有言食伤为子女者。更有细分为煞为子、官为女，或食为子，伤为女者，各执一词，莫诸一是，更让初学者迷茫惘然。

那么，究竟以什么为子女星？我认为，以食伤为子女星，从理论和实践上都更合乎命理。因为食伤是我生之物，我生者为子女，食伤为子女星符合人生自然法则。以官煞为子女也不能说就是错误的。以官煞为子女是一种反克相生法则。如木多火熄，用金克木则能更好地生火。看起来是以官煞为子女，暗中仍以食伤为子女。此种方法仍不能拘执教条，活变是命理的灵魂，"善相者无相"就是这个道理。

一、生育辨析

那么，究竟如何断头胎生男生女呢？其方法是：八字到手，观其大象，归其类别，结合岁运。如此，才能基本准确。

所谓观其大象，就是看八字的旺衰、强弱、多寡、寒暖等外象，然后再确定该八字归于哪种类型。有些八字还要结合岁运流转，最后才能铁口神断。

笔者把八字分成三类。即多子的八字，无子的八字和花生（男女间隔相生）的八字。多子的八字无须看岁运，头胎多为男。无子的八字无须看岁运，头胎必为女，或无生育能力。花生的八字要结合岁运断生男生女。

首先，多子的八字有三个要件，第一是日主强旺或比劫生扶有力。自身旺盛，阳性因子活跃，生男的机率就高。一个弱不禁风的人，生女之不易何谈生子？第二是有子女星。"身强才为子，身衰印作儿"，"食伤有制定多儿"等，子女星是动态的，随局转换，绝不能把食伤为子机械地套用到所有的八字中。第三是子女星或子女宫不受刑冲破坏。

关于子女星，不妨仔细品味下面的短语而得其真谛。

日主旺，无印绶，有食伤，子必多。（食伤为子）

日主旺，印绶重，食伤轻，有财星，子必多。（财为子）

日主旺，无食伤，有官煞，子必多。（官煞为子）

日主旺，无食伤，有财星，无官煞，子必多。（财为子）

日主旺，比劫多，无印绶，食伤伏，子必多。（食伤为子）

坤造： 甲辰　　**大运：** 6 甲戌
　　　　乙亥　　　　　　16 癸酉
　　　　癸酉　　　　　　26 壬申
　　　　辛酉　　　　　　36 辛未

该八字从大象上观察，日主旺，印绶多，无财有食伤。日主旺，阳性因子活跃，具备了先生男的条件。印绶多，最喜财来破印。有财星就以财为子，但没有财星。日主旺，喜泄秀，食伤为子。假若食伤被印所克，食伤也不能看作子女星。八字妙在逆向相生，即自时上起源头，金生水，水生木，印和食伤两不相碍，构

成了父母生身，身生子女的良性循环，故食伤为子女，是多子之命，不用看岁运，就可以断定头胎必生男。（实际头胎为子）

乾造：辛亥　　大运：8 戊戌
　　　己亥　　　　　18 丁酉
　　　壬子　　　　　28 丙申
　　　壬子　　　　　38 乙未

大水浩荡，一片汪洋。己土为忌神，喜其休囚无力而不论，格局从强而又比较清纯。比劫为子，阳性因子旺盛，属多子之命（实际头胎生子）。该八字假若己土忌神有根，就破坏了八字格局，清水变成浊水，就不能断为多子之命。

坤造：壬辰　　大运：3 乙巳
　　　甲辰　　　　　13 丙午
　　　己丑　　　　　23 丁未
　　　戊辰　　　　　33 戊申

甲己合化土，化神格，以化神为子女星。化神强旺，为多子之命，头胎必生子，实际两胎均为子。

其次，无子的八字有几个特点：一是日主弱而又克泄甚重。日主弱，阳性因子不活跃，生子的机率就低，加之克泄耗盗，更无生子的可能性。二是气候或土壤失调。过寒，过暖，气候失调就不能生子。庄稼始终生活在冬天或夏天，就不会结出果实，或者只开花不结果。过湿（丑辰多）、过燥（未戌多），种子没生根发芽的条件，自然也不能发育，属生育困难之象，不要说生子，生女亦不容易。三是五行偏枯、浊乱。比如印绶满盘，无财破印，或无比劫泄秀，印绶死气沉沉，没有活力，绝不会生子。

乾造：辛亥　　大运：1 戊戌
　　　己亥　　　　　11 丁酉
　　　庚子　　　　　21 丙申
　　　己卯　　　　　31 乙未

金寒水冷，气候失调。日主衰弱，命中无子的八字。"天道有寒暖，发育万物，人道行之，不可过也"。天道和人道的道理是一样的，天气纯寒无暖或纯暖无寒，就无化育之德。八字寒暖失调则无生育之能。

坤造：壬子　　大运：1 辛亥

壬子	11 庚戌
乙亥	21 己酉
乙酉	31 戊申

滕州一女来电问命，笔者当即立断，此人婚后无子。原因是水荡而寒，精子在寒冷的宫腔内不活跃，不具备天地作合而孕育子女的条件，求子必难。

最后，看生育的子女是否平衡。八字有多种多样的情况，有生女多而生男少者，有生男生女相间者，有子女稀少者等。这类八字不易分析，但基本规律是趋于中和，但又有病。比如日主弱，官煞重，印绶轻，有财星，必多生女。原因是日主本弱，官煞又克制日主，最喜有印绶泄官生身，但财星又来生煞坏印。印为子女星，子女星受制，必多生女。日主弱，七煞重，食伤轻，有比劫，必女多男少。因为比劫为子女星，但官煞克制比劫有病，幸有食伤相救，同时食伤也进一步泄弱日主，故女多男少。日主弱，食伤重，有印绶，或日主弱，食伤轻，无财星；或日主弱，无官星，有伤劫等，虽有子但子不多。此类八字必结合岁运以判断生男生女。若岁运为喜用神，子女星得到了强化，则多生男，反之则多生女。

乾造：庚寅　　**大运**：8 庚寅
　　己丑　　　　18 辛卯
　　辛亥　　　　28 壬申
　　己亥　　　　38 癸巳
　　　　　　　　48 甲午

该八字日主弱，食伤旺，印绶多，微伏财。日主弱则以印绶为子女星。但印绶是冰冻之土，生而不生，只有遇到气候温暖时，土才有生扶之功。幸寅中藏火，"寒虽甚而暖有根"，故必女多男少。那么头胎是男还是女呢？再从岁运上看，18岁后行大运辛卯，仍不能暖身，头胎必为女。实际前三胎都是女孩。

坤造：己亥　　**大运**：4 戊辰
　　丁卯　　　　14 己巳
　　癸卯　　　　24 庚午
　　癸亥　　　　34 辛未

日主弱，食伤旺，有财官，生女的机率高。或有人认为八字四水，日主不是很强旺吗？不知癸水不同于壬水，癸水为至弱之水，雨露之水。地支虽有两亥，却分别与两卯相合，亥水贪生卯木，泄弱癸水，至使多生女。24岁始行庚午大运，庚为印星，看起来有生子的可能性，但庚金截脚乏力，头胎必生女。

综上所述，判断头胎生男生女，首先要辨析应归属到哪种类型。一般说来，不论岁运，也可直断头胎生男生女或有无子女。唯花生的八字，要结合岁运流转推断生男生女。这种方法，从理论上说符合子平命理的基本精神；从实践上看，较其他方法更为科学、全面和准确些。但仍不是绝对准确的方法。

另外，《长生沐浴歌》历来被算命者依赖。歌云：

> 长生四子中旬半，
> 沐浴一双保吉祥，
> 冠带临官三子位，
> 旺中五子自成行。
> 衰中两子病中一，
> 死中至老无儿郎，
> 除非养取他人子，
> 入墓之时命夭亡。
> 受气为绝一个子，
> 胎中头女是姑娘。
> 养中三子只留一，
> 男女官中仔细详。

此歌是以官煞为子而定子女数量的。时支是官煞的长生能生四子，过了中旬之后，官煞退气，故减其半只能生两子。时支是官煞的沐浴可生二子，冠带、临官生三子，帝旺生五子，衰位两子，病位一子，死墓无子，绝位一子，胎位生女，养位三子留一。这首歌仅供参考，切不可教条。经验证明，官煞为子或食伤为子，都不能教条，还应当参看喜用神以定其子女多寡。凡喜用神生旺者，子必多；衰败者，子必少。喜用神不受破坏者必有子，而被冲克破坏者必无子。

二、启蒙教育

启蒙教育是当父母的必须付出的社会责任。六十四卦的第四卦"蒙"，就是讲启蒙教育的。

蒙，《说文》认为"从草，冡声"，指小草刚刚萌发出嫩芽，小草初露尖尖角。万物初生都需要呵护，对幼童的启蒙教育当然是成人的天职了。

蒙卦的卦象： 上面是艮山，下面是坎水，坎又为险，卦象为山下有险。《象》曰："山下出泉，蒙。君子以果行育德。"就是泉水刚刚从山崖缝里冒出来，涓涓小流，且被沙石阻塞，不会迅速的畅达。但只要果敢前行，不避艰险，就能汇成大川。用泉水比拟为幼童，因为其幼弱，所以必须疏导、扶持，去其阻塞；因为其无知，所以必须"果行育德"，鼓励其大胆的往前走，培育其良好的德行，成为君子，成为有用的人。

那么，怎样进行启蒙呢？《卦辞》说得很好："亨。匪我求童蒙，童蒙求我。"

亨，不能仅仅理解为亨通，另有"正"的含义，即培养良好的道德修养，"人间正道是沧桑"，走得正，不怕山下有险，就一定能亨通。"匪我求童蒙，童蒙求我"，是就九二爻与六五爻之间的关系而言的。意思是：不是我求童蒙，而是童蒙求教于我。童蒙已经主动向我求教了，而不是家长"逼"着孩子看书，说明学习的主动性、积极性相当高了。《孔子家语》有训："少成若天性，习惯如自然。"清人张维屏《读书》有感："造士先养蒙，请自小学始。"现代教育家陶行知说得更明白了："幼儿比如幼苗，必须培养得宜，方能发荣滋长。"哪位家长达到了"童蒙求教于我"的程度，成龙成凤就在眼前矣。

乾造： 丁酉

乙巳

己卯

乙丑

立夏后火旺，加之丁火明透，日主己土得到生扶。然日坐七煞，月时天干两煞围克己土，年上虽有酉金制煞，但巳酉克合，加之丁火烤金，食神制煞无力，且远水不解近渴。代表煞的木与代表日主的土相较，似木强土弱，看似煞气腾腾。最喜月令巳火能泄煞生身，当了木土之间的红娘，正所谓"制之以威，不如化之以德"，使八字五行达到了一种平衡态。平衡就是美，和谐就意味着人生可以达到一定的高度，我断其必有高学历，实则是留学英国的大学毕业生，并取得了博士学位。

该八字，一方面有自我约束意识，能够自立、自强；另一方面有父母的启蒙诱导。月令代表父母，巳火化煞生身，比拟到现实生活中就是：该八字的父母为了孩子，克服了各种困难，化解了压力而扶持孩子。这种扶持不仅仅是经济的，也有生活、道德、思想等，"润物细无声"是启蒙教育的理想境界。

坤造： 己巳

　　　　壬申

　　　　庚申

　　　　癸未

八字日主庚金，双禄并排，当然是身旺了。《滴天髓》说"庚金带煞，刚健为最"。庚金为阳金，与甲丙戊壬阳干不同，它带有几分"硬度"，刚性甚为明显。制化得宜，能成大器；不得制化，蠢铁一块，谁都碰不得、惹不得。更不同于辛金，辛金是阴金。"辛金柔弱，温润而清"，本身就有玲珑剔透的特点。该八字金旺，最喜食伤泄发秀气，喜壬癸双透，得水而泄，岂不是很流畅吗？可惜，壬癸并不是非常得力，月柱壬申，食神壬水坐长生，自当水旺，但巳申合，合绊住申金，致使壬水之性得不到完全释放。更不利的是年上己土克水，克住了壬水秀神。既被克又被合，壬水两次受伤。癸水伤官自坐未土处于死地，也难以发挥泄秀的作用。壬癸虽都受一定的伤害，但并没有完全丧失食伤的功能，仍有泄秀之力，所以命主有聪明的天性。食伤主语言，表达能力就比较好。

八字用神为水，若行运金水，其聪明的天性会得到充分地张扬。假若遇到印绶飞枭，食伤受困，身强无泄，就会走向人生的反面了。2002年前大运癸酉，伤官有力，在秀神的良好诱导下，"不用扬鞭自奋蹄"，家长无须过多的管教，本身就会自然进入良好的学习状态，学习成绩肯定不会差。但到了2002年大运甲戌，流年壬午，甲木泄虚了水气，戌为枭神，午火助枭，壬癸水受伤，秀气不泄，贪玩的天性逐渐暴露出来，学习成绩必然下降。同时，身旺无泄，正如一个人只有吸收没有排泄，形不成新陈代谢的运行机制，身体也就慢慢地发胖了。

命主的妈妈最关心的就是怎么样改善女儿的现状。笔者告诉她，应当让当爸爸的多做说服教育，因为父星是喜神，能与女儿沟通；母星是忌神，应适当减少说教。加之，现代的孩子，最不喜欢唠叨，而母亲又常常是喜欢唠叨的人。

第三节　感恩父母，百善孝为先

父母乃生身之本，每观八字必言父母方面的情况。那么，应该从哪几个方面看父母的情况呢？

一、与父母的关系

看父母的情况，首先要认准宫和星。对于父母宫的认定有两种不同意见：一是认为年柱为祖上，月柱为父母；二是认为年柱为父母，月柱为兄弟姐妹。我认为看父母当以月柱为主，兼顾年柱。因为年柱表示16岁之前的限运。凡月柱为喜用神者，就能得到父母更多的关爱和抚养；若为忌神者，就难以享受到这个福分。对于父母星的认识，也有两种意见：一是以偏财为父，正印为母；二是以印代表父母。坚持第二种观点的学者认为父母是生养我者，怎能以我克之偏财为父呢？但坚持前说的学者较多，意见比较统一。凡父母星为喜用神者，就表示父母对自己的助益大，享受到的恩惠多；反之则助益少，恩惠小。

坤造：财　　己未　　**大运**：6 丁卯
　　　　食　　丙寅　　　　　　16 戊辰
　　　　　　　甲寅　　　　　　26 己巳
　　　　　　　乙亥　　　　　　36 庚午

此坤造，命主甲寅，生于寅月，又有时上亥水生之，日强喜泄。且"初春之木，犹有余寒，喜火温之，则无盘屈之患"，当以食神生财为用。喜用会聚于年月，故倍受父母疼爱，关照无微不至，并视为掌上明珠。同时，财为喜用神，能得到父亲的助益和恩惠。

坤造：食　　辛亥　　**大运**：5 壬寅
　　　　食　　辛丑　　　　　　15 癸卯
　　　　　　　己酉　　食　　　25 甲辰
　　　　煞　　乙亥　　　　　　35 乙巳

这个女命食伤太重，又不能从儿，时上七煞克身，克泄交加，身衰而冷，年月柱均为忌神，显然得不到父母的疼爱。1995年乙亥，大运癸卯，父母双亡。花季的年龄，父母早去，人生倍受摧残。

除了父母宫和父母星的判定外，还要考虑个人与父母之间的关系。社会是个万花筒，与父母之间的关系千差万别。有的与父母关系极为亲密，父母疼爱子女，子女尊重双亲；有的与父母关系极差，或父母抛弃子女，或子女不敬父母等等。

既便是一个较为平和的家庭，父母对子女的影响也有很大差异。父母诚实善良，其子一般说也会养成良好的道德修养。若父母不重视修养，就不会对子女有好的影响。这在生理学上叫基因、遗传。就八字来说，实际是一种影响力。凡八字父母星强旺者，其影响力就大；衰弱者，其影响力相对就小。

另外，父母星与日主的远近也有关系。凡父母星在月干、时干、日支者，与日主近贴，关系就密切，反之则疏远。若父母星紧贴日主，又为喜用神，而且比较旺，其助益更大。

仍以前面的"己未"坤造为例，父星己土透于年干且有力，又为喜用神，对个人会有良好的影响。其父是一为官者，以文笔成名，对社会腐败极为不满，长期坚持看书写文章，本人亦养成学习偏好，学习成绩极佳，现已研究生毕业。

二、父母自身的情况

父母自身的情况主要包括父母的形象、性情、富贵、贫贱、健康状况等。看父母自身的情况，主要从两方面着手即父母宫和父母星。

1. 父母宫

父母宫就是父母的宫位，从这个宫位看所坐的十神、吉凶神煞以及旺衰，就可以探知父母自身的信息。

下列短语，细细体味，必能"悟"出父母的信息规律。

年官月印，月官年印，祖上或父母清高；月柱正财，为喜用神，父母富有；财星坐于旺地，富有程度增强；财星临吉神贵人，父母富有发达而清泰；财星被克而且财星又弱，主克父母，得不到父母的资产。

月柱正官，为喜用神，父母清高、权贵。若正官被伤官克制，主父母刑讼或多疾病。

月柱食神坐建禄，主父母肥胖，性温和，财产丰盛。若食神被偏印克制，则主父母瘦小、多病。

月柱七煞坐丧门、吊客，主早年克父或父母多病灾。若七煞带羊刃，主双亲性情暴戾，父母不和。

月柱正印为喜用，表示父母清高、权贵。若印星被冲，则不利母；若正印或偏印坐孤神，其母孤独，父母之间不和；坐华盖，其母聪敏，但性孤独。

月柱带驿马星或财星，印星坐驿马星，主父母远走他乡。

月柱有吉神贵人，主父母气质好，温文而雅。

2. 父母星

正印为用，能受母亲的福荫。

正印坐长生、冠带、胎养，母亲慈祥和蔼；坐禄旺，母精明干炼；坐墓、绝，带羊刃，逢刑冲破坏，母孤独，体质虚弱或伤残。

正印坐吉神贵人，母荣华；坐凶神恶煞，母劳苦多灾；印落空亡，母病弱；印坐桃花，母风流。

正印在干遭克破，母早丧；印星太弱，又自坐绝地，母早丧；印在支被冲克，克母。

正印为用，而被冲克合，母虽贤，却早亡。若印去破用神，则自己多受父母之累。

偏财坐长生、冠带、禄、旺、吉神贵人，父富而寿；坐衰、病、死、绝或被刑冲克破，或空亡者，不利父或贫困、病弱等。坐沐浴、桃花，父风流；临七煞，父飘零。

天干财星遭克破，父早丧。财在地支被冲克或八字无财星，克父。财星太弱，克父。财落空亡，父病弱。

八字财多则母星受克，不利母或母再嫁；八字比劫多，则父星受克，不利父或父伤亡。

正印透天干，母亲有力，则母主持家务；偏财透天干有力，则父掌家权。

乾造： 甲寅　才　　**大运：** 1 甲戌
　　印　癸酉　官　　　　　11 乙亥
　　　　甲寅　才　　　　　21 丙子
　　　　己巳　才　　　　　31 丁丑

该男命日主甲木，以癸为母星，以戊为父星，月柱为父母宫。正官居月令，无刑冲破害，又为喜用神，必得父母疼爱，能得父母庇荫。癸水正印透于月干，月令酉金生水，母星得位，说明母掌家权。但八字木势强旺，癸水泄之太甚，身体素质不会太好。偏财戊土藏于地支，酉月金旺木死，偏财不透于天干，说明其父在家处于被统治地位，事业上也难有辉煌。

坤造： 印　丙申　　**大运：** 7 丁酉

```
          戊戌           17 丙申
          己巳           27 乙未
     才   癸酉           37 甲午
```

该女命丙火为母星，癸水为父星。若以丙火为太极点而论母，土是丙火的食伤，金是丙火的财，水是丙火的官星即夫星。八字火土气势强旺，食伤叠叠，必克夫。丙火在年干而得位，必掌家权。那么，何时克父？那要看女命八字的大运情况。初运丁酉、丙申，西方金运可以生水，父星得生而无克。到甲午大运，午酉相破，癸水受克而无生，必克父。换个角度，以癸水父星为太极点论父，癸水不得位，且戌月土旺，癸水处于死地，八字土多，官煞气势强旺，幸自坐印地。丙火妻星生土克水，变成癸水忌神，夫妻必然琴瑟难和。该女八字癸水衰弱，当以印比为用，财官为忌神。初运西方金运无防，一旦进入火土运程，癸水必有灾祸。

三、父母的寿元

看父母的寿元，需要进行综合分析评定。有些命理书籍把看父母归纳出若干个短语，这当然有利于对父母的分析，但仅凭这些短语还不能作出准确的判断。笔者在实践中判定父母的寿元多采用综合分析法，即几个方面都要考虑全面，不被假象所迷惑，其准确率相对较高。

看父母寿元需要考虑的主要方面是：父母宫、父母星、刑冲化合、喜用神、比劫的旺衰、财星的旺衰等。

月柱父母宫喜用汇集，当然表示父母康泰高雅。若父母宫带羊刃、七煞，又为忌神，常会遭凶死而不得善终。若年月柱再遇刑冲破害，应验更为准确。

偏财为父，正印为母，父母星明朗而又旺相，无刑冲破害，父母长寿。若父母星衰弱又遇刑冲，父母必寿短。

八字中十神的力量分布总是不均衡的。若比劫过旺过多，而财星过弱则克父。父星和母星相比较，父星弱于母星，主父先亡。若财星过旺过多，而母星过弱则克母。

分析父母星，还要特别注意墓库。若父母星衰弱而又遇墓地，墓又被刑冲化合，往往是父母的死期，此法十断九准。

父母的寿元在八字中的反映，是凝固的信息。掌握了这个先天克父或克母的信息，至于何时克父或克母，还必须结合大运、流年以推断克父或克母的具体时间。如父母星衰弱，岁运又冲克父母宫或父母星；比劫重叠，岁运遇比劫；财星重叠，岁运又遇财星；父母弱而入墓库又被刑冲合化等，此时父母必凶。

坤造： 壬寅　才　　**大运：** 7 戊申

　　　　己酉　　　　　　　17 丁未

　　　　壬申　　　　　　　27 丙午

　　印　辛亥　　　　　　　37 乙巳

这个女命正印得令又透干，其母必寿。财为父，年支寅中藏丙火偏财，丙火即为父星。丙长生在寅，但寅被酉克申冲，寅木被冲克已尽，丙火失去生存的依托，再有年干壬水直接克制丙火，克父的信息十分明显。那么，何时克父，就看岁运的流转。初运戊申，与年柱天克地冲。父母宫和父星均受到冲击。1980 年庚申，两申冲寅，父丧。

坤造： 才　　庚戌　　**大运：** 10 己卯

　　　　才　　庚辰　　　　　20 戊寅

　　　　　　　丙辰　　　　　30 丁丑

　　枭　　甲午　　　　　　40 丙子

该女命"四阳独立，难有阴尊老寿"。甲木为母星，年月两庚克甲。地支戌辰相冲，辰辰自刑，父母宫受到严重刑冲，先天就有克母的信息。何时克母？需依岁运进行分析。初运己卯，四岁之前，流年金水，有泄财生印之功，母无忧。4 岁至 11 岁流年木火，大运卯木，甲木得势，亦无忧。11 岁后进入戊寅大运，1980 年庚申，1981 年辛酉，财星汇聚，忌神结党，印星受克，其母必灾。若能熬过这两年，到 1982 年壬戌，恰构成两戌两辰相冲，其母造化已尽，必死无疑。若换个角度进行分析，以甲木为太极点，土为财星，金为官煞，火为食伤，财官逞肆，身临食伤，克泄交加，甲木虚浮，当以水木为喜用。惜八字中无水木，全赖岁运扶持。初运己卯，甲木临旺，生活顺畅。次运戊寅，虽寅为甲之禄地，但戊土为财为忌神，流年庚申、辛酉，官煞肆虐，流年壬戌形成辰戌两两相冲，甲木受克甚重，已是在劫难逃。

乾造： 庚戌　　**大运：** 6 壬午

　　　　辛巳　　　　　　16 癸未

庚子　　　　26 甲申

　　戊寅　　　　36 乙酉

这个八字易于让人迷惑。天干比劫三透，戌为金之余气，巳为庚金长生，子为辛金长生。书云"比劫叠叠必克父"，似乎这就是八字的主要矛盾，实则不然。寅木为父星，但寅木偏居于时支，日支子水与寅木相临为伴，妙能泄金生木，天干三金都不能直接克木，其父反主长寿。正印为母，八字中无正印，偏印明透于时干，四月土旺，年支有戌土，无正印就以偏印为母星，看似母亦能长寿。但月令父母宫逢空亡，这就说明父母不能两全。时柱戊寅，偏印自坐死绝，故断其：

1. 母不能长寿，当丧于 1995～1999 年之间；

2. 生母为续室；

3. 幼时宅院西南方缺角。

反馈：有三母。生母丧于 1997 年。老宅子（幼小时居住的院落）西南角被另一家的房屋占有，缺西南角，宅基不是方形的。

八字与房屋风水是可以相互印证的，有时候能从八字探测到住房的相关信息等。当然，这是高层次的领悟八字的问题，需要不断的知识积累。

乾造：甲寅　　**大运**：10 乙亥　　**流年**：

　　　　甲戌　　　　　20 丙子　　　　　1998 戊寅

　　　　甲申　　　　　30 丁丑

　　　　戊辰　　　　　40 戊寅

断：1998 年必丧父。果验。

这个八字克父的信息非常明显。偏财为父，戊为父星，三甲围克一戊土，命中注定克父。喜地支有戌辰，间隔申金而不相冲战。申金克制寅木而护财，因此，申金在这个八字中起到保护父星的关键性作用。随岁运流转，一旦申金受损伤，群比克财，其父性命难保。1998 年戊寅，寅申相冲，因寅申冲又引起辰戌冲，八字失去平衡。且寅为甲木之禄，比肩气势不可阻挡，三甲克戊土，其父已在劫难逃。

假如，该八字天干透出一火，食伤可泄比生财，其父就不会早丧。假如天干透出一庚金，甲木受制，其父亦不会早丧。假如地支中没有辰戌相冲，其父亦有救……这些假如都是虚设，意在说明，看八字宜随局转换，没有死法。命书云"比劫叠叠克父克妻"，并不是比劫多者就一定克父克妻，只要有食伤泄比，或有官煞制比，或合住比劫等，都是一种解救，就不至于把父亲克死。

坤造：甲辰　　**大运**：4 辛未

　　　壬申　　　　　14 庚午

　　　辛丑　　　　　24 己巳

　　　庚寅　　　　　34 戊辰

比劫叠叠必克父，先天有克父的信息标志。断其 1984 年丧父，果验。

辛金生于秋月，庚金明透，辰土生金，丑中藏金，一片萧煞，对甲木父星构成克伐围剿。喜甲木坐辰，足以盘根。时上寅木为甲之禄，父星有根，其父又不会丧于过早。寅中藏有丙火，可以制劫护财，唯嫌其不透，功能甚微。只要八字中彻底克去制金之火，其父必危。初运辛未，未中藏火，能脆金而又不晦火，促进了八字的平衡，其父安然。第二步运庚午，庚金虽能克伐甲木，但月干壬水能泄金生木，看似无情却有情，其父亦不会有凶。大运走午字，看起来遇火吉祥，但 1984 年甲子，岁运天克地冲，申子辰会水局，午火被冲克殆尽。流年子与丑合，因合又引起寅申冲，父星根基被彻底冲垮，比肩见财而夺，其父必丧。

四、父母的变异

所谓父母的变异，是指父母的异化，如一父两母、一母两父、养父养母以及多父多母等方面的情况。

这是一个更为复杂的课题，研究起来更为困难。不过，仍然有规律可循的。因为从哲学的观点看，任何一种社会存在，都有特殊的表现形式。社会上存在父母的变异，其八字上就有父母变异的信息。

一母异父例——

乾造：煞　庚申　　**大运**：9 甲申

　　　印　癸未　　　　19 乙酉

　　　　　甲申　才　　29 丙戌

　　　　　癸酉　　　　39 丁亥

该男八字四金二水一木一土。癸水为正印为母星，煞印相生，金来生水，印星不弱。偏才戊土为父星，但藏于申中，月令未土逢空亡，父星与母星相比较，母寿长父寿短，克父标志较为明显。那么，何时丧父？大运之前看月柱，月柱空亡，其父不吉。六岁流年乙丑，天干劫财主事，流年与月柱天克地冲，其父突发病而死。1988年戊辰，偏财主事，戊癸相合，其母二次结婚。

一父异母例——

坤造：印　乙卯　　大运：2 己卯
　　　　戊寅 枭　　　　12 庚辰
　　　　丙午　　　　　 22 辛巳
　　　　？　　　　　　 32 壬午

该女不知生时，但凭其六字，也能看出父母方面的情况。

日主丙火生于寅月，木火两旺。若生于白天，当以从强相论，若生于下午三时之后，当为正常格局。不论正格或外格，一父多母且克母的信息是明显的。

女命偏印为母，正印为继母。寅为母星，寅木落入空亡，寅午合而化火，其生母必中途离异，或有母若无。实际是父母离婚后母死。乙木为正印，为继母星，卯亦落入空亡，继母亦丧。且年柱乙卯远离日主，与继母相隔甚远，得不到继母的荫惠。月干戊土，为祖母星，虽自坐死地，但寅午合化为火转而生土，看似无情却有情，戊土不弱，又与日主丙火近贴。若是从强格局，戊土反为喜用，财星却为忌神，想得到父亲的恩赐也不大可能。六亲无靠的情况下，祖母星戊土成为日主的依靠，实际是跟随祖父母成人。22岁进入火运，才开始独立生活，有了工作，渐入佳境。

多母例——

乾造：枭　戊子　　大运：1 庚申
　　　印　己未 印　　 11 辛酉
　　　　　庚申　　　　21 壬戌
　　　　　丁丑 印　　 31 癸亥
　　　　　　　　　　　41 甲子
　　　　　　　　　　　51 乙丑

该男命日主通根，印星叠叠，印多无制则克母。正印为母星居月柱，又逢空亡，克母信息甚明。年干戊土为偏印，可看作继母或养母。时上丑土为后母，计有三母。土为忌神，反不得父母之庇荫。出生时正遇解放，被划为资本家，被当作"黑五类"批斗。父母遗产不仅未能得继承，反因父母而遭罪。

乾造：印　　辛巳　　大运：1 庚子
　　　印　　辛丑　　　　　11 己亥
　　　　　　壬戌　　　　　21 戊戌
　　　枭　　庚戌　　　　　31 丁酉
　　　　　　　　　　　　　41 丙申
　　　　　　　　　　　　　51 乙丑

腊月水旺，偏正印竞透，幸有火土相生，官来克水，财官为喜用，戌为财库，逢运得势必大发。八字两正印一偏印均竞透天干，计有三母。但印为忌神，加之初运助水，贫寒清冷，虽有三母亦不得爱抚。待到中运遇火，方一跃而起，成为暴发户。

坤造：辛酉　　大运：6 壬午
　　　辛丑　　　　　16 癸未
　　　癸巳　　　　　26 甲申
　　　癸丑　　　　　36 乙酉

这个八字的特殊点在于两偏印生旺且得位。年柱和月柱都可以视为父母宫，年干辛金自坐禄地，月干辛金自坐生地，八字无正印，偏印占据了宫位，必为多母之象。偏财为父，无偏财而有巳火正财，巳酉丑合化为金局，正财化为另一种物质。八字金水旺，两神呈象，只能顺其气势。财为忌神，八字无财星，反主父吉。据上述特点，其女必为一父多母。实际已有双母，父还想再找对象。

第四节　同胞相亲，最忌煮豆燃萁

俗话说亲如兄弟，可见同胞之间的亲情是牢不可破的。可是社会是万花筒，兄弟姐妹之间的关系万有不齐。有的同胞之间视若仇敌，剑拔弩张，或因赡养老人扮成《墙头记》中大怪二怪的角色，或因家庭财产分割不公而对簿公堂等。同是一母同胞，或一贵皆贵，一贫皆贫；或贵贱贫富天地之别等等。

那么，怎样从八字看兄弟姐妹方面的情况呢？《滴天髓》作了经验概括："兄弟谁废与谁兴，提用财神看重轻。"具体的看法应掌握这样几点：

一、与同胞的关系

从八字看同胞之间的关系，主要看兄弟宫和兄弟星。

看兄弟宫，凡月柱为喜用神者，同胞和睦，互敬互爱，关系融洽。若为忌神，则同胞不和睦，有"鸡犬之声相闻，老死不相往来"者，甚至有大动干戈者。若兄弟宫被刑冲克害，则表示同胞之间缘分不佳。

看兄弟星，凡比劫为喜用神者，往往能得到兄弟同胞的帮助。假若八字中虽然比劫为喜用神，但八字中无比劫星，一般会得到朋友、同志之间的帮助。比劫逢刑冲，表示同胞之间发生冲撞，这是不和睦的暗示。比劫被合，也表示兄弟无情、薄义。

乾造：丁酉　　大运：4 丁未
　　　戊申　　　　　14 丙午
　　　乙丑　　　　　24 乙巳
　　　壬午　　　　　34 甲辰
　　　　　　　　　　44 癸卯

乙木生于秋月，不得时令。幸乙木为阴木，不畏克伐。地支酉申丑午，乙木无根。天干有壬，虽可生木，但乙木根枯而不受其生，只能从官煞。假若乙木有微根，就成了正常格局。既然是从官煞，月柱兄弟宫为喜用，自当和睦。但从兄弟星来看，比劫反为忌神。喜其八字中无比劫，忌神不现，反主兄弟关系融洽。但当大运遇到印比星时，兄弟星填实，亦容易引发矛盾。前三步大运为丁未、丙午、乙巳，虽兄弟两人天各一方，但互敬互助，相敬如宾，关系甚好。第四步大运甲辰，劫财星填实，月令财星明透，兄弟两人为父母财产明争暗斗。第四步运癸卯，争斗升级，不过在其母健在的情况下，还未对簿公堂。待大运走"卯"字，恐兄弟之间会有一场争夺财产的较量。

乾造：甲午　　大运：36 庚午
　　　丙寅　　　　　46 辛未
　　　壬寅　　　　　56 壬申
　　　甲辰　　　　　66 癸酉

初春之水本已休囚，无金生水。虽有水库蓄水，亦被旺木损伤。假若没有辰库，格成从财，格局反高。喜立命亥宫，尚可稍加补救，以挽救其息息之生，故取辰为用神，喜金水生助，木火土皆为忌神。水为比劫，当然能得到兄弟姐妹的帮扶。1994年甲戌，大运走午字，命岁运构成寅午戌火局，辰戌冲，冲去用神，因参与合伙烧砖窑破财数万元。几年前的辛苦积蓄一扫而空，全靠兄弟同胞资助以维持生存。1998年戊寅，寅午合化为财局，因驾驶拖拉机撞死他人而坐牢，再次破财，再次被同胞救助而生存下来。这是一个一生中都会受到同胞资扶的八字。不过后运尚佳，五十六岁后大运壬申、癸酉，将成为小康人家。

乾造：癸丑　　**大运**：6 丁巳
　　　　戊午　　　　　　16 丙辰
　　　　壬辰　　　　　　26 乙卯
　　　　庚戌　　　　　　36 甲寅

五月火旺，日元衰弱，喜印比资扶。初运丁巳，行财运反主无财，家境清寒。八字戊癸合，癸为劫财，劫财合煞，煞不克身。劫财为异性同胞，上学期间的各项花费全靠姐姐资助。正所谓"煞旺无食，煞重无印，得败财合煞，必得弟力"。另外，比劫也可以视为同辈朋友。人生重大事件，包括工作、升迁等，多得朋友帮扶。

二、兄弟同胞人数的多少

兄弟姐妹人数的多少很难说准确。不过，只要把握住几个方面，还是能说得相对准确些。

第一，把比劫星的数量视为同胞的数量。男命以比肩视为兄弟，劫财视为姐妹。

第二，比劫星的数量必须结合旺衰进行增减。凡比劫旺而有气者，兄弟同胞人数多，反之则少。假若比劫过旺，反为独子一人。日主旺，比劫又多，仍主孤零。假若日主中和，旺衰适度，再逢月柱为印，则主兄弟多。比劫星是否透出天干也在考虑的因素之内。凡透干者为有力，再逢生旺，当以倍之，透一比肩可计算为兄弟两人，透一劫财可计算为姐妹两人。逢衰绝，不能加倍。若日主弱而无比劫，也不能就说无兄弟姐妹，当以印星计算为同胞人数。

第三，要注意兄弟同胞人数的成活率。凡比劫逢刑冲克害者，主兄弟同胞夭折。月令比劫又落入空亡者，必有兄弟同胞夭折等。

第四，以出生时柱确定多少。有一首歌为：子午卯酉兄弟多，旺时能过席半桌；寅申巳亥三四个，最弱不能少两个；辰戌丑未只一个，超过一个会夭折。

乾造：辛丑　　大运：6 庚寅
　　　辛卯　　　　　16 己丑
　　　丙辰　　　　　26 戊子
　　　戊戌　　　　　36 丁亥

八字财旺食伤多，日主稍弱。最喜月令正印，印旺就表示其母生育能力强，兄弟姊妹当多。可惜两辛明透，压伏正印，同胞人数又不可能过多。日元丙火可计算为一人，正印可计算为一人或两人，兄弟人数合计 2～3 人（实为兄弟 3 人）。戌中藏有丁火，丁火是日主之异性，表示异性同胞。辰戌相冲，辰中癸水冲破戌中丁火，丁火入库，有一姐夭折。

乾造：甲寅　　大运：7 乙亥
　　　甲戌　比　　　17 丙子
　　　辛卯　　　　　27 丁丑
　　　劫 庚寅　　　　37 戊寅

该男命格局从财。日主辛金代表自身，生于戌月，戌为金之余气。但戌为燥土，全局无水，燥土不能生金，加之卯戌合化为火直接克金，故辛金无生扶，不能计算为兄弟两人，只能是独子一人。庚金为劫财为姐妹，自坐绝地亦只能计算为一人。

三、兄弟同胞的兴废旺衰

从八字上看兄弟同胞的兴废旺衰，没有阴宅阳宅有优势。比如阴宅左为长男，右为少男，前为中男，那个方位出了问题，就会影响到该方位所代表的枝系前程。阳宅贪狼木代表长男，该方位安了厕所就直接损害长子，这都是定数。八字看兄弟兴衰就比较困难，因为八字重点反映的是本人的信息，其它人的信息相对就比较模糊。但前人还是总结了很多看兄弟兴废的办法，特别是《滴天髓》最为全面、准确，应验率极高。现把常用句式作一个解释。

煞旺无食，煞重无印，得败财合煞，必得弟力；煞旺食轻，印弱逢财，得比肩

敌煞，必得兄力。煞旺最喜食神制煞为用，煞重、煞多，最喜印星化煞生身。假若煞旺而无制，煞多、煞重而无印生身，必受七煞克害。若有败财合住七煞，败财为弟，就等于弟弟帮助自身制服了七煞。或有印泄煞，印又被财星克伐，这种八字结构，若有比肩帮身抗煞，就能得到兄长的助益。

官轻伤重，比劫生伤；制煞煞过，比劫助食，必遭兄弟之累。八字官星轻，伤官重，官星受伤，再有比劫生扶伤官；或食神旺，煞星轻，食神已制煞太过，再有比劫生扶食神，这两种情况都会受到兄弟的累赘。

财生煞党，比劫帮身，大被可以同眠。煞星结党又有财生扶七煞，克身更重，比劫就是喜用神。虽然兄弟同胞不富有，但能团结互助，关系极好。

煞旺印伏，比肩无气，弟虽敬而兄必衰。煞星旺而印伏藏，不能化煞生身，印不为用。比肩无气，又不能帮扶日主，兄弟之间虽然能互敬互爱，但兄长必不能发达。

官旺印轻，财星得气，兄虽爱而弟无成。官旺用印，但印轻不能泄官生身，再有财星克印，印受伤，八字无比劫，兄弟之间虽然能相互敬爱，但弟不能成为大器。

财轻劫重，食伤化劫，可无斗粟尺布之谣。八字比劫重，最喜食伤化劫生财，兄弟都会比较富裕。

财轻遇劫，官星明显，不作煮豆燃萁之咏。财轻最怕比劫夺财，若八字中有官星制住比劫，兄弟关系就会较好，不会出现曹丕命曹植七步作诗，几欲被煞的兄弟无情的现象。

主衰有印，财星逢劫，反许棠棣之竟秀。日主衰弱而有印生扶，有财星坏印但比劫克制住财星以护印，兄弟之间关系好，而且会有成就声望。

枭比重逢，财轻煞伏，未免折翎之悲啼。日主旺，财星轻而不能克印，煞伏藏而不能制比劫，偏印、比劫再生扶日主，等于助纣为虐，兄弟就会贫寒、反目，有灾祸。

比劫冲克用神，被兄弟所累。用神被比劫冲克，就等于兄弟邦了倒忙，必会受兄弟的累赘。

用神冲克比劫，自己兴，兄弟衰。用神把比劫冲去，自己兴盛，但兄弟会衰微不兴。

乾造：己未　　**大运**：6 丙寅

丁卯　　　　16 乙丑

庚寅　　　　26 甲子

丁丑　　　　36 癸亥

日主庚金生于卯月，正财秉令，官星明透。卯为桃花，又为墙内桃花，正所谓"子午卯酉号桃花，官坐桃花福禄夸"。年干正印，财官印具全，三奇得位，日主自坐绝地，但有根生扶，岂非经天纬地之才？初运丙寅，煞来混官，寅木财星助煞，似有官煞围克日主之势。然八字配合有情，财官印流转生身，坚不可摧。唯8岁丙寅、9岁丁卯两年官煞太盛有灾外，其余流年亦平顺。之所以行厄运而不凶，只因八字配合有情。第二步运乙丑，乙木为财，虽为忌神，乙庚合为助吉之合，化凶为吉。丑运正印生金，必一帆风顺，正值风华正茂时期，有利于学业。2001年辛巳，巳丑拱合金局暗冲财星卯木，丑为天乙贵人，科举必中，顺利考上研究生。中年运程虽稍有阻力，由于八字基础牢固，先天好命，自能经得起风浪。待运转西方，亦会老有作为。

　　该八字有印生扶，必为兄弟两人。从兄弟排行说，庚金长生在巳，年月均无巳字，就不是老大。日柱庚辰为老大，庚寅就是老二。以比肩论兄弟，比肩无气，又有两官透出制比，其兄必衰败，决不会有老二这样的好前途。这就是"煞旺盛而比无气，弟虽敬而兄必衰"。

乾造： 己丑　　**大运：** 13 庚午

　　　　壬申　　　　　　23 己巳

　　　　庚辰　　　　　　33 戊辰

　　　　丙戌　　　　　　43 丁卯

　　　　　　　　　　　　53 丙寅

庚金生于秋月，日主临旺，又有**叠叠厚土**生金。在这个八字中，土起了两个坏作用，其一是土多金埋。日主临月令，无须生扶，再遇土生，等于助凶助暴，不仅不喜反为其害。其二泄弱用神。秋金喜火炼，百炼成钢，乃为器皿。丙火为用神，喜生扶忌克泄，土愈旺而用神愈弱。印星喜财克伐，板结之土不能长出茂盛的庄稼，只有用木疏松土壤，才能孕育万物。惜八字无木，秋水通源，虽为食伤泄秀，但同时又克制丙火用神。因此，壬水当为忌神。

　　总起来，该八字有丙火炼金，仍当入贵格。

　　从兄弟情况来看，日主庚金长生在巳，巳与辰同在巽宫，庚辰日当为老大。

但月令有申金且逢空亡，比肩占据兄弟宫，上必有兄长。又因逢空亡，其兄长似有若无。八字金虽旺，因有火而达到相对平衡，故兄弟当在3～4人。假若没有丙、戌两字，只能孤独一人，不会有兄弟。申辰拱合为忌神，正所谓"比劫助食，制煞太多，必遭兄弟之累"。实际为兄弟三人，本造为老二，大学文化，事业有成。上有一哥早丧，下有一弟，亦为庄稼人。

四、兄弟排行

关于兄弟排行老几的问题，也是命理学研究的方面。论兄弟排行，今天还有一些实战意义。但对于受计划生育影响的下一代来说，就没有多大意义了。作为一种命理文化，还是有一定的研究价值的。

有人研究了一首兄弟排行歌，可以借鉴。

丙戌坐寅，长子必准；
丁己坐酉，必占排头；
甲子戌提，居长无疑；
癸亥生戌，必有兄弟；
癸亥生卯，老二没跑；
辛亥辛丑，大小两头；
壬申为大，必在坤宫；
乙丑辰生，为大克兄。

第十章 人生价值论——彰显活着的意义

据妇产科大夫们介绍，婴儿落地，都是攥着拳头而来的，好像是立志向、发誓言。它彰显了一种未来的理想、信念、憧憬和力量，蕴含着一种奋斗精神。

人来到社会上要奋斗就必须有个目标，要实现目标，其人生价值观念起着举足轻重的作用。正确价值观念应该是奉献，把一切献给社会，献给人类。鲁迅先生说"我吃的是草，挤出来的是奶"。多么伟大的人格。正是在这些伟大人物的倡导下，多少铁骨铮铮的汉子为人民鞠躬尽瘁，甚至献出了宝贵的生命，实践了崇高的理想和愿望。然而有的人追求着名权利，他们的价值观念似乎就是索取，就是不劳而获，最终等待他们的或许是法网恢恢。

怎样实现正确的人生价值？简单地说就是：立崇高志向，从点滴做起，学好为人民、为社会服务的本领，实践理想的事业。一句话：生命不息，奋斗不止，活一天就做一天有益的事，彰显活着的意义。

第一节 学业——要有拼搏精神

书是人类进步的阶梯。龙的传人有世代读书学习的习惯。古人读书是为了科举，今人读书是为了学好建设四个现代化国家的本领。但同是读书却千差万别，应是三分知命、七分拼搏。有的人命该学业有成，却自恃聪明，不肯当苦行僧，到头来一事无成；有的人八字并不佳，但敢于拼搏，"书山有路勤为径"，其结果梅花散香。所以追求学业，必须具备拼搏精神。

看人的学业，主要看气之清浊。若八字一清到底，必为黄榜之客；四柱浊气满盘，难以雁塔题名。

看八字清浊是十分困难的。所谓清，就是六神各得其所，喜神能得地逢生，忌神则失势临绝，闲神安顿得当，不来破局。如正官格，身弱用印，八字无财星，这就是清。若有财，财与官相贴近，官与印相贴近，印又贴近日主，连续相生，财虽为忌神，却无法破印，仍以清论。反过来，八字即使无财，而印无气，不与官星相通，虽清却无气，免不了贫夭，更谈不上学业。所谓浊，就是八字混杂，如官星喜印，财来破印；官衰喜财，比劫来争夺；财轻喜食伤，印绶又当权；身强煞浅，食伤却得势等。八字浊则多有险阻，学业难成。

分析清浊，有的属于清中浊，有的属于浊中清。浊中清自有生发之机；清中浊只要行运除其浊气亦能勃然而兴。有些八字，很难通过清浊推断学业情况，社会上也确有一部分人不是通过学业而成名，比如从兵营中走来；从基层单位"小步快跑"；偶然事件而一举成名等，这些人一个基本的规律就是：日干有气，财官相通。

看人的学业，还要判断升学的时间和方位。如来人常问：今年能否考上学？报考志愿怎么填等。判断时空，主要是看大运、流年。一般说来，大运、流年为喜用神，再有天乙、国印、驿马、文昌等吉星，升学就是肯定的；反之，就与考学、升学无缘。至于考学的方位，仍以喜用神的五行属性为主要依据。如喜用神为火，就以南方、东南方为吉利方位。但不少情况下是克住、合住忌神而得到忌神之利，即忌神方位反变为有利的方位。

乾造：壬戌　　**大运**：1 甲寅

　　　　癸丑　　　　　　11 乙卯

己未　　　　21 丙辰

　　戊辰　　　　31 丁巳

这是个状元命。2002 年参加高考被普通高校录取，我建议其弃学复读重考。2003 年高考成绩居全省文科第四名，被名牌大学录取。

八字六重土，虽有壬癸乱局，但壬坐于火库，因受克而乏力。癸被己克戊合，滴水耗干，八字从强，且从之纯粹。书云"从之真者名公巨卿"，格局甚佳。

八字好就是命好。命好则根深叶茂，遇风雨而岿然，逢秋冬而不凋。初运甲寅、乙卯，木来破局，运气不佳。若为一般格局的八字，逢忌神岁运必起倒无常，倍受摧残。而该八字仅为不顺而已，犹如一辆高级轿车在起伏不平的道路上行驶，仅为颠簸。2002 年壬午，大运仍在"卯"上，虽流年午火印星生助，但壬水盖头，其年高考会发挥失常，达不到应该达到的成绩目标。2003 年癸未，大运入丙，丙为正印，丙是太阳火，一派光明之象，必如日中天，大放异彩。

根据当年高考的时间、地点，笔者为其设计了一套"行为方案"，增加了成功的砝码。

坤造： 己未　　**大运：** 6 丁卯

　　　　丙寅　　　　　16 戊辰

　　　　甲寅　　　　　26 己巳

　　　　己亥　　　　　36 庚午

这是个高学历的八字，达到了博士生水平。

日主甲木生于寅月，甲己合而不化，不以合论。寅亥合，亥水生寅木，春月木旺，甲木引化，合化成功。木火土三神成象，不能以"旺则抑之，弱则扶之"的一般命理规律确定喜用，只能顺其气势，以食伤生财为用。丙火有两个作用，一是通木土之关，泄木生土。"此关若通也，相邀入洞房。"二是取暖调候。初春尚寒，丙火照暖，方能眉舒目展。丙火自坐木地，用神有力。"真神得用生平贵"，且丙为太阳，必光芒四射，五彩缤纷。丙在离宫，"离者，丽也"，有文明之象，先天注定有高学历。初运丁卯，喜用不悖，小学、初中阶段必学习优秀，峥嵘出类。1995 年始行戊辰运，财运亦佳，读高中亦为佼佼者。计算年龄考学年份不在 1996 年就在 1997 年。若 1996 年考学，我断定其发挥不佳，必有阻力。因为 1996 年丙子，子水晦火，难以放射光华。印为忌神，必有意想不到的阻滞。北方或西方学校不可能录取。南方学校能录取。1998 年可以考研究生。之后攻读博士生都能成功。

附记：1996年春，其父找我为女儿看前程，说今年高考。我断其发挥不佳，或有其它阻力。虽能考上但达不到目标。可"南下"不可"北上"。求测者当时不以为然，认为预测毫无根据，因为女儿是学校里尖子生，每次摸底考试，不是第一就是第二。学校确定为"保送生"，因保送的学校不理想，才执意参加高考，目标是北大和清华。在大学录取过程中，几经波折，别说北大、清华榜上无名，就连山大（山东大学）也没录取。最后被某建筑学院录取，现正攻读博士后。

乾造：癸卯　　**大运**：2 己未
　　　　庚申　　　　　　12 戊午
　　　　庚寅　　　　　　22 丁巳
　　　　己卯　　　　　　32 丙辰

这是个有学历的八字，学历当在专科与本科之间。

评断其学历，主要是分析八字的平衡点及大运。若仅以八字来看，身旺财多，应是搞经营的老板，未必有学历。岂不知青壮年时期大运在南方火地，火炼真金，必成器，定有学历。断其小学、中学学习优秀。按上学年限计算，1981年当考大学。1981年辛酉，比劫争夺，必名落孙山。1982年壬戌，寅午戌合官局，必金榜题名。果如所断，小学、中学在校学习拔尖，1981年参加高考，连专科的分数线都未达到。1982年超本科分数线40多分，被某学院录取。

坤造：癸丑　　**大运**：3 庚申
　　　　己未　　　　　　13 辛酉
　　　　戊辰　　　　　　23 壬戌
　　　　丁巳　　　　　　33 癸亥

2001年，笔者指导其参加研究生考试，2002年顺利入学。

八字火土两旺，癸水病神被己土克绝，格成从强，或曰两神成象。前两步运为庚申、辛酉，泄发秀气，求学顺利。第三步运壬戌，壬为偏财，虽被截脚，亦多不顺心之事。戌运能顺其性情必佳。2001年辛巳，辛为伤官，伤官生财，助其病神，考研必有不利方面。但巳为印星，又为马星、贵人，答卷尚可。2002年是入校时间，其年壬午，壬水被回克，午与八字中巳未合成南方火局，已形成有利的条件和环境。从命、岁、运综合分析评断：考研有胜券，但亦会有阻力。果如所断，2002年被南方某大学录取。

乾造： 戊申　　**大运：** 3 辛酉
　　　　庚申　　　　　13 壬戌
　　　　壬申　　　　　23 癸亥
　　　　甲辰　　　　　33 甲子
　　　　　　　　　　　43 乙丑

初观此造，定会赞叹不已：年煞月印，食神清透，煞生印，印生身，身泄秀，连珠相生，清而纯粹，岂非佳造？然细细观察，则会惋惜暗生。八字虽清，可惜无火，清而少神。用煞则金多气泄，煞无势而神不显，反为大忌；用食则金锐木凋，食反受伤。虽文望若高山北斗，品行似良玉精金，却不能大展宏图。23岁之前正值学业，入火库煞地，忌神狂旺，虽苦读书，终望书生叹，难跳"龙门"大关。

第二节　事业——人生执著地追求

中国人口众多，但大都有自己的工作岗位，或者说有某种职业。

职业和事业，虽一字之差，但所表达的境界层次不同。所谓职业，是泛指在某一类工作岗位上所从事的工作。事业，则是在职业基础上的一种升华，闪烁着人生的光辉。不管哪种岗位上的工作人员，只要把职业当作事业去办，就无往而不胜。或者说，认准了某种事业，一种自强不息的内趋力就会油然而生，其人生就会更有价值意义。这是事物的一个方面。另一方面，人的职业定位准确，一种内在激情会使事业取得成功；人的职业定位发生错位，干了本来就不愿干、不当干、不想干的工作，热情变冷，只能当一天和尚撞一天钟，职业永远不能升华为事业，消磨了热情、消磨了意志，也消磨了自强不息的奋斗精神。

命理学对于宜于从事的职业、工作，是有一套理论的，这套理论或许对人生有指导意义。

人宜于从事的职业，可根据八字的喜用神来确定。八字的喜用神可从两个角度分析，其一从喜用神所属五行考虑择业。若喜用神为木，则宜于从事与木相关的职业，如木材、木器、家具、花园、果树、造纸、纺织、竹筷、牙签、字画等；喜用神为火，则宜于从事与火相关的职业，如火力、热能、电业、冶炼、化学制品等；喜用神为土，宜于从事与土相关的职业，如农牧、房地产、建筑、水泥、陶瓷、肉类屠宰等；喜用神为金，则宜于从事与金相关的职业，如金银珠宝、矿产、机械、五金、交电、铝合金门窗、音乐、科技等；喜用神为水，则宜于从事与水相关的职业，如水利、饮料、化妆品、美发美容、水产养殖、旅游娱乐、自由职业等。其二从喜用神所属的六神考虑择业。如喜用神为正官，则宜从政；为偏官，宜公检法司；为正印，宜文教、宗教、慈善事业；为偏印，宜专业性强的工作；为比肩，宜自由职业，合伙入股经营；为劫财，宜自由职业；为正财，宜金融、财政、商业、会计；为偏财，宜经商、贸易；为伤官食神，宜艺术.

除根据上述办法选择职业外，命理学者还积累了一些经验，特补记于此：

正财明朗，官煞之气强于食伤，宜于从公；若食伤之气强于官煞，官煞受克，则宜于自由职业。

正财之气强于偏财，若经商，应以门市生意为主；若偏财之气强于正财，应以批发、推销等行商为重。

煞印相生，主有威权，宜军事、公检法司。

伤官生财，宜商业经营。

官印相生，宜政府官员。

食神吐秀，宜艺术性职业。

命理学对职业、事业的研究，仅仅是问题的一个方面。当从事的工作与喜用神相一致时，其成就可能得到最大限度的发挥；若职业为忌神，则可能劳心费力，能力受到压抑。问题的另一个方面是社会的需要。若喜用神与社会需要相冲突而又不可改变时，那就要调节情绪，改造自我，以适合社会的要求，像雷锋那样做个螺丝钉，拧在哪里就在哪里发光。因为事业、成就，永远属于那些自强不息的人。

另外，喜用神与人的行为方向也是一致的，比如喜用神为木，其工作单位、出差旅游，安床办公等宜于东方，东方属木。

任何事物都不是绝对的，有时甚至走向它的反面。笔者的体会并被反复验证的是：八字的忌神受克制的时候，往往还能得到忌神所代表的五行或六神之利。比如某人八字忌金，金为财，走到火运反发金类之财；金为官，受火克制之时反而能升官。这就是辩证法，八字命理辩证法。

乾造： 庚辰　　　　8 庚寅

　　　　己丑　　　18 辛卯
　　　　壬戌　　　28 壬辰
　　　　壬寅　　　38 癸巳
　　　　　　　　　48 甲午

　　该乾造是小寒后八天生人。八字水冷、土冻、金寒、木凋，有清冷萧疏之象。喜日坐财库，时上有寅木缓缓生火而温之。庚金生水，水有源而清沏，一派文明之象。月令正官明透，身强官旺财有气，正所谓"官星有理会"，命使之然也。

　　欲知其人，必溯其源。八字土多水冻火弱，胎元庚辰增寒，犹如雪上加霜，亦说明家境清寒。年柱庚辰，偏印有力，必无祖业，难得双亲教养。大运之前，重在流年、小运。7岁流年丙戌，小运戊申，岁命天克地冲，戌中之火已灭。寅申相冲，丙火之根消亡，两壬直克丙火，其父有灾丧之忧。8岁入大运庚寅，庚金偏印仍增其寒，无舒畅之美。寅运食神，流年木火相连，求学顺利，成绩颇佳；第二步运辛卯，辛为正印，卯为伤官，宜于求学。卯为桃花，卯戌相合，宜于结婚。妻星入墓，财为喜用，说明其妻贤惠，但形象一般。第三步运壬辰，十年平淡，虽志气高昂，亦英雄无用武之地，只能"躬耕南田"，待机而为。38岁后，癸巳、甲午二十年财运，癸水劫财无力，巳火明现，又为天乙贵人，宅庭紫气祥云，瑞光环绕。38岁流年戊午，命岁运构成戊癸合，寅午戌合，火力倍增，必有官服荣身。46岁流年丙寅，当有官职迁动。之后，节节开花，前途似锦，"鹿鸣宴罢琼林宴，桂花香过杏花香"，人生得意，如沐春风。58岁后大运乙未，未为官，官煞会聚，克身太重，仕途道路难以再现昔日风光，国家政治体制改革的政策亦限制县级年龄不能超过55岁。此时宜静心修养。继续观其大运，68岁后运行丙申、丁酉，虽运走西方，但有火盖头，特别是丙火为太阳之火，有太阳高照，又现出清明这象，最美不过夕阳红，老亦当有作为。

　　该八字正官透出，得时得令。得正官者为官亦正，先天八字就雕塑出了堂堂正气的君子风度。他在生活中是一个负责任的人，工作上是一个事业心很强的人，为人处事是一个坦诚厚道的人。那么，他的心地追求的是什么呢？人格，事业！在"正官"诱导下的高尚人格！在正官约束下的事业追求，即使是污浊的环境中，亦能保持奋斗的执著和贞正的芳香。

　　乾造：己亥　　　4 戊辰
　　　　　己巳　　　14 丁卯

庚子　　　24 丙寅
乙酉　　　34 乙丑
　　　　　44 甲子

八字的格局并不太高，但凭着对事业的执著追求，倔强的奋斗精神，加上大运流转有情，现在已经是资产数亿的老板了。

日主庚金，看起来有酉金帮扶，但立夏之后的金处于死地。而且酉金生化为子水，失去了金的本质属性。两位己土看起来是能够生扶庚金的，但日主因无根而并不领生扶之情。日坐子水伤官，是生财的源头，而且时干乙木合庚，与财有情，天生会在生意场上滚打。印为忌神而逞旺，不会有高学历。

初运戊辰、丁卯，火土连缀，虽多次高考，都没有如愿。而且家境清寒，忍受着生活的煎熬。24岁大运丙寅，寅为财星、马星，新的征程开始了。但火为闲神，出力挣钱，以养家活口。其间，当然磨难多多、辛劳多多。到了34岁大运乙丑，乙木克伐己土，"克忌神反得忌神之利"，房地产开发步步为"赢"，获得了成果。特别是44岁走甲子大运，甲己合，合困己土必得己土之利，己为正印，为房屋，开发房地产，也开发了人生；美化了城市，也靓化了自己。下一步大运癸亥，用神临位，还会有新的升腾。

事业是干出来的，三分运气，七分努力。事业家一定是实干家。

第三节　为官——己为轻、廉为本、民为贵

做官为贵，是国人根深蒂固的观念。官本位思想也是一时难以转变的。君不见，至今尚有相当数量的人不惜代价地向干部队伍中渗透，千方百计地向公务员靠拢。当然，今天的官与旧时代的官有本质的差别。公务员是人民的公仆，只有为人民服务的义务，而绝不能以权谋私、搞不正之风。依古代命理学的理论，官有清浊、忠奸，今天来看也是如此。绝大多数为官者能忠于职守、克己奉公，全心全意地为人民服务，用好手中的权力，堂堂正正，一身正气。但也有少数人以官自居，不干实事，甚至以权谋私、贪污受贿、中饱私囊。这种官实为人民所不齿。

那么，怎样以八字看官位呢？大致有如下的规律：

八字入格者为贵。一般说来，格局不受破坏即可以做官。

从六神之间的关系来看，身旺官弱者，财能升官或行财运、官运方能做官；官旺身弱者，官能生印或行印运方能做官；印旺官衰者，财能坏印或行官运方能做官；印衰官旺者不能再见财星或行印运方能做官；比劫重财星轻者，官能去劫或行官运方能做官；凡用神为官星，而官星藏于地支，财星亦藏于地支者；或用神为印星，而印星透出，官星亦透出者，均为当权做官之人。反之，四柱不见财星、官星，或财星、官星被刑冲破害，或日主衰弱，财官俱旺等，均不是做官的人，即使做了官，也必有一失。

做官也有个三六九等，有人可三台八座，而有人却官不入品；有人实权在握、呼喝有灵，而有人则虚名虚利等。以官格透出财星、印星来说，若财印并透而两不相伤者为大贵。若单用印或单用财，虽为贵格，但用印不如用财，因为财可以生助官星，而印虽能护官，却又泄弱了官的气势。总之，看官位高低是很难的课程。现归纳几种不同的类型，可从中搜寻尊卑高下的规律，以增强推断的准确性。

1. 达官贵人必是喜用有情，所用者皆真神，所喜者皆真气，清气天然，秀气纯粹。其人必度量宽宏，公正廉洁，才能出众。

乾造： 戊辰　　　3 壬戌　　　43 丙寅
　　　　辛酉　　　13 癸亥　　　53 丁卯
　　　　甲戌　　　23 甲子　　　63 戊辰
　　　　戊辰　　　33 乙丑　　　73 己巳

这个八字财多官旺，纯而不杂，望之而蔚成风气。日主甲木，没有印、比累赘。官星当令，真神得用；财星生扶官星，喜神有情，更喜辰戌相冲，丁火伤官被辰中癸水冲克殆尽，保护了官星，从官格纯粹天成，不系高官而何？

值得注意的是戌辰两个字。戌为火库，有脆金之忧，一旦岁运遇之，依然伤害官星。辰字冲戌是好事，但辰酉合，岁运遇辰而合住官星，官星亦难以绽放才华。

从官格，其官就代表学历。八字命理层次高，即使大运不佳，亦能步步登高。初运壬戌，戌火忌神肆虐，生活环境不佳。次运癸亥，水泄官星，仍能龙门跳跃，走进了清华园的大门。甲子运甚为忌讳，曾因反对大跃进而打成右派。进入乙丑，丑为喜神，略有好转。大运丙寅、丁卯，看起来是忌神运程，也并没有阻挡前进的脚步。63 岁始进入戊辰，财旺升官，为国家的发展一展雄图大略，而且清正廉洁，受到人民的敬仰。

纯粹清秀的八字，是达官贵人的象征。

2. 县市级长官或某方面之官，以八字的财官为重。只要格局清纯，日元生旺，财官情协，都能官位七品。如官旺有印，官衰有财，财旺无官，印旺有财，身煞两停，煞重逢印，煞轻遇财等，其人必为官清正，有济物爱民之心，无贪财横暴之意。

乾造：癸巳　　大运：3 甲寅
　　　乙卯　　　　　13 癸丑
　　　丙寅　　　　　23 壬子
　　　壬辰　　　　　33 辛亥
　　　　　　　　　　43 庚戌

此造中年必为县级干部。

官煞混杂，能有七品职务？"官煞混杂来问我，有可有不可。"八字身强印旺，喜官煞混杂，更喜财旺生官。这个八字若没有财运的配合，是达不到七品的。《滴天髓》云："分藩司牧财官和，清纯格局神气多。"33 岁行辛亥、庚戌大运，财来克印生官，一路升腾，一步一层天。2000 年初曾问仕途，明确告知：今年立秋后有"戏"。等到七月份，急问为何没有动静？告诉他须在阴历立秋之后才算七月份。果于阳历 8 月中旬上级组织部门对其进行考察，立冬前后晋升为正县级。命理在于 2000 年庚辰，大运走"庚"字，立秋后金旺，财旺生官，辰能晦火生金，先天有做七品官的信息，这一年提升为某局局长。

乾造：丁亥
　　　癸丑
　　　乙未
　　　庚辰

该乾造生于 1947 年。八字三土，财星当令，天干透官透印，财生官，官生印，印生身，用神源头悠长，只是腊月之木，水冷金寒，用神难以伸展。喜丁火透于年干，又通根于日支，年支亥中甲木亦可生火，火虽弱却熠熠闪烁。整个八字，一派清秀之气，待到木火大运，其精神倍增，必能大展其才。若论品级，当为县令；若论忠奸，必为清正。

3. 七品之下的杂官，八字虽非格正局清，真神得用，但格局气象之中，必有一段清气。因为清者贵，浊者贱。干支的清浊是有区别的，凡天干浊，地支清者贵；地支浊，天干清者贱。

乾造： 癸巳
　　　　乙丑
　　　　戊辰
　　　　丙辰

生于1953年农历十二月八日。

日主戊土，生于丑月，虽为冻土亦得时令。时柱丙辰土虽为湿土、虚土，仍有帮身之功。土多土重本来不喜生扶，但该八字生于冬令，若无火则疏冷，人生必清寒。有火则解冻，暖土而生发万物。所以，这个八字的火发挥了两个方面的功能：有利的方面是可以调候暖身，因火而峥嵘；不利的方面是泄木生土，日主被生反而增加了壅塞阻滞。

日主旺相喜克泄，克者为木，泄者为金。该八字有克而无泄，木为官，而且癸水生木，丑辰均为财的库根，财生官，官星居月干而明透，看起来似应当以官为用。岂不知这个官是火的原神，火只起调候作用。若火旺生土反为阻塞。木能生火，官星在这里不仅无益反而有害。官不可用，只能用金，但八字中无金，只能靠大运流转了，到了岁运遇金克官时，就会有官。

大运由北方转向西方。初运甲子、癸亥，大运遇水更加清寒，读书不开窍，学业无成。22岁大运壬戌，有暖身之利。1980年庚申，乙庚合，合去官星反为官，这一年偶露峥嵘，当上了村支部副书记。1984年下半年转为第四步大运辛酉，辛金克乙木，随转为正职即村支部书记。接下来大运庚申，仍光彩异常。25年的食伤岁运，当了25年村里一把手。

别拿村长不当干部，也是相当威风。但2005年大运转到己未，堆土成山，挡住了人生道路，已经风光不再，只能消磨时光了。

4. 能掌兵权或有生煞之权的人，八字有不同于一般文官的独特气势，基本特征是刃煞两旺，如煞旺无财，印绶用刃，或无印而有羊刃者。若羊刃当权，常是文官而掌生煞之权。若刃旺敌煞，局中神气不清，如无食神印绶，而有财官，常为武将。若刃旺煞弱，一般不会显贵。

乾造： 己卯
　　　　丁卯

戊午

　　丁巳

该男生于 1939 年 2 月 2 日巳时。日主戊土，生于卯春之月，虽不得时令，但自坐午火，天干又有丁生己助，地支巳午火局生土，卯木又可生火。自身强壮，可胜财官。卯中乙木为官，且正官得时而旺，午中丁火为正印，巳又为自身禄地。旺官生印，印又生身，轮回相生，八字构成相当可观。按命理说，正官正印又逢禄，清正为厚福。再看日柱戊午，午为羊刃，自坐羊刃主兵权，戊为城墙之土，捍之亦不可动。中年行财运，一贯 30 年，财旺生官，做官当权稳如泰山。该人实际为某部队师级干部，为人清正，一生无大的波折。

人人都想做官，岂不知混官场也是风起云涌、如履薄冰。即便一身清正，还是有偷窥的眼睛。假若再不检点，做那不干净的事，早晚有一天会露出尾巴。即使侥幸没有被曝光，心里打鼓，战战兢兢，长期生活在恐惧之中，那也是要折阳寿的，何苦呢？

乾造：辛卯　　**大运**：12 己亥

　　　　辛丑　　　　　22 戊戌

　　　　戊午　　　　　32 丁酉

　　　　辛酉　　　　　42 丙申

　　　　　　　　　　　52 乙未

八字的特殊性是三伤并透，而且有根基。伤官旺透，本身就暗示有朝一日会因官而祸。官星在年支，虽被伤官所伤，但并未伤尽即卯木还有一定的实力。卯酉相冲，但隔位太远，且酉被午破，亦不能冲卯。这个八字的基点在于日支午火。午火克金以护官，又有卯木生火，火为二七之数，官可达七品。假若没有正印制伤，绝不会官职在身。假使午火移换到别位即不临日支，与日主脱脉，其官必微。从行运看，22 岁前，大运金水，行财运反而无财，生活清寒，厌厌渡日。1974 年 4 月 17 日交脱，脱亥交戌，比肩助身，戌为火库，用神有力，入官场掌权印。1984 年丙子，大运丁酉，流年火土相接，一帆风顺。转入酉金大运，有火克制，亦无大碍，但也难免官场失意。1994 年甲戌，大运丙申，丙为太阳，太阳普照，一扫寒凝。丙辛合，是克合伤官。"暗冲暗会尤为喜"，用神到位，节节提拔，连续几年，权力扩大，官场得意，成绩斐然。1998 年戊寅入申运，伤官临旺，正印却处于死地，加之岁运寅申相冲，本欲从县七品再提拔为市级干部，但惊雷乍响，因离任前突击提拔一批干部违背了干部政策而摘去乌纱。

不过，这个八字虽为官受损，仍称得上好官，因为，正印为用，其心性天生慈善、孝敬，能够以廉为本、以民为贵，不计较个人得失。如此之官，虽被罢官，却多得民心。话说回来，被罢官也没有什么不好，心里亮堂，没有劣迹，无怨无悔。午火主文化艺术，练练书法、绘画，修身养性，陶然于山水，还能长寿呢！

第四节　求财——赚取阳光下的利润

命理学一重视官，二重视财。财为富，官为贵。有财有官，富贵双全。财是人赖以生存的物资基础，假若命中有财，却不去努力争取，那是华而不实。即使命中少财，而拼搏奋斗，亦或小康水平。求财也要选择最佳时空，什么时候走财运，到哪个方向去求财，发财可达到什么程度等，八字中储存着信息密码，破译了这个密码，抓住机遇，努力开拓，会收到事半功倍之效，这也是命理学为社会主义市场经济服务的一个方面。

推断人的贫富，有一套法则，掌握了这个法则，对于指导经营会大有帮助。《滴天髓》论贫富说：何知其人富？财气通门户。何知其人贫？财神反不真。怎样才算财气通门户？任铁樵解释说：财旺身弱无官者，必要有食伤；身旺财旺无食伤者，必要有官煞；身旺印旺食伤轻者，财星得局；身旺官衰印绶重者，财星当令；身旺劫旺，无财印而有食伤者；身弱财重，无官印而有比劫者；皆财气通门户也。

怎样才算财神不真？任铁樵解释说：财神不真有九：财重而食伤多者，一不真也；财轻喜食伤而印旺者，二不真也；财轻劫重，食伤不现，三不真也；财多喜劫，官星制劫，四不真也；喜印而财星坏印，五不真也；忌印而财星生官，六不真也；喜财而财合闲神而化者，七不真也；忌印而财合闲神化财者，八不真也；官煞旺而喜印，财星得局者，九不真也。

乾造：己亥　　大运：4 戊辰
　　　己巳　　　　　14 丁卯
　　　庚子　　　　　24 丙寅
　　　甲申　　　　　34 乙丑

44 甲子

"何知其人富？财气通门户。"这个八字身强财弱有食伤，食伤能生财，就是财气通门户，现资产已达近亿元。

四月火旺，日主本为身弱，但两印泄火生金，时支归禄，弱而转强。身强能任财官，偏财明透，像似根弱，殊不知亥中藏甲，子申拱合而生木更为有情。一旦大运入东方，必奋发有为。初运戊辰，身强再遇印地反觉清寒。次运丁卯，丁火能炼金，但亦泄木生土，仍不能有大转机。一到卯地，水有归处，助起财星，必弃学经商。第三步运丙寅，财马奔驰，自己开办的公司一跃成为当地有知名度的企业。第四步运乙丑，虽不少阻力，但先天根深基厚，亦能拖起沉重的翅膀。之后大运甲子亦佳。

乾造：壬辰　　**大运**：2 辛亥
　　　　庚戌　　　　　　12 壬子
　　　　壬子　　　　　　22 癸丑
　　　　丁未　　　　　　32 甲寅
　　　　　　　　　　　　42 乙卯

这是个身强财弱的八字。按照通常的看法，辰戌相冲，戌为财库，冲开财库能发财。岂不知，财星透于时干，戌为库根，无需冲开，冲之反动摇根基。幸时支未土藏财，才不至于浮泛。辰戌之冲有害而无益，合住财库之日方是发迹之时。初运辛亥，接下来是壬子、癸丑，行北方运，比劫夺财，必穷途四壁。从八字可以看出，兄妹五六之数，僧多粥少，亦必穷困。32 岁大运甲寅，食神泄水生火，生活温暖，春风融融。42 岁大运乙卯，大运与月柱天地合，呈吉祥之象。特别是走"卯"字，卯戌合而解辰戌冲，丁火之根愈固，必大发其利。实际自 1998 年起短短几年，资产已有数千万，是个暴发户。

这个八字是大起大落的类型。穷的时候上无片瓦，下无插针之地。富的时候黄白盈箱，腰缠万贯。

财与妻相关，看钱财也可以看妻缘。"己亥"造和"壬辰"造都属于身强财弱，但与妻的关系是不同的。"己亥"造偏财明透，又有食伤生财，岁运遇财，既发财又有外遇，属于多妻的类型，但也不会与原配离婚。"壬辰"造水火相战，或者叫火水未济，八字本身没有食伤起中介作用，但财又为用神。这种矛盾现象，表现在日常生活上就是夫妻一方面相互争斗，谁也不让谁，同时又相互依存，谁也离不开谁。丁壬合,合而不散。

分析八字务必吃透生克制化、刑冲合害,没有捷径。若死记教条,会常常出错。

乾造：丙申　　大运：16 丙申
　　　甲午　　　　　26 丁酉
　　　丙辰　　　　　36 戊戌
　　　庚寅　　　　　46 己亥

该男生于 1956 年。仲夏之火,其性猛烈,月令羊刃,又得时上寅木生助,印比双透,更助丙火之威,正所谓"虎马犬乡,甲来成灭,"自焚之势甚明。喜日坐辰土,辰为湿土,可泄其威,顺其性。年上申金倚角被火围攻,亦因辰而生。由此可知,喜用在于土金。初运乙未,燥土不能泄火生金,反助其火势夺财,其财乏矣。丙运比肩,流年又遇木火,难生发反见破耗。一入申运,财星得禄,冲去寅木之忌,大得际遇,精神立显。30 岁后进入酉金大运,财临旺地,大展宏图。据本人说,其间担任厂长,带领千余名职工创名牌,夺效益,风风火火,迅速崛起,成为省级先进企业。可惜春花秋月,好景不长,到戊戌大运,戊土高燥,见丙火而焦坼,本人辞去厂长职务。自此,企业暗然失色,风光不再,难现往日的辉煌。本人亦英雄难施其技,求财时时受阻。由此看来,人的起伏迭宕,岂非命也。

乾造：甲午　　大运：12 乙亥
　　　癸酉　　　　　22 丙子
　　　辛卯　　　　　32 丁丑
　　　己丑　　　　　42 戊寅
　　　　　　　　　　52 己卯

酉月金旺,又有时柱己丑生合,其金愈旺。喜日坐偏财,"马无夜草不肥,人无偏财不富",或有暴发之喜。然酉卯相冲,冲破财星主破财。幸年支午火破酉护财,遇午火有力之时必大发其利。若午火受拘之日,必大破其财,乃至穷困潦倒。这就是该八字的突出特征。

从行运看,初运甲戌,木火有力,生活优游快乐。乙亥大运,前五年乙木有力,学业亦顺利。走亥字考学不利。但亥中藏甲木,亥卯半合木局,亦无大害,仅可有一个工作而已。丙子大运总起来看不吉利。子水冲去午火用神,酉金无制而施虐夺财,只能"混"社会以求温饱。但一到 32 岁走丁丑大运,原局午火用神因透出天干而倍加精神,加之1986年流年丙寅助火有焰,时来运转,大放异彩,从一个一般职工一下子跃到总经理的宝座。后又锦袍加身,每个细胞都有荣誉称号。但丁火运一结束,1991年辛未,脱"丁"入"丑",比肩夺财,所经营的企业立刻灰暗。为了支撑表面繁荣,个人做小买卖积攒的30万元血汗钱也拿出来"集资参股"。孰不知命该破财,此钱有去无回。

第五节 病残——鼓起人生风帆

人生旅途,一路顺风者少,崎岖坎坷者多。"人有旦夕祸福",特别是人在疾病、伤残等灾祸突然降临的时候,与命数抗争就尤为可贵。在我们的周围,就有许多动人的故事。有的人身患绝症,却顽强抗争,向死神宣战,以不折不挠的精神向着自己的人生目标冲刺;有的人身残志坚,克服了常人不敢想象的困难,争取事业的辉煌。他们向后人昭示了一个重要的人生意义——鼓起人生的风帆,做与命数抗争的胜利者。

命理学认为,疾病伤残是人五行失去平衡中和的结果。预测残疾,首先要掌握阴阳五行与人身各种器官的对应关系,然后,才能据理推断。

推断人的疾病,基本原理就是八字五行的生克制化、综合平衡关系。如分析疾病应掌握如下的规律:

五行和者,一生吉祥;五行悖者,平生多疾。所谓五行和,并非全而不缺,生而不克。八字金木水火土五行,只有相生而没有相克,并不能保证五行平和。五行平和的判断标准是:旺神太过者宜泄,不太过者宜克;弱神有根者宜扶,无根者宜伤。八字中一神有力,制化合宜,即为五行平和,此类八字一生无灾。反过来,如果五行悖而不顺,左右相战,上下相克,喜逆而逢顺,喜顺而又逢逆,必多灾病。

金水伤官,过于寒主冷嗽,过于热主痰火,金水枯伤主肾虚。金水伤官,寒则气凉,真气有亏,必冷嗽。过于热者,水不胜火,火来克金,金伤即肺伤,虚火上升主痰火。八字中一片燥土,燥土不能生金,火烈而水枯,主肾病。

忌神藏于地支,为病最凶。如忌神为木,木入土,土为脾胃,脾喜缓,胃喜和,土受伤,脾胃失去和缓而病;忌火而入金,金为大肠、为肺,肺宜收,大肠宜畅通,金受火伤而肺气上逆,大肠不畅;忌土而入水,水为肾、膀胱,肾宜坚实，膀胱宜润泽，水受伤则肾、膀胱有病；忌金而入木，木为肝胆，胆宜平，肝宜条达，木受伤，肝胆则病；忌水而入火，火为心、小肠，心宜宽，小肠宜收，火受伤则心、小肠病。还要看虚实，如木入土，若土太旺，木则不能入土，土有余而脾胃因有余而病。若土虚，弱木亦能疏土，土不足而脾胃因不足而有病。其他五行皆可类推。

火土印绶，过于热主风疾，过于燥主皮痒，过于湿主生疮。火土印绶，木从火旺，火旺焚木，木属风，所以主风疾；火炎土则焦，土润则血气流行。皮肤属土，土喜暖润，所以过燥则痒，过湿生疮。火多一般主痰，水多一般主嗽。

其他方面的疾病作如下归类：

皮肤病：八字火盛土衰或水多土弱，易患皮肤过敏；土遭水浸，湿土太重，往往皮肤发痒或湿疹一类等。

心脏病：丁火代表心脏与血液，八字水旺火弱，易患高血压。火弱土盛，土泄丁火，血气散乏；木多火塞，火极弱，易患心肌梗塞。丁火强旺而土气极弱，常血压低，气不足。

肾病：壬水代表膀胱，癸水代表肾脏。八字中水旺木弱或土盛水弱，易患膀胱、肾脏方面的毛病；木旺水衰易患糖尿病。男命癸水入库又逢冲或被旺火烤蒸，易患肾虚亏、阳痿等病；女命癸水入库又逢冲或被旺火烤蒸，易患因肾虚而腰酸手麻等病。

脾胃病：八字或岁运两辰冲戌或两戌冲辰，或两丑冲未，或两未冲丑．易患脾胃病，多食欲不振；戊土弱，金神旺，泄气太过，易患胃下垂；戊土受甲克绝，易胃出血等。

肺、支气管病：土重金埋，辛金极弱，湿气又重，易患肺结核或肺肿；若燥气太重，易患肺炎、肺痨等。

肝胆病：水多木漂，甲木极弱，易导致皮肤萎缩。乙木极弱，易患肝肿大。金水多而木腐，甲木弱极又缺火疏通。易患胆结石；若乙木弱极又缺火疏通，易患肝硬化；火多木焚，木气极弱，易患肝胆病。木为喜用，而遭合化冲损，易患肝胆之疾或车祸、外伤等。

坤造：辛丑　　大运：2 甲午
　　　癸巳　　　　　12 乙未
　　　癸亥　　　　　22 丙申

　　　　壬戌　　　　32 丁酉

　　　　　　　　　　42 戊戌

　　此人患先天性心脏病。因为八字水多，势如汪洋。虽生于四月火旺之时，但巳亥冲，癸水淋头，丑土晦火，必有心脏病。

　　断其为先天性，一是原局中巳火受冲克，原局就表示先天之命；二是巳火居月令，月令是八字的枢纽，人体的枢纽是心脏。三是八字可与人体相比附。年柱为首，月柱为胸部，日柱为腰部，时柱为下肢，巳火当为胸部之心脏。四是天干受克多指外部受损，地支受克多指五脏六腑有伤，巳火受冲当然指心脏了。其五，月柱大限代表 25 岁之前，也能说明属先天性疾病。

　　有先天性心脏病，而要看何时发作。初运甲午、乙未，木火泄水暖身，心脏病潜伏，与常人无异。丙申大运走"申"字时，须看流年是否助水熄火。1992 年壬申，金水旺而火伤，心脏病发作。1993 年癸酉，巳酉丑合为忌神局，其病必重（动手术）。丁酉大运走"酉"字，又是病情易发的时段。1998 年戊寅再次动手术之后，以药养人，在死亡线上挣扎。

乾造：甲寅　　**大运**：1 庚午

　　　　己巳　　　　11 辛未

　　　　丁丑　　　　21 壬申

　　　　甲辰　　　　31 癸酉

　　八字的特殊性在于一片旺火。四月火旺，又有木助火势，其焰必烈。丑辰虽为湿土，因原局无金水滋润而被烤焦。若大运再遇木火，其病源必来自于火。初运庚午，庚为财运，似可吉祥。岂不知午火截脚，原局又无申酉等字，庚金虚弱无力而以午火为重。火为心脏、血液，必由此而得病（确诊为败血病）。不过，虽病重却不会死。因为丑辰为湿土，虽被烤焦，亦有熄火之功。庚金虽无力，亦能耗盗火气。

　　从流年看，1980 年庚申，之后仍是金水连贯，有病得药，救星临位，渐次康复。11 岁行辛未大运，其病虽不能根除，亦近乎常人。21 岁壬申大运，不药而痊愈。

　　人生在世，生老病死是难免的，但却是可以预知、预防的。假若八字有过燥的信息标志，在生活、饮食中就要尽量与火少接触，多用一些与水相关的食物。若有得肝病的可能性，就要注意生活节奏，善于调养，更不要当"拼命三郎"，喝酒一斤八两不醉，赌博一夜不睡，这样会加快身体败亡的步伐。同时人得了疾病，要树立战胜病魔的信心，保持开朗、乐观、豁达的性格是十分必要的。

乾造：乙卯　　**大运**：8 壬午
　　　　癸未　　　　　　18 辛巳
　　　　戊寅　　　　　　28 庚辰
　　　　甲寅　　　　　　38 己卯

2003年9月29日下午6时，一人来到我的办公室，二话不说，就在纸上写了"哑巴"、"算命"几个字。

自然，为哑巴预测亦是义不容辞的事。

他为什么是哑巴？八字有什么信息特征？

这是一个从而不从的格局。戊土生于未月，季夏土旺，似当以身强而论。岂不知满盘皆木，卯未合化为木，月干癸水从木之势，日主戊土已无立身之本，只能从其木势，从煞格成。然六月土旺，虽卯未合化为土，而未土毕竟有支撑日主戊土的作用。故戊土从之不纯，只为假从。

《滴天髓》云："从之真者名公巨卿，从之假者孤儿异姓。"假从一般情况下是局中虽有劫印，亦自顾不暇，不能生扶日主。但只要行运得所，亦可化假为真即假行真运，不贵亦富。但这个八字比假从更假，又不能不从。既从又不从，这叫从而不从之象。先天命带残疾即源于此。日主戊寅，纳音城头土命，土的五音属宫（五音是宫商角徵羽。徵读 zhǐ）。土受克甚重，既聋且哑自在命理之中。

坤造：丁酉　　**大运**：4 丙午
　　　　乙巳　　　　　　14 丁未
　　　　丁酉　　　　　　24 戊申
　　　　壬寅　　　　　　34 己酉
　　　　　　　　　　　　44 庚戌

初夏之火，本不燥烈。但该八字虽生于初夏，而丁火双透，又有时支寅木助火之威，其火趋烈。更为严峻的是火无克泻，丁壬合，制火之水反为助忌之合。丁火是星火，"得时能铸千斤铁，失令难熔一寸金"，丁火得时行旺，直接克害酉金。加之巳酉半合，巳火克合酉金，金为筋骨、四肢，四肢有损，跛脚残废。若八字中有一"辰"或"丑"字则格局大变，不仅身体康健，而且当为富婆。《玉照定真经》认为，卯酉为门户，为关格。关格不通，为腰病跛脚之人。喜其八字中偏财两位，终有生活支柱。最佳24岁后，行运不背，财有源头，虽达不到富婆，亦为小康之家。老年行水运，水能制劫护财，亦老有福寿。恐大运入"戌"，戌为火库，身旺逢库必兴灾，需慎之防之。

乾造：戊戌　　大运：4 丙辰
　　　乙卯　　　　　14 丁巳
　　　辛丑　　　　　24 戊午
　　　辛卯　　　　　34 己未
　　　　　　　　　　44 庚申

该男命为前丁酉造之夫。

八字乃金水相战的格局。仲春木旺，地支两卯木，天干透乙木，叠叠成林。《十二支咏》曰："卯木繁华气秉深，仲春难道不怕金？庚辛叠见愁申酉，亥子重来忌癸壬。"日主辛金，自坐印地。年时印比助金之刚猛。喜其戌土可脆金，戌丑相刑，可刑去丑中辛金。然卯戌一合，绊住戌土，不仅戌中丁火失效，亦不能刑制丑土。金木战斗，没有可融通之物，必有残疾。卯为门户、关格，关格受损，走路颤抖。人还明白，说话语词不清，只能以手势示意。

若论行运，该八字只宜走火运。若遇土金运，助金之威，则金木两伤。若行木运，增木之势，仍为战局。唯行火运，制住比劫以护财为佳。喜其44岁前均遇火地，人生顺畅，不缺衣食。恐运转西方，疾病加重。特别是大运辛酉时，冲破月令提纲，有生命之忧。

戊戌男命和丁酉女命，夫妇虽都是残疾人，却没有被残疾所吓倒，而是冷静面对人生，相互鼓励，克服困难，共同经营着几间门面生意，事业做得还不错。

大凡残疾人的八字，多成战斗之势。或离坎未济，水火相射；或震兑相搏，金木残伤；或木土、火金、水土相互克伐，无通关之物，必不免终身之疾。

第六节　灾祸——与命数抗争

"祸兮福之所倚，福兮祸之所伏"，老子这话的意思是祸福在互相转化，当人福悠悠、乐悠悠、忘乎所以时，可能有灾祸降临；若祸不单行，败到极点时，或许福已暗藏其中了。人的一生不可能没有灾祸，只有多少的差别。遇到灾祸，有的人能"挺"过去，重新扬起人生的风帆；有的人则一蹶不振，被灾祸压垮，甚至走完生命的旅程。人生的态度的差异，有时会产生完全不同的人生结果。

另外，人还应该科学地掌握自己的命运，弄清楚个人生活的轨迹，对于可能发生灾祸的时间、地点，避而远之，静而守之，或许可以免除灾祸，乃至由大化小，由重变轻，绝不会增加灾祸的分量。这也是人生信息科学为人民服务的一种方式。

看人生灾祸的多少、轻重，主要看八字的忌神。假若八字中忌神得势，偏枯无救，则祸事叠叠。比如寅月生人，用神为戊土，甲木反为得时得令得势之忌神。对于忌神甲木，可以用火化之，也可以用金克之。忌神得到有效地制化，则逢凶化吉。若无金无火，反有水生助忌神，则凶祸多端．一生难于安顿。忌神势大者，凶祸重；势小者，凶祸轻。至于什么时间，什么地点发生灾祸，则主要看大运、

小运和流年。比如八字忌神甲木得势，岁运又逢木，或合木局，与忌神结党，喜用神受伤，则灾祸难免。若再去东方忌神恶煞之地，其凶更甚。

乾造：丁酉　　**大运**：4 壬寅

　　　　癸卯　　　　　14 辛丑

　　　　己丑　　　　　24 庚子

　　　　甲戌　　　　　34 己亥

　　　　　　　　　　　44 戊戌

卯月土虚，喜印生扶。年月柱天克地冲，先天有不吉之兆。

六冲，诸书论述颇多，但真正明示吉凶前提条件者少。我的经验，喜用被冲不吉，但合住冲者不显其凶。凶神被冲不凶，但合住冲者则凶。冲者和被冲者是忌神、闲神之类，凡冲必凶。本造卯酉冲即为闲神、忌神之冲。

有了不吉之兆，还要看发生在何时。1991年始行己亥大运。1992年壬申，丁壬合等于绊住用神，岁命申酉戌三会金局，酉冲卯之力巨增，其年必凶。卯酉为门户，又为关格，有腰脚沉滞之象，其病在腰脚。1993年癸酉，癸水克灭丁火，用神受伤。酉来冲卯，"月令提纲不可冲，十冲就有九次凶"，必大凶。提纲又为父母、兄弟宫，不伤及本人就会殃及他人。

附记：1992年因车祸腿断三截。1993年本人借轿车载岳父母走亲戚，跨越火

车铁轨时突然停火，火车急驰而至，轿车被撞飞，岳父母当场死亡，本人受重伤。

坤造： 戊戌　　**大运：** 3 丙辰
丁巳　　　　　　13 乙卯
辛卯　　　　　　23 甲寅
辛卯　　　　　　33 癸丑
　　　　　　　　43 壬子

不要以为身弱可以用印。年干正印自坐干燥戌土，无水润泽，此土不能生金。月干丁火克比，日主枯竭，只能从煞。但戌中藏金从之不真，正所谓"凶物深藏，成养虎之患"，岁运再遇到金透天干，或湿土生金，或水克火而护金就会出灾祸。

没有进入大运前主要看流年，依次为己亥、庚子、辛丑，土金水连贯，忌神接踵，必有灾疾（5 岁前不会跑，生活亦极度困难，其中 2 岁受火烧伤）。初运丙辰，丙辛合去辛金为吉，一走"辰"字又凶（常遭父亲打骂）。33 岁前乙卯、甲寅大运为吉，学业、事业基本顺利。1990 年庚午，大运脱寅交癸，忌神露头。庚为白虎，必有血光（车祸，腰受重伤，至今有伤痕）。1997 年丁丑，大运走丑字，丑为生金之湿土，又一次血光（仍为车祸）。2000 年庚辰，大运脱丑交壬，又一次撞伤（仍为腰伤）。

诗曰：

一生祸连连，戌土藏虎患，
透金腰有伤，遇水遭火焰，
湿土助凶神，破局更艰难。

乾造： 壬子　　**大运：** 1 戊申
丁未　　　　　　11 己酉
己巳　　　　　　21 庚戌
庚午　　　　　　31 辛亥

2002 年 6 月某日，来电问命运，断其大凶。实因喝酒过量，引发心脏病而死亡。

这个八字存在的主要问题是水火相战，没有调和的余地。

八字巳午未会火局，年柱有壬子而不能从旺从势，构成了水火相战的格局。若庚金有根，伤官生财当为美格。岂不知庚金自坐死绝之地已完全被烈火熔化，彻底丧失了生财的功能。其八字的平衡点在于财星，一旦财星受损，则有不测之祸。初运戊申，伤官生根且泻秀，出身于富贵之家，经济条件优越。次运己酉，伤官临旺，学业顺遂，人生优游。第三步运庚戌，走"庚"字，流年为壬申、癸酉、甲戌、乙亥、丙子，金水连贯，工作顺利，结婚生子，生活沉醉于幸福之中。大运走"戌"字，戌为火库，子水受克，用神受伤，这是个危险的信号。若流年不再损害财星用神，亦能度过危难。2002年壬午交脱，流年与生年子午相冲，冲克太岁，命岁运忌神会聚，凶煞结党，用神被彻底损伤，必有生命之危。水火相战，必因水而亡身。饮酒而亡，合乎命理。

再来看看死亡的时间与命运的必然联系。该男死于壬午年未月壬午日戌时。排成八字为：壬午、丁未、壬午、庚戌。

岁命运合看，三午冲一子，两戌两未均来克害子水，用神崩溃，天数已尽，命归黄泉，一个年轻的生命消失了。

坤造： 癸丑　　**大运：** 4 己未

　　　　戊午　　　　　14 庚申

　　　　辛卯　　　　　24 辛酉

　　　　乙未　　　　　34 壬戌

2002年元月20日夜，浙江某女来电，为其妹妹问前程。出生在1973年农历五月二十四日未时。排出八字（如上）后回电说，2001年为大凶之年，恐有生命之危。

五月火旺，幸有丑土晦火生金，财官亦美。求学阶段正值大运庚申，学业必佳。24岁后大运辛酉，走上了工作岗位，事业上亦能结出硕果。然最不吉者是遇上2001年辛巳。该年大运入"酉"，命岁运合成巳酉丑金局。2001年10月，月令亥水与命中卯未合成木局，一东一西，一震一兑，一金一木，犹如两军交战，互不相让。八字中天干戊癸为克合，辛乙相冲克，命岁运全部进入交战状态，无常鬼已来到这位年轻女子身边。看来，留住生命已经不可能了。

看八字，凡岁命运构成两组三合或三会，两两交战，没有救应，即可定为死期。

附记：该女在2001年10月份到银行取款，一去就再也没有回来。公安悬赏捉拿凶手，终无任何结果。活不见人，死不见尸。依命理断，该女已经到了另一个世界。

人的命数不同，也就有了寿命长短之别。寿命长的特征是：五行均停；四柱无冲克；所合者皆闲神；冲去者皆忌神；留存者皆喜神；日主旺而得气；身旺官弱而逢财；身旺财轻而遇食；身旺有食伤吐秀；身弱而印绶当令；月令无冲无破；行运与用神喜神不背等。寿命短的特征是：印绶太旺，日主无着落；财煞太旺，日主无倚靠；忌神与用神相战；喜冲而不冲；忌合而反合；忌冲而反冲；喜合而不合；日主失令，用神浅薄，而忌神深重；行运与喜用神无情，反与忌神结党；身旺而无克泄；用印财来坏印；身弱逢印而重叠食伤；金寒水冷土湿；火炎土燥木枯等。

乾造：甲辰　　**大运**：1 壬申
　　　　辛未　　　　　　11 癸酉
　　　　甲申　　　　　　21 甲戌
　　　　己巳　　　　　　31 乙亥

八字官星明朗，主贵。但官星辛金坐未，未月火土两旺，烧烤官星，未土脆金而不能生金，官星孤而无辅。时上己土本可生金，惜甲己合绊，丧失了生金之力。官星犹如坐在一堆干柴上，一旦起火，必有大凶。火为伤官，防火就是该八字的主要矛盾方面。

初运壬申，金水有情，官星临旺，水护官星，正值上学阶段，学业必佳，且担任学生干部。次运癸酉，学业、工作颇多顺遂。大运甲戌，虽见火库，但不是明火执仗，人生有崎岖亦无大碍。第四步运乙亥，看似亥运为佳，实则亥字转化变质，吉神化为凶物，其凶愈甚。2002 年壬午，流年离火，恰与命中巳未会成伤官局，且小限丁卯，命运限又三合成羊刃局，伤官、羊刃煞气腾腾，必有大凶（该人为南方某市派出所所长，2002 年 3 月在夜间值班睡觉时被人用斧头砍伤，抢救无效，两个月后死亡）。

遭此大凶的起因是什么呢？身弱财多，必然会醉歌秦楼。财旺最喜比劫助身。然八字甲己争合为病，喜其官星制比而相安无事。一旦官星受损，争财夺妻的罪恶就会降临。

另外，日时两柱天地合，巳申克合官星，巳暗藏煞机。合多亦主淫荡，丧命必与女人相关。

附记：该人在 2000 年找笔者看过八字，曾告诫其蛇、马、羊年宜谨慎，特别防经济或女人问题。该人与有夫之妇长期通奸，情妇之夫怒不可遏，酒后实施了

"除奸"行动。这种恶果连笔者也未曾料到。看来，色性猛如虎也，不是自己的，最好别惹。

第七节 相貌美——真、善、美的内外统一

自有人类社会以来，评价人的形象、心性，就有美和丑的差别。美与丑是对立的统一，没有丑，则没有美。同时，两者相互斗争，推动了人类文明的发展。美的东西，历来被人们所颂扬；丑的东西始终被人们所鞭挞、唾弃。人的形象美，就是人们欣赏的对象；丑陋不堪，就让人不屑一顾。心胸坦荡，无私无畏，为人民和社会奉献了一切，这种内心美受人崇敬，即使死了，也能立起一座丰碑；心灵卑琐，甚至成为正义的叛逆，即使活着，也是一躯站着的尸体。臧克家在诗中说："有的人死了，但他还活着；有的人活着，但他已经死了。"这是对美和丑做出的结论。

人都希望自己长得漂亮，男性萧洒倜傥，具有阳刚之气；女子"羞花闭月"、"沉鱼落雁"，自为骄傲之本。爱美是人的本性，谁都不愿当"丑八怪"，近几年化妆品市场发展极快，从侧面反映了人对美的向往和追求。

人是秉天地阴阳造化而生的，所以，以阴阳五行为理论基础的命学，就能反映人的外在形象，凭八字，不见本人，即可说出个"子丑寅卯"，这是八字的长处。

推断人的相貌美丑，主要是看日干命主的旺衰情况。

日主为木，生旺者，直朴清高，骨胳修长，手足纤腻，丰姿秀丽，口尖发美，面色青白，语句轩昂；若休囚，则体瘦发少；死绝则眉眼不正，肌肉干燥，行坐不稳，身体不正。青色是木的本色，若八字中见火，则带赤色，见土则带黄色，见金带白色，见水带黑色。

日主为火，生旺者，面貌上尖下阔，形体头小脚长，印堂窄而眉浓，鼻准露而耳小；若太过，则声音焦脆，面目赤色，少静好动；若不及，则瘦弱而黄，骨露而尖。赤色为火的本色，若八字见土则带黄色，见金带白色，见水带黑色，见木带青色。

日主为土，生旺者，体形厚壮，鼻大口方，眉目清秀，面肥色黄；若土太重，

则古朴拙卑；若不及则面色滞重，面偏鼻低。黄色为土的本色，见火则带赤色，见水则带黑色，见木则带青色，见金则带白色。

日主为金，生旺者，体型秀丽，面形方白，体健神清；若太过不及，则身材瘦小，形体不正，精神昏浊。白色为金的本色，八字见土则带黄色，见水带黑色，见木带青色，见火带赤色。

日主为水，生旺者，形体灵秀，面黑光彩；若太过不及，或矮小或偏斜。黑色为水的本色，八字见土带黄色. 见木带青色，见火带赤色，见金带白色。

从以上日主的生旺死绝可知，一股来说，生旺者形体较美，太过不及则失去中和，成为下品人格。在推断人的外貌时，要结合五行的自然特性，再根据生旺死绝情况，就有了十有八九的判断依据。比如木的自然属性就是秀长条达的，其色为青，只要生旺，人的形体就是美的或比较美的；反之，则以下层档次相论。

断人相貌，除看日主五行外，还要看八字中其它五行，如日主为金，但土多金埋. 人则低矮。看格局，凡成格局不破者，如润下格、从化格、日贵格等，都有比较好的外在形象。看刑冲化合，八字刑冲不可多，多则脏腑肢体有疾；日主合而化者，形体秀美。看星宿神煞，贵人、文昌、天月德等吉星多者人俊美；孤寡①、空亡、元辰②、悬针③等凶星多者面无和气。看喜用神，喜用神旺相，无冲无破，人的精神贯足，光彩照人。看六神，伤官重者人美，特别是金水伤官，人更漂亮。

坤造： 壬辰　　　21 己酉

　　　　 壬子　　　31 戊申

　　　　 辛卯　　　41 丁未

　　　　 戊子　　　51 丙午

品味这个八字，一个美女的形象跃然而出。我电话告知："人很漂亮，虽已过了知天命的年龄，但风韵尤存，只是婚姻不顺，有花烛重辉之象。结婚后感情不

---

①虚拟的神煞之一。孤寡即孤辰寡宿。幼儿无父曰孤，老而无夫曰寡。辰为星辰，宿为星宿。星宿犯孤寡，乃阴阳惆怅哀伤之意。孤辰寡宿的查法是以年支为据，亥子丑逐方三位，进前一辰寅为孤，退后一辰戌为寡；寅卯辰逐方三位，进前一辰巳为孤，退后一辰丑为寡；巳午未逐方三位，进前一辰申为孤，退后一辰辰为寡；申酉戌逐方三位，进前一辰亥为孤，退后一辰未为寡。孤辰寡宿是个煞星，人若犯了孤寡，则婚姻不顺，命克六亲。

②元辰，又名大耗，虚拟的神煞之一。耗者，散也，主散财、孤苦伶仃。查元辰方法是：阳男阴女，冲前一位为元辰；阴男阳女，冲后一位为元辰。

③悬针，虚拟的神煞之一。文字的形象悬着的针，如甲、丁、辛、午。

好，1981 或 1982 年会离婚，1986 年可能会再婚。"若时光倒转青少年时期，这束被追逐的"校花"曾吸引过多少人的视线。

反馈：准确。

她为什么长得漂亮？1. 格局从儿，食伤泄发秀气。2. 辛金是成器之金，犹如金银首饰，是经过加工整形的。《滴天髓》云"辛金柔弱，温润而清，畏土之叠，乐之水盈"，辛金见水会更加玲珑剔透。3. 女人是水做的，八字水多，主皮肤细腻，有光泽，冰清玉洁。眼睛有神，流转有情，常说"水汪汪的大眼睛"。4. 桃花多，两子一卯都是桃花。

为什么断其婚姻不顺？八字无官星，财星卯木就是夫星。子卯相刑，命中潜藏着婚姻危机。水多木漂，卯木一旦被冲合，丈夫就会顺水流失。1981 年辛酉，夫星卯木被冲。1982 年壬戌，卯戌合，合去用神，均主夫妇分离。1986 年丙寅，丙辛合，寅卯辰会喜神局，花烛重辉。

坤造： 乙卯　　　3 丁亥

　　　　丙戌　　　13 戊子

　　　　己酉　　　23 己丑

　　　　丁亥　　　33 庚寅

形象欠佳的八字。命理：己土生于九月，戌是燥土，天干丙丁又生土。喜年上乙木可制土，但乙与丙临，有助火之力，喜神反化为忌神。卯戌合化为火，是助忌之合。日坐酉金，本可泄秀，又逢卯酉相冲，酉金丧失了秀神之功。整个八字，一片浑浊，喜金金被冲，忌火木生火，用木木被合，吉神受制，凶物逞狂，本人因缺乏女性魅力很难找到合适对象。

乾造： 乙丑　　　5 丁亥

　　　　丙戌　　　15 戊子

　　　　甲午　　　25 己丑

　　　　丙寅　　　35 庚寅

该男生于 1985 年，日主甲木，丙火两透，地支寅午戌三合火局，虽有丑土晦火，然乙木盖头，又临戌刑。木奔南方，精气泄尽，微弱至极。八字偏枯，火烈土燥，无润泽之神。面目丑露，即使父母亦愁其未来也。

通过以上几例我们可以归纳出推断美与丑的几点规律：

1. 金水旺相者灵秀，火燥土多者肤色粗糙；

2. 有食伤而又不被冲合者秀气，无食伤而又偏枯者丑陋；
3. 子午卯酉亥壬癸庚辛乙多者漂亮；
4. 化神格特别是乙庚合化成功者靓丽；
5. 五行流转有情、不偏重偏轻者一般来说形象较好。

第八节　心性美——以平和的心营造和谐的美

相貌美丑，一望而知。而人的心灵、性格的美，却非一日修炼之功。命学的独特之处在于八字到手，可断人的心性。明白了人的心性，对人对己，甚至对工作，事业都有好处。在择友中，心灵丑恶者应避而远之。宋人欧阳修在《朋党论》中有一段警语："小人所好者禄利也，所贪者财货也。当其同利之时，暂相党引以为朋者，伪也；及其见利而争先，或利尽而交疏，则反相贼害，虽其兄弟亲戚，不能相保。"在工作中，那些见利忘义之徒，绝不能管财管物；那些媚上欺下、忘恩负义之类，亦不应提拔为干部。这种心灵性格的预测，岂不是为选拔人才提供了一条途径？

看人心性，与看人相貌的方法相类，仍以阴阳五行为基本依据，现分述如下：

日主为木，木主仁。生旺者，仁慈博爱，其心恻隐，利物济人，行为慷慨。若太过，其性执傲，反生嫉妒之心；若不及则柔弱至极，心性多疑，贪小利背大义，不知大体。

日主为火，火主礼。生旺者，其性急速，热情好动，恭敬谦和，威仪凛烈。若太过，则酷烈残毒，暴燥无常；若不及则生性巧诈，小有辩才，大事无决。

日主为土，土主信。生旺者，忠孝至诚，不失信约，好敬神佛，厚重可贵。若太过，则执而不返，既愚又倔，古朴难用。若不及，则不通事理，狠毒无情，悭吝妄为。

日主为金，金主义。生旺者，义重疏财，威武刚烈，临事果断。若太过，则尚勇无谋，喜淫好煞，刻薄不仁。若不及，则思虑多，决断少，虽好义，但无终。

日主为水，水主智。生旺者，智高量远，计谋周密，聪明敏惠，学识过人；若太过，则是非好动，飘荡多淫，奸诈诡密，惨酷无极。若不及，则反复无常，胆小无谋，性昏无赖。

由日主看人心灵性格的同时，还不要忘了结合八字中其它五行旺衰情况进行判断。如日主为金，八字中火多，其性好礼，口才辩利。水多，往往计虑不周，缺少恩义。土多，则心慈暗昧，多处嫌疑等。

以五行看人的心性有个基本规律，即五行各有所主，仁义礼智信各有侧重。八字中五行不背，中和纯粹，则心地纯静，为人诚实，可与之交。若八字偏枯混乱，或太过不及，则性格乖逆，好惹是非，傲物不端，心性难测，不可与之交。

结合用神推断人的心性，也是常用的一种方法，其基本法则是：

比劫： 比劫代表一种自我意识、主观意识。为用神则意志坚强，稳重直率，充满自信心；为忌神则冥顽不化，无视法纪，惹事生非等。

正官： 正官代表约束力、自制力。为用神则光明正直，坚持正义，办事不越轨。为人坦荡，作风正派，受人尊敬，有号召力和感染力。为忌神则向两极发展，或优柔寡断，畏首畏尾，或恃才傲物，目无法纪等。

七煞： 为用神，则志向远大，办事果敢，富有进取精神；为忌神则刚愎自用，性情急燥，争强好胜。若八字再与伤官混合，则易于落入黑道。

正财： 正财代表节制性。为用神则性情温和，勤俭持家，责任心强，作风正派，办事公道；为忌神则呆板教条，钱财吝啬，缺乏灵活性。

偏财： 具有投机性特点。为用神则聪敏灵巧，遇事能变通，人缘关系好，最适合于经商；为忌神则感情用事，豪爽风流等。

食神： 代表传统性、文学性、含蓄性。为用神则忠厚正直，气质文雅，有才华。为忌神则好幻想，重感情，好钻牛角尖。

伤官： 代表个性，技术性。为用神则思想敏锐，志向远大，多智多谋，多才多艺。为忌神则放荡任性，无视法律，不守礼教，不修边幅等。

正印： 代表仁慈、博爱、智慧。为用神则仁慈端厚，温文善良，足智多谋；为忌神则脱离实际，不合法度等。

偏印： 代表非正统思想。为用神则精明干炼，有时能以特殊的思维方式提出问题和解决问题，可在特殊领域有新建树。为忌神则多疑虑，多烦恼，当仙姑、巫婆者亦有之。

总之，测人心性，辨善恶邪正，不外乎五行之理；区别君子与小人，也离不开四柱之情势。五行平和纯粹，格正局清，不争不妒，喜官财来生官，喜财官能制劫；忌印有财坏印；喜印官能生印等。其人心性正直，有君子之风，可与之交，可委之任，可以充分信赖。反之，五行偏枯杂乱，多争多合，合去者皆正气，化出者为邪神，喜官而官临劫，喜财而财居印，忌印而官生印，喜印而财坏印，阴气盛阳气衰等，其人多趋势忘义，虽巧言多能，似和珅之流，切不可与之交，不可委以重任，不可被花言巧语所迷惑。

伤官为喜神或用神的时候就是秀神，秀美之神，既有内秀又有外秀。外秀者，外在形象好；内秀者，智慧技能高。

乾造：甲寅

　　　　壬申

　　　　甲午

　　　　丁卯

这是伟岸丈夫的气质形象。秋天金旺，日主甲木死绝，然月令申金生壬水，壬水生甲木，绝处逢生，生生不息，死木变活木。加之，年柱为甲寅、日支有卯木，根深气厚，有较强的生命力。《滴天髓》说"甲木参天，脱胎要火，地润天和，直立千古"。这是个地润天和的八字，处于秋而金有火炼，木虽死而得水生，水得金生而不浮荡，火虽休囚而有木生，金木水火各得其所。仁义礼智信，五德俱备。甲木主高度，身高近1.80米，岂不是伟岸丈夫？伤官泄秀，气质甚佳，以女性的视觉，肯定是难得的帅哥。

此人追求光明，先进而又不与污浊合流的心性。他追求光明，积极上进，不管做什么事情都力求尽善尽美，原因是丁火的积极诱导。丁火为用神，丁火是星光，其性必然追求光明，象星星一样的光彩。要散发光明，被众人看的起，就必须有拿手戏，高人一等的技能。据本人说，在全省几次技能考试都是第一名。他这种向往光明的天性，是不会甘居人后的。

丁火为伤官，除了追求光明的一面之外，还有伤害官星的一面。既然丁火为光明之火，不但本人不会做阴暗隐私之事，而且对于单位、社会上的恶浊也看不惯，甚至愤世极俗。伤官，其本性就是不服管理，对于官场的腐败从其内心里就非常厌恶。

这样的心性，说起来是值得称颂，但在目前这样的社会环境里却容易被误解。

此人有才能却不被重用。他是一个有学历（大学专科毕业）、有技能、有道德的青年，按其理说应得到提拔重用。但伤官为用啊，他不会请客，不会送礼，不会拉关系，提拔干部的时候哪位领导能想起他？

除伤官为用之外，偏印是一大人生障碍。用神是伤官，壬水却合绊伤官，丁火为光明之星，但壬水却把丁火合住了，扑灭了，使你暗淡无光，不能一展才华，当然会感到憋气、压抑、困顿。壬水为偏印，偏印为单位上的副职，受副职压制，壬水占月柱，月柱为兄弟宫，有同事抵毁他，本人就像笼中之鸟，倍受困顿。

还有一个原因就是寅申相冲，申金为七煞，七煞为小人，会不断遭受小人诽谤诬陷。

七煞为偏官，什么时候当偏官看？什么情况下又看作小人呢？凡七煞为用，又无正官相混时，煞亦为官，而且这个官比正官还有威权。当七煞为忌神而又发挥不良作用时就是小人。八字五行配合不当，本人也做小人之事。八字配合适当，小人指他人。

说起来，把其他人说成小人也不妥。自己是君子，他人是小人，不对。反对你的人未必是小人，只是因为八字的五行不和谐，你所处的环境中，必然有反对你的人，反对你的人就是小人吗？人家也可能是君子。所以，当一个人遭别人反对攻击的时候就是"犯小人"，这是命理用词世代相因的错误，应当予以纠正。

乾造：丙寅　　　5 辛丑
　　　庚子　　　15 壬寅
　　　己亥　　　25 癸卯
　　　甲戌　　　35 甲辰

仲冬之土，水冷木凋土冻，庚金又生水制木，助纣为虐，看似一片浊乱，缺乏信义之人。然而，丙火透于年干，以火为用，一阳解冻，冬日可暖，可去庚金之浊，解己土之冻。木遇火发荣，勃勃生机立显。更妙的是戌为燥土，可围水培木，日元之根愈固。再说，甲己合为中正之合，故该人处世端方，不争不妒，恭和谦让，有君子之风，无小人之态。可惜八字水势大了些，地位前程难免受了些影响。

乾造：丙午　　大运：3 辛丑
　　　庚子　　　　　13 壬寅
　　　辛酉　　　　　23 癸卯
　　　辛卯　　　　　33 甲辰

子午冲，卯酉冲，年柱与月柱天克地冲，日柱与时柱天同地冲，其性不稳，不犯罪而何？《易传》曰："积善之家必有余庆，积不善之家必有余殃。"监狱里的罪犯并不是"人之初，性本恶"，而是自己酿造了苦酒，滑向了罪恶的深渊。

日主辛酉，干透庚辛，身强可知。冬金喜火锤炼，惜午被子冲。若以火为用，当以木生助为喜。惜卯被酉冲，又被天干辛金压伏，木不能生火。喜用神皆被冲破乃大凶之象。《洪范》有"子午卯酉重逢，怀酒色荒淫之志"，正应了这句话。但也有书云：子午卯酉四位全，主大富贵。此说亦对。

康熙的八字是： 辛卯、丁酉、庚午、丙子。

《滴天髓》是这样批注康熙的八字的： 天干庚辛丙丁，正配火炼秋金。地支子午卯酉，又配坎离震兑。支全四正，气贯八方。然五行无土，难延秋令，不作旺论。最喜子午逢冲，水克火，使午火不破酉金，足以辅主。更妙卯酉逢冲，金克木，则卯木不助午火，制伏得宜。卯酉为震兑，主仁义之真机；子午为坎离，宰天地之中气。且坎离得日月之正体，天消无灭，一润一暄，坐下端门，水火既济，所以八方宾服，四海攸同，金马朱鸢，并隶版图之内；白狼玄兔，威归覆帱之中，天下熙宁也。

两八字都是子午卯酉全，一个贵为天子，一个贱为囚徒，天壤之渊。其天子八字冲去者皆凶神，留存者皆吉物。而本例八字冲去者为喜用，忌神结党而无制，其凶自在命理之中。33岁大运甲辰，财星一透，群比争财，合伙作案，抢劫财物，奸淫妇女，其凶至极。甲辰大运前，虽亦行财运，但财在地支，仅为偷偷摸摸，并不明目张胆。2000年庚辰，流年劫财，辰土晦火之光，终成阶下囚。

附：古代名人八字赏析

一、至圣先师——孔子

孔子是大圣人，儒家学说的创始人。中国普通百姓都会背常用的孔子语录，可见，儒家思想已经融入到中国人的文化血脉。

孔子生前并不得志，死后却不断被封建帝王们拔高、吹捧。唐开元二十七年被追谥为文宣王，到了宋大中祥符元年就加谥为至圣文宣王；元大德十年又加号为大成至圣文宣王。明代的统治者可能觉得文字太多，就改称为至圣先师，显得亲切而自然。到了清顺治二年，又重定谥号为大成至圣文宣王先师，凡是用过的尊崇性文字都堆加上去了。但到了十四年，可能觉得太拗口，又回归为至圣先师。应当说，孔子对中国的人文方面的贡献，怎样加谥都不为过。当今，人们称孔子是教育家、思想家、政治家，也是推崇、尊重。

不过，还原为历史真实的孔子并不是那么幸运，而是命运坎坷，一波三折。虽然有圣人的智慧，却得不到施展、发挥。最辉煌的人生一页是做了个鲁国的相当于县处级的中都宰，而且时间短暂，像流星一样的一闪而过。孔子也相信自己命运的存在，曾自己占卦得旅卦。象辞说："小亨，柔得中乎外，而顺乎刚，止而丽乎明。"孔子得旅卦而哭泣着说："凤鸟不来，河无图至，天之命也。"意思是凤凰不向这里飞来，黄河没有龙图出现，这是天命啊。孔子已经认识到自己有光明圣德却难以推行于天下的命运，所以才无奈而哭泣。

我们从孔子的八字看其命运的轨迹：

庚戌　　6 丙戌
乙酉　　16 丁亥
庚子　　26 戊子
甲申　　36 己丑
　　　　46 庚寅
　　　　56 辛卯
　　　　66 壬辰

日主庚金，生于仲秋。地支申酉戌三会成金局，西方白虎呈象。天干乙庚合金而化，西方一气格。"化之真者，名公巨卿；化之假者，孤儿异性"，孔子有圣贤者的智慧，命中自有定数。化神格，顾名思义，是把某一种物资变化为另外一种物资，是"化"出来的，也包括社会的、政治的、思想的、人文的等方方面面的"化"。可见，孔子来到人世间肩负着化育人类的责任，要整顿社会秩序，"克己复礼为仁"，达到君君臣臣、父父子子的有序状态。但实现政治抱负和理想并不是一帆风顺的，八字的"戌"字，为火库而克金不化，或者叫顽固不化，足以阻碍化育之功，人生坎坷就在所难免了。

孔子出生于鲁襄公二十二年八月廿八日申时，3岁的时候，不幸丧父。清代命理学家袁树珊只是说"当三岁之际，岁逢壬子，竟遭圣父叔梁公之丧"。为什么在这一年丧父，袁氏没有说。但笔者认为，壬子丧父是不对的。因为八字子水为用神，命书说"庚金带煞，刚健为最，得水而清，得火而锐"。壬子年是用神当岁，"得水而清"，岂能丧父？如果以甲木偏财为父星的话，木得水生，不会有丧父之难。若以用神子水为父星的话，更不会丧父。推迟到下一年癸丑，即孔子四岁的时候丧父是符合命理的，因为丑子合，合绊了用神。困住子水，两庚金克伐甲木，其父有难。6岁到15岁，行丙戌大运，忌神当头，少年悲苦，几乎没有什么学业。

到15岁大运交脱之际,立即领悟到读书的重要,所以他说"吾十有五而志于学"(《论语·为政》)。

到了16岁,大运北方,金水相生,水流奔突,喜庆齐来,才真正开始了自己的学业、事业之路。19岁戊辰年,命、岁申子辰合化成水局,这一年踏上了红地毯,奏起了"百鸟朝凤",与上官氏成婚。第二年生子叫伯鱼。据说,恰逢鲁昭公赐给孔子一条大鲤鱼,所以叫伯鱼。还在这年当上了委吏即管理仓库的小官,接着又提升为乘田即管理牧场的官。别看官小,但在以农为本的社会,让你管理田地、仓库就是相当器重的了。而且,作为年纪轻轻的孔子也是直步青云了。后来,孔子曾回忆说:"吾少也贱,故多能鄙事。"

第三步运戊子,仍是用神大运,当然会一路顺风。大约二十六七岁的时候,孔子已经小有名气了。同时,开始了私人办学的尝试。30岁的时候,孔子经过努力在社会上已站住脚,才说"三十而立"(《论语·为政》)。到这个时候,已经有了不少弟子,其中颜回、冉雍、冉求、商瞿、梁鳣生都是高材生。这一年齐景公与晏婴来鲁国访问。齐景公会见孔子,与孔子讨论秦穆公何以称霸的问题。足以看出,此时的孔子已有了很高的社会地位。当35岁的时候,即甲申年,鲁国发生了内乱。《史记·孔子世家》云:"昭公率师击(季)平子,平子与孟孙氏、叔孙氏三家共攻昭公,昭公师败,奔齐。"孔子在这一年也到了齐国。申是马星,寅午戌马在申,孔子属狗,离开鲁国而到齐国,也是命运的驱使。

36岁开始走己丑大运,是平稳发展的阶段。36岁乙酉年,乙庚合化金,酉金也是喜神。齐景公曾问政于孔子,孔子说:"君君、臣臣、父父、子子。"得到齐景公的赏识。也就是这一年,在齐国听到了《韶》乐,如醉如痴,才说出了"三月不知肉味"的话。37岁丙戌年,是忌神年,齐大夫欲害孔子,孔子由齐国返回鲁国,很狼狈。40岁己丑年,经过几十年的磨练,孔子对人生各种问题有了比较清醒的认识,故自云"四十而不惑"。

46岁大运庚寅,又开始了向上发展的势头。四十八岁的时候,季氏家臣阳虎擅权。孔子称"陪臣执国政……故孔子不仕,退而修《诗》、《书》、《礼》、《乐》"。这时,"弟子弥众,至自远方,莫不受业焉"。阳虎想见孔子,孔子却不想见阳虎。后二人在路上相遇了,阳虎劝孔子出来做官,孔子却没有明确表态。50岁即公元前502年(鲁定公八年)己亥年,自谓"五十而知天命"。到了51岁庚子年,喜用神的年份,孔子当上了县级干部中都宰(现汶上一带)。治理中都一年,卓有政绩。公元前500年（鲁定公十年）即52岁辛丑年，孔子由中都宰升小司空，后升大司寇，相当于国相了。据说"孔子为鲁司寇，鲁国大治"。看来，孔子不仅能当老师，也是治国良才。接下来流年壬寅、癸卯，用神临位，是人生最辉煌的阶段。可是，55岁甲辰年，孔子却遇到了不愉快的事情：齐国送80名美女到鲁国。季桓子接受了女乐，君臣迷恋歌舞，多日不理朝政。孔子与季氏出现不和，就离开鲁国到了卫国。十月，孔子受谗言之害，离开卫国前往陈国。路经匡地的时候被围困。后经蒲地，遇公叔氏叛卫，孔子与弟子又被围困。后又返回卫都。

56岁辛卯大运。卯酉冲，冲喜神当然就逆多顺少，算是多事之秋吧。孔子在卫国被卫灵公夫人南子召见，"子见南子，子路不悦"，孔子单独见个女人，弟子都反对。59岁时由鲁国到卫国，住不下去了，再经过曹国到宋国。宋国司马桓讨厌孔子，扬言要加害孔子，孔子只能微服而行。60岁自谓"六十而耳顺"。过郑到陈国，在郑国都城与弟子失散，独自在东门等候弟子来寻找，被人嘲笑，称之为"累累若丧家之狗"。孔子欣然笑曰："然哉，然哉！"后孔子与弟子在陈蔡之间被困绝粮，许多弟子因困饿而病。十年大运卯酉相冲，东奔西走，"不知何处是故乡"，周游列国，碌碌风尘，非常狼狈。

第七步大运壬辰，看起来水旺喜庆，但年事已高，加之流年不济，则不断遭受打击。67岁丙辰，丙火为忌神，夫人上官氏卒，当时，孔子还在卫国。69岁戊午年，子午相冲，冲用神甚凶，儿子孔鲤卒。妻死子亡，多么大的精神打击啊！70岁己未年，子未相害，土克水。爱徒颜回卒，孔子十分悲伤，亦只能自谓"七十而从心所欲，不逾矩"。72岁时，卫国政变，子路被害。孔子又经受一次严重的打击，十分难过。73岁壬戌，太岁本命年，而且岁运辰戌冲。四月，孔子患病，不愈而卒。葬于鲁城北。至圣先师，一颗璀璨的明星陨落了。不少弟子为之守墓三年，子贡为之守墓六年。弟子及鲁人从墓而家者上百家，后孔子的故居改为庙堂，世世代代受到人们的奉祀。

二、大富豪——石　崇

己巳　　　9 庚午

辛未　　　19 己巳

甲午　　　29 戊辰

戊辰　　39 丁卯
　　　　49 丙寅
　　　　59 乙丑

石崇，晋人，原籍山东益都县。石崇生于延熙十二年六月大暑之后，命主甲木，正枝繁叶茂，时上辰为湿土，湿土可培木。年时上为己巳、戊辰，纳音大林木，又进一步壮甲木之声威，阳刚之气发泄无余。极盛之木亦暗藏祸殃，这就是辩证法。未月土旺，辰未为财库，巳午未三会财局，戊己偏正财双透，好在有辛金正官把守财库，盗贼不敢妄为。

石崇巨富，从命理上可找这样的注脚：

1. 财库遇三合之乡，必为巨富；
2. 偏正财双透，必疏财好义，慷慨大方；
3. 财为妻妾，财旺妻妾多。

实际状况与八字命理相吻合。百姓有句俗话叫"富比石崇"。他曾与王恺比富，"恺以粘澳釜，崇以蜡代薪"；"恺争紫丝布步障四十里"，"崇作锦布障五十里敌之"。晋武帝赐给王恺世之罕比珍宝——三尺余高的珊瑚树被石崇击碎，石崇不以为然，拿出家中四尺多高的六七株珊瑚树任其挑选。据载石崇婢妾十余人，其中最美者为绿珠。

八字如此，岁运如何？初运伤食，大运不恶。史载崇"少敏惠，勇而有谋"。19岁后行财运并不可以言吉，但流年水木情致缠绵，年20余，即任修武县令，后又任散骑郎、城阳太守等职。25岁，流年癸卯，命主得生得助，财官自任有余，被封为安阳乡候。因好学不倦，不久，又拜为黄门郎。45岁后，卯为用神临旺，是人生第一好运，官至荆州刺史。49岁入丙寅大运，丙为食神，既泄甲木之精，又合辛金官星。52岁庚申，岁运天冲地克，寅申巳连环三刑，当有绝顶之灾。是年，因争夺爱妾绿珠而身亡，其母兄妻子均被煞害，死者十五人。

石崇是因财致祸、因色杀身的典型。

三、散文大家—— 范仲庵

己丑　　　1 壬申　　　41 戊辰

癸酉	11 辛未	51 丁卯
庚戌	21 庚午	61 丙寅
丁丑	31 己巳	71 乙丑

"先天下之忧而忧，后天下之乐而乐"，是范仲庵《岳阳楼记》中的名句。

假若范仲淹只做官而没有《岳阳楼记》，恐其名声不会如此被后世传颂。

范仲淹，北宋著名的政治家、思想家、军事家和文学家。从八字看，日主庚金，酉金当令，又为羊刃，戌土含金，两丑土藏金，金多金旺是突出特点。《指迷赋》云："威武刚烈乃是金多。"金多最喜火炼，而火又必须借木生助，无木只能是虚浮之火。喜时上丁火透，日支戌中藏火，命宫未中有木有火，正好补八字之不足。木生火，火炼金，可成大器。木火主文明之象，能成为文学大家不是没有命运基础的。金旺又应于武功，守边数年，军纪严明，羌人不敢进犯。

范仲庵一生才华横溢，并得到了淋漓尽致的发挥，试看其命运轨迹：

初运壬申，金水齐来，喜用受伤。两岁庚寅，庚为比肩，岁运寅申相冲。"比肩叠叠必克父"，其年丧父。

接下来行未运，未中有木火，人生火花自此始。27岁午运乙卯年，喜用并临，红星高照，登进士及第，并任司理参军。28岁至29岁喜事连台。

31岁后大运己巳至丙寅，一路澄清，喜用连排，有制水者，有助火者，有生火者，30余年，勃勃生机。其间，亦有个别年份不佳，33岁己运辛年。己为正印，忌神透出，是年丧母。

48岁印运丙子年，上书言事，被贬饶州。

56岁丁运甲申年，虽丁运助用，但甲申年木不通根，申金逞旺，降职员外郎。64岁，丙运为美，但流年壬辰，岁运丙壬克战，日支与太岁辰戌相冲，不禄。

四、辱国奸相——秦桧

在杭州古木森森的岳庙里，高挂着"心昭天日"的巨匾。大殿里岳飞塑像是紫袍金甲，气宇轩昂，按剑而坐。秦桧、王氏、张俊、万俟卨的铸像则袒臂反剪，跪在岳飞墓地墙根的铁栅栏里。这是历史作出的最公正的判决，把民族败类永远钉在了历史的耻辱柱上。

那么，秦桧的阴险卖国，是否骨子里就沉淀了基因而一步步滑向罪恶的深渊？

秦桧出生于宋哲宗元佑五年（1090 年）十二月二十五日午时，其八字是：

庚午　　　　3 庚寅
己丑　　　　13 辛卯
乙卯　　　　23 壬辰
壬午　　　　33 癸巳
　　　　　　43 甲午
命宫乙酉　　53 乙未
胎元庚辰　　63 丙申
　　　　　　73 丁酉

按照命书的说法，秦桧的八字是五行俱足格，有生生不绝之义，化化无穷之理，极为罕见。所谓五行俱足，是指纳音五行全备。庚午年为路旁土，己丑月为霹雳火，乙卯日为大溪水，壬午时为杨柳木，胎元庚辰为白腊金。秦桧能登科拜相，煊赫一时，或许是金木水火土五行俱足的缘故。除此之外，日主乙木虽暮冬疏冷，加之庚金摧枯拉朽，似有倾危之险，然有卯木坐基支撑，壬水权印生扶，亦可转危为安，大权在握。

那么，阴险奸诈又是由何而来呢？还是八字中求证：一是五行浊乱。看起来好像庚金生壬水，壬水生乙卯木，乙卯木生午火，午火生己丑土，己丑土生庚金，环环相生，能够为人谦和通融，仁义礼智具备。但五行错乱，并不能接续相生。庚金官星明朗，本应为官清正，但自坐午火伤官（食神与伤官同论），官与伤官都发生了质变；壬水正印为用神，但被时支午火煎熬，且己土混水，清水也变成了浊水；卯木为禄，能支撑日主，同时也能生火，泄弱了正气；己丑财星是八字的闲神，丑中藏辛金，而且占月令，暗藏煞机，不露声色于外。二是刑冲破害。午与午自刑。大凡自刑的人多狠毒狡猾，入贵格则要权谋。丑与午相害，相害者，不认六亲，残害忠良。命宫乙酉，乙庚合化金，酉金冲卯，暗破禄神，深藏煞机。三是孤虚空亡。丑土逢空，午值孤虚，内心空虚，则常有害人之心。

人之初，性本善。罪恶的嘴脸是逐步演变过来的。靖康之耻前并没有发现秦桧投降活动的迹象。而徽钦两帝和秦桧被金人所掳后，投降主义的狰狞就暴露出来了。

初运庚寅及辛卯，自是读书求学，生活平淡。他出身在一个中小地主的家庭，父亲当过静江府古县（今广西永福县境）令，这在宋朝统治阶级中只算得上一个小官。生活在这样的环境中，秦桧不可能急速地飞黄腾达，因此做过乡村教师。他对当老师这样的职业牢骚满腹，说"若得水田三百亩，这番不做猢狲王"。看来要求并不高，只要有几百亩好田，不当"童子师"、"孩子王"就可以了。到了第三步大运壬辰，壬水为正印，辰土润木扶身，运程畅顺，一路春风。特别是 26 岁乙未年，未为木库，丑未相冲，冲动丑中煞星，进士及第，实现了自己的政治夙愿。之后补密州教授，继中词学兼茂科，历太学学正，扶摇直上，官星璀璨，一发不可收拾。

第四步运癸巳，37 岁丙午年，大运脱癸交巳，巳为伤官忌神，朝廷出现了重大变故，即金兵进攻汴京（今河南开封），要求宋徽宗割让三镇：太原、中山、河间。这时身为员外郎的秦桧，提出了较为重要的四条意见。一是金人贪得无厌，要割地只能给燕山；二是金人狡诈，要加强守备，不可松懈；三是召集百官详细讨论，选择正确意见写进盟书中；四是把金朝代表安置在外面，不让他们进朝门、上殿堂。在宋徽宗，钦宗被俘后，女真贵族要宋朝推立张邦昌为傀儡，秦桧持反对态度。他认为张邦昌过去附会有权势者，干的是有损国家利益的事。而大宋江山倾危，人民苦不堪命，这尽管不是一个人造成的，但张邦昌有推卸不掉的责任。

靖康二年丁未（1127 年），金人以秦桧反立张邦昌为借口，将他捉去。同去的还有他的妻子王氏及侍从等。这时宋徽宗得知康王赵构即位，就致书金帅粘罕，与约和议，叫秦桧将和议书修改加工润色。秦桧还以厚礼贿赂粘罕，金太宗把秦桧送给他弟弟挞懒任用。从此，秦桧亦步亦趋地追随着挞懒，逐渐成为他的亲信。

建炎四年己酉（1130 年），卯酉冲，冲禄神凶。金将挞懒带兵进攻淮北重镇山阳即今江苏淮安一带，命秦桧同行。从挞懒的策略看，诱以和议，内外勾结，致南宋于亡国之境。这个"内"，只有秦桧可用。山阳城被攻陷后，金兵纷纷入城，秦桧等则登船而去。行到附近的涟水，被南宋水寨的巡逻兵抓住，要煞他，秦桧说谎话，才逃过一劫。后来把他们送到行在——临安（今杭州）。

秦桧 43 岁大运甲午，午为伤官（食神与伤官同），并不顺利。南归后，自称是煞死监视他们的金兵夺船而来的。臣僚们没有谁相信他的话，只有密友宰相范宗尹和李回为他辩解。

秦桧南归送给赵构的第一件"见面礼"就是，要想天下无事，就得"南人归南，北人归北"。第二件"见面礼"是他首先递上一份致女真军事贵族挞懒的

"求和书"，卖国求荣的面目赤裸裸地暴露出来。赵构出于自身的利害，又慑于抗战派和人民抗金、反对议和的形势，不得不罢去秦桧宰相的职务。

绍兴八年（1138年）丁巳，赵构又起用秦桧为相，不少大臣认为秦桧、赵构和挞懒内外勾结，不愁南宋不亡。

秦桧避开众多大臣，面奏赵构。一个昏君和一个奸相有一段绝妙对话录于此：

秦：臣僚们对议和畏首畏尾，首鼠两端，这就不能够决断大事。如果陛下决心讲和，请专与我讨论，不要允许群臣干预。

赵：我只委派你主持。

秦：我恐怕有不方便之处，希望陛下认真考虑三天，容许我向您另作报告。

过了三天，秦桧又留在赵构身边奏事，看出来赵构想讲和的思想已经很坚定了，但秦桧还以为没有达到火候。

秦：我恐怕别的方面还有不方便，想请陛下再认真考虑三天，容我向您另作报告。

赵：好吧！

又过三天，秦拿出早已草拟好的向金求和书，仍声称不许群臣干预。

我们从秦桧和赵构的对话中看出，秦桧已经牵着赵构的鼻子走了。

绍兴九年（1139年）戊午，秦桧不顾大臣反对议和的上书，签订了第一个宋金和约，跪拜在金使面前，签字画押。

绍兴十年（1140年）己未，金人撕毁和约，挥军直取河南、陕西。南宋抗金将领岳飞痛击金兵，打出了一个大好局面。正待不日渡河北上，而秦桧却想把淮河以北土地送给金朝，命岳飞退兵，一天之内连下十二道金字牌（用木牌朱漆黄金字，使者举牌疾驰而过，车马行人见之，都得让路，一天要走五百里，用它传送最紧急的军令诏令），紧催撤军。岳飞愤慨惋惜地哭着说："十年之功，废于一旦。"

岳飞返回后，随即被逮捕入狱。岳飞被捕两月有余，"罪状"还没编造好。一天，秦桧独居书室，吃了柑子，用手指划柑皮，若有所思。秦桧妻王氏素来阴险，看见秦桧的动作就讪笑着说："老汉怎么一直没有决断呢！捉虎容易，放虎难哪！"秦桧听懂了王氏的意思，写一张小纸片送狱吏，岳飞当天就死在狱中，这一天正是绍兴十一年即庚申年十二月二十九日。之后，岳云、张宪亦被杀于市。

有个关于"莫须有。"的笑话：岳飞被捕，有正义感的臣民愤愤不平。韩世忠质问秦桧,岳飞父子究竟犯了多大罪?有什么证据?秦桧说:"莫须有"(这是当地的口语,意思是"可能有","也许有")韩世忠说:"莫须有三字,何以服天下?"

秦桧煞害岳飞后,其他忠臣良将诛除殆尽,和议随成。

秦桧61岁庚午年的时候发生了有惊无险的劫难:一位殿前军人叫施全,提着斩马刀拦在望仙桥下,暗中等待秦桧上朝的时间,见秦桧就举刀砍去,结果砍断了一根桥柱,没有伤及秦桧,后被秦桧处以裂尸极刑。此事充分表明了人民群众憎恨奸相的程度及其愿望。午为忌神,但大运在未,秦桧才侥幸逃过一劫。

66岁乙亥,大运在丙,终于敲响了罪恶者的丧钟。

五、精忠报国——岳飞

岳飞,千古流传的英名。他的伟大人格,第一是"忠",宋高宗曾亲书"精忠岳飞"四个字;第二是孝,"母有病,药饵必亲尝。家居行步,唯恐有声"。岳飞是后人学习的楷模,永远活在人们的心中。

岳飞,字鹏举,北宋崇宁二年二月十五日(1103年3月24日)生于相州汤阴县永和乡(今河南省汤阴县程岗村)。其八字是:

癸未	8 甲寅
乙卯	18 癸丑
甲子	28 壬子
己巳	38 辛亥
命宫庚申	48 庚戌

岳飞的名和字是有来历的。当岳飞出生的时候有一只大鸟飞到房顶上鸣叫,所以名飞,字鹏举,展翅冲天的意思。

生下来不到一个月,黄河发大水,母亲抱着岳飞坐在瓮中,竟幸免于难。"人异之",看来是个大命的。

岳飞的八字有哪些异于常人之处呢?其一,甲己合化土,是中正之合,有堂堂君子之风。清代命理大家袁树珊认为"甲与己合,阴阳联合,同化为土。此为得化,非不化也"。笔者亦认为,袁氏的看法是对的。但甲己之化是假化而不是真化。因为仲春之月木旺，化神受克，不应当视为真化。而且，假若真化成立，不可能39岁就被秦桧所害。即使秦桧施尽伎俩，也当有逃活的余地（命理分析并不是辩解）。其二，甲子为进神。命书认为"进神执权，至精至当"。大凡日柱进神的人，雄气昂扬，知进而不知退，认准的理儿牛拉不回。坚持真理固然是优点，但不会巧妙变通也是缺点。现实生活中，这种性格的人最容易吃亏。其三，八字交互贵人。年支未是日主甲木的贵人；月令卯和时支巳是年干癸水的贵人，日支子是月干乙木和时干己土的贵人。前引后从，左右逢源，有的命书叫做四柱互贵格。《宋史·列传》评价岳飞："求其文武全器，仁智并施，如宋岳飞者，一代岂多见哉！"还有，岳飞生命的短暂，也与日主甲木无根有关。卯木是甲木的旺地，亦为羊刃。但代表甲木自身的是寅木或亥水而不是卯木。所以，看起来木多成林，气势非凡，仅得时而蔚然，一旦遇到萧煞的秋冬，就萎缩、枯败了。

　　关于选取喜用神，笔者认为，既可以认为是甲己化神格，也可以认为是身强用食伤。若从化神的角度说，化神为土，最喜火来生扶，火为用神；若从身强宜泄的角度说，甲木太盛，最宜用火泄其秀气。这两种认识的结果是一样的。无论化神格还是身强宜泄，最忌讳的是水来灭火和金来破局。伤用甚于伤身，一旦岁运遇到金水，其灾祸必至。

　　岳飞日主甲木，秀神巳火，未中藏有丁火，既有外在的帅气，又有内惠的心灵。所以，从小天资聪悟，爱读《左氏春秋》、《孙吴兵法》等。甲木临月建之旺，必钟爱武功，乃至臂力超人。政和三年（1113年）11岁随刀枪手陈广学武艺，已经打遍天下无敌手，县境之内没有敢与岳飞轻易较量者。1118年戊戌，卯戌合，戊癸合，戊戌为妻星，妻来合我，时岳飞16岁，娶本乡刘氏为妻，第二年生长子岳云。辛丑年岳飞19岁时，拜周同为师学射箭，练就了能挽弓三百斤，左右开弓、箭无虚发的本领。20岁壬寅，寅为甲禄，大展才华的时机到了，首次从军真定，任小队长，带兵首战告捷，活捉贼首，表现出非凡的军事指挥才能。宣和六年甲辰，岳飞22岁，第二次从军，参加了保卫太原的战斗。

　　23岁乙巳年，岳飞这个孝顺儿子见妻子刘氏侍母不孝，便与妻子离异，又娶李氏夫人。靖康元年（1126年），岳飞24岁丙午即靖康元年，因功被提为偏校，进义副尉。在兵马大元帅赵构军中，曾带兵奇袭一举招降了380名游寇，得到了赵构的赏识，补承信郎。接着在侍御林大败金兵，煞金军枭将。在滑州煞败金兵再立战功，迁秉义郎。另一件喜事是次子岳雷生于军中。

靖康元年始，国家处于危亡的关头。24岁的岳飞热血报国，毅然决定从军抗战。临行前，他的母亲姚氏用钢针、墨汁在其背上刺下"尽忠报国"四字。这次参军，是直奔抗金前线，并很快受到部队团练的重视。在进军至滑州（今河南滑县）时与金军相遇。岳飞英勇善战，"遂策马向前，猛力挥刀，将一敌将煞死。部众一齐拥上，煞得金军大败"。

靖康二年（1127年）乙未，金军兵临城下，钦宗出城求和，反被金军扣留，下令废除徽、钦二帝，并将京城宫殿珍宝和后妃、亲卫等贵族统统掳往金国，北宋灭亡。这就是历史上有名的靖康之耻。

就在钦宗一伙一味向金军屈膝求和的时刻，许多抗战队伍却在各地战场上，同入侵金军进行着激烈的战斗。岳飞率领的部队屡建奇功，被提升为从七品的武官。就在这一年，赵构登皇帝位，改元建炎，南宋王朝正式建立。

建炎三年己酉，岳飞27岁时，金帅兀术率军渡江，长驱直入，吓得高宗仓皇出逃到温州、台州一带海域漂泊。而此时的岳飞，率军转战广德境内，六战皆捷。在粮饷匮乏的情况下，征得随军母亲的同意，把积攒家私全部拿出来，以供军需。

岳飞28岁行壬子大运，一方面印绶扶身，屡建奇功；另一方面也是艰苦卓绝的十年。28岁庚戌，朝廷命其配合镇江韩世忠，从左翼进击金军，伺机恢复建康。岳飞得知金帅兀术从黄天荡又返回建康，便早在牛头山埋下伏兵，煞死的金兵尸体横陈十余里。这年秋天，岳飞奉命从宜兴出发，渡过长江，与金军作战。因孤军抗战，与敌相持数日，军队粮饷断绝，兵士不得不从敌人尸体上割肉充饥。

绍兴四年甲寅，32岁的岳飞举兵北伐。经过3个月的战斗，收复6州郡，给金兵以沉重打击。33岁乙卯年，被特封武昌郡开国侯。在平定农民起义的队伍中收编了精壮的士兵，壮大了军力，大受高宗褒奖。

绍兴六年，岳飞34岁时，母病死。其年丙辰，印星入墓之灾。岳飞回味人生，想到他收复中原的宿愿未能实现，再想想破碎的锦绣河山，想想苦难中的河朔父老，再想想蒙尘北国的徽、钦二帝，情怀激越，心胸悲愤，于是唱出了流传千古的诗篇——《满江红》：

怒发冲冠，凭栏处，潇潇雨歇。抬望眼，仰天长啸，壮怀激烈。三十功名尘与土，八千里路云和月。莫等闲，白了少年头，空悲切。

靖康耻，犹未雪；臣子恨，何时灭。驾长车，踏破贺兰山缺！壮志饥餐胡虏肉，笑谈渴饮匈奴血。待从头，收拾旧山河，朝天阙。

绍兴七年丁巳，岳飞曾奉诏入朝，觐见高宗。与高宗谈论"用兵之要"、"中兴之事"，深得高宗赏识，其官衔增为太尉，军职由宣抚副使、兼营田使升为宣抚使、兼营田大使等。但未曾想到的是，朝中大臣作梗，竟使高宗改变主意。耿耿忠心的岳飞，胸中积怨，难以遏抑，向朝廷上了一道乞罢军职的札子，不等批示，就离开建康回到庐山母墓旁守制了。

38岁大运辛亥，辛金官煞忌神透出，已呈不祥之兆。更为紧要者，亥巳相冲，凶神冲用神，必有大祸。38岁流年庚申，七煞得禄，常人遇之亦主口舌是非。其年金兀术撕毁和议，以武力发动进攻，而高宗下诏书说："兵事难以臆度，迟速进退，朕专付之卿也"。让谁去抗敌，由皇帝一人说了算，显然，是屈辱求和。对诏书，岳飞没有遵命，他继续专心致志与金人在东京会战，兀术多次狼狈逃窜。金军营垒无不惊呼："撼山易，撼岳家军难！"兀术哀叹："自我起兵北方以来，未有如今屡见挫衄！"

就在岳飞郾城大捷报上朝廷的时刻，秦桧串通张俊等，令岳飞班师。一日下达12道金牌："孤军不可久留，令班师赴阙奏事。"岳飞顿足长叹，热泪倾注，面对东京方向，长揖而拜，慨叹道："十年之功，废于一旦"！

绍兴十一年即辛酉年，岳飞39岁。命运巳亥冲，命岁卯酉冲，十二月二十九日（1142年元月28日）除夕夜，岳飞被害。到孝宗时，追封谥号开穆，后改为忠武，追封为鄂王。

六、大书法家——赵孟頫

甲寅　　乙亥 2

甲戌　　丙子 13

己酉　　丁丑 23

己巳　　戊寅 32

　　　　己卯 43

　　　　庚辰 53

　　　　辛巳 63

　　　　壬午 73

赵孟頫是宋代大书法家、画家、政治家。有人认为他有七个不同于常人的方面：一是帝王苗裔，宋太祖十一世孙；二是博学多闻，史书载赵氏"幼聪敏，读书过目辄成诵，为文操笔立就"；三是操履清正，能勤政廉政；四是文词高古，著作颇丰；五是书画绝伦，其书法冠绝古今，尤精于山水木石，花竹人马；六是旁通佛经；七是状貌俊丽，宋亡后元世祖见之，称其为"神仙中人"。

赵氏非同凡响，可在八字上探知奥妙。

子平法认为，看八字先明从化，再论其他。凡天干合而化者，必为秀气发越，难怪元世祖称其为神仙。地支合局者，必为福德富贵。赵氏八字天干两甲两己，日月甲己相合，一阴一阳，合其阴阳之道；年时甲己相合，亦为阴阳联合。生于九月土旺之季，可合而化之。合化为土即以化神相论，地支寅戌有合意，合化为火而生土。巳酉化金以泄土，戌酉中有辛，寅巳中有丙，丙辛合化为水，五行相亲相近，秀气充足，福德有余，八字至善至妙。

再看行运，初运乙亥，亥运乙丑年，巳亥相冲，丑又刑戌，戌为父母宫，其年丧父。13岁后步入丙子运，辛未年，甲第为国子监，原因是丙辛合而化水。其后丁丑运，亦为常运。

33岁戊寅运，丁亥年被元世祖自布衣擢升为奉训大夫。36岁戊子年一直到68岁巳运辛酉年，30余年，步步登高，官到相位。治国齐家皆因大运与化神有情。69岁壬戌年，壬与命宫天干合木克化神，格破贵伤，溘然长辞。

七、禁烟流芳——林则徐

乙巳　　癸未 8

甲申　　壬午 18

癸酉　　辛巳 28

壬子　　庚辰 38

　　　　己卯 48

　　　　戊寅 58

　　　　丁丑 68

　　　　丙子 78

林则徐，福建侯官县人，其禁烟事迹妇儒皆知，是位名垂千古的英雄。

粗看林则徐八字，并无耀人眼目之处，或许可作常人推断。然细细推之，却非同凡响。天干壬癸甲乙，自时至年，一气流畅，没有间断，这叫天干连珠，有的命书上又称连珠格，岂有不被朝用之理？日干癸水贵人在巳，巳与酉合；年干乙木，贵人在子，子与申合。申为癸学堂，子为癸词馆，贵人见生旺，学堂又多合，必品节高明，甲第荣登。八字美中不足的是水势有余，可用木泄水，逢火可得既济之功，逢土可制水而抒发抱负。若再遇金水，则锋芒在背，必有所伤。

命好不如运好，行运恰到好处，才能充分施展才华。

初运癸未，喜有未土止水，14岁戊午年，戊癸合而化火，年令虽小，学业有成，补为弟子员。

20岁壬运，流年甲子，虽行运不喜，但用神有力，此年举于乡试。27岁午运辛未年，巳午未会火局，随成进士。

32岁丙子到大运辛巳，其间虽有金火土夹杂，但仍能指挥如意，由主考观察升为湖广总督。40岁甲申年运克太岁，其母病逝。43岁丁亥，与当生太岁相冲，养公逝世。

56岁庚子运在卯，酉卯相冲，金水齐来，喜用被伤，因英军攻陷定海直接威胁清廷，被罢公职，在京等候处置。57岁辛丑仍受人摆布，不能安适。60岁甲辰，勘办伊犁开垦事宜，61岁乙巳木火有力，又任陕甘总督。62岁丙午火旺，任陕西巡抚。63岁丁未，调云贵总督。64岁戊申加太子太保衔，但岁运寅申相冲，申又为忌神，郑夫人死。65岁己酉金水临旺，年岁又高，其体多病。66岁庚戌，金生水破用，寅运与巳、申构成三刑之势，申酉戌会金局，至刚必折，大限定矣。

林则徐的一生起起伏伏，忽辱忽荣，备尝艰辛。然其人高风亮节，刚正不屈，当名震寰宇，芳流百世。

八、修身、齐家、治国、平天下——曾国藩

曾国藩，后人评价不一的一位历史名人。有褒扬者，认为"盖有史以来不一二睹之大人也已"（梁启超语）；"带兵如带子弟一语，最为慈仁贴切。能以此存心，则古今带兵格言，千言万语皆付之一炬"（蔡锷将军语）。有斥责者，早在曾国藩镇压太平天国时，即有人责其杀人过多，送其绰号曾剃头、曾屠户。到了

1870年"天津教案",不少人称他是卖国贼,以致本人也觉得"内咎神明,外咎清议",甚至有四面楚歌之虑。辛亥革命后,一些革命党人说他是遗臭万年的汉奸。

如何评价曾国藩恐怕永远都是有争议的话题。我们姑且搁置历史,而从命理学的角度观察其人生,可以肯定地说他是一个修身、齐家、治国、平天下的成功的典范。

曾国藩生于清仁宗嘉庆16年10月11日亥时,对应为公历是1811年11月26日,农历是10月11日,其八字是:

辛未　　7岁　戊戌　　命宫:甲午
己亥　　17岁　丁酉
丙辰　　27岁　丙申
己亥　　37岁　乙未
　　　　47岁　甲午
　　　　57岁　癸巳

日主丙火生于亥月小雪之后,此时天寒地冻人归藏。丙火为太阳之火,冬天的太阳在一年四季中最缺少光彩,而且,辰土可以晦火无光。两亥水已成冰凌,辛金又生水增凉,月、时两己土进一步泄弱了火气,日主丙火岂不是奄奄一息了吗?既然丙火气息甚弱,是否归属为从弱的格局呢?水为官(亥水为煞,煞也是官),从官而伤官甚多;金为财,财气无根而虚脱;土为伤,徒与官星不和。而且,若以从格论,显然与其显赫的人生不符。

既然不是特殊格局,就当以常格论。粗略分析,煞旺伤多自身弱,平头草民而已。岂不知,该八字玄机暗藏,越看越有精神。《滴天髓》说:"人有精神,不可以一偏求也,要在损之益之得其中。"八字的精神决定着人的命运层次的高低。而曾氏八字的精神恰恰在于流通生化、损益适中。看起来日主无力,岂不知亥未拱合木局,未土暗藏丁火,命宫甲午助丙火之旺,生命力可谓强矣!拱木生火,木为印,曾氏能够成为饱学儒雅之士,是命中的必然。亥为煞,好像会成为屠夫武士,岂不知亥水为天乙贵人,而且这个贵人因拱合而转化为生扶日主的力量,即忌神转化为喜用。"巍巍科第迈迈伦,一个玄机暗里存",曾氏之所以成为一个非凡才能的军事家、理学家、政治家、书法家、文学家,也是亥水七煞拱合为正印的结果。《混元赋》曰："天乙贵人安静，张良作汉代之名臣。"什么叫安静？不受刑冲克害，与日主情意缠绵，这就是安静。亥水看起来似忌神，却变成了生扶日主的吉星，情投意合，休戚相关。假若盗泄日主、侮慢无情，甚至戕害凶顽，即使是天乙贵人，也不会产生任何帮扶作用。

初运戊戌，1816年6岁入"利见斋"念私塾。8岁能读八股文，诵五经。14岁能读《周礼》、《史记》文选。1826年丙戌，丙火生辉，戌辰冲动，参加长沙的童子试时，名列第七。小荷才露尖尖角，幼年已经显露了才华。曾氏八字亥未拱合印局，天生好学，不用扬鞭自奋蹄。加之戊戌大运火库助身，自幼就不同凡响。

17岁入丁酉运。丁火助身有功，但酉字生水，似有人生困阻之象。岂不知辰酉合，合绊了忌神反主吉祥。1833年癸巳，巳亥冲，巳为日主之禄，23岁秋参加湘乡县试，考取了秀才。1834年甲午，印星明透，一展才华，参加乡试，中第三十六名举人。举人是个大门槛，做了举人才有做官的资格，相当于"通行证"。莘莘学子魂牵梦绕想疯的也不少，《范进中举》之后不就疯了吗？而1835年、1836年却两次会试都落第不中，命因在于大运酉金毕竟不是喜用，不是特别有情有力的流年就不会有大的变化。1836年丙申，忌神申金暗藏，只能"潜龙勿用"了。

27岁大运丙申，丙火为喜神，丙辛合，辛金被困主吉祥。申金为忌，幸八字中没有申金，故凶力有限，遇到喜用的流年仍能奋发。1838年28岁会试中第38名贡士。殿试取在三甲第四十二名，赐同进士出身。朝考列第一等第三名，道光皇帝拔置第二名，授翰林院庶吉士。辉煌的1838年！一是大运丙火有光，二是流年戊戌冲动辰库。

1840年庚子，病床两月余，都是申子辰合为水局惹的祸。1843年33岁升任翰林院侍讲。后钦命为乡试（四川）正考官。又补授翰林院侍讲。12月，充文渊阁校理。该年癸卯，亥卯未合成木局，印星生旺，权力连连扩大，地位步步抬升。1845年35岁升翰林院侍讲学士，人生大放异彩，是因为流年乙巳，木火相生。1846年丙午，午火明丽，充任文渊阁直阁事。1847年丁未升授内阁学士、兼礼部侍郎阶。

丙申大运十年，七迁十跃，官至二品。可见，曾氏谙熟官道。有人评价曾国藩"升官最快，做官最好，保官最稳"，不是过誉之词，37岁官至二品，清朝独一人；政声卓著，治国有方；一生平稳，荣宠不衰。

37岁到46岁大运乙未，乙木为正印，未为木库，喜用齐来，是曾国藩大展宏图的时期，不仅修身、齐家而名垂史册，而且治国、平天下也取得不小的成绩。1848年戊申，他辑录古今名臣大儒言论，按修身、齐家、治国三门分三十二目辑成《曾氏家训》，此书至今畅销，从一个侧面说明曾氏"修齐治平"的儒道理论是能够被国人所接收的。1849年己酉升授礼部右侍郎。后又署兵部右侍郎。1850年庚戌，辰戌冲动，提拔的时机又来了。他上疏《应诏陈言疏》，揭露官场贪腐，深受皇帝赏识。7月，兼署部左侍郎。1851年发生了太平天国起义，很快席卷了半个中国。从封建统治者的立场看，必当镇压之。曾氏借着清政府寻求力量镇压太平天国的时机，创立并领导了湘军，到1854年即甲寅年时，湘军已达到一万七千人，成为消灭太平军的主力。曾国藩因之被封为一等勇毅侯，成为清代以文人而封武侯的第一人。不过，其间的1852年壬子，有丧母之忧。曾氏的八字只要遇到鼠年都是不吉祥的，因为子辰合成水局，凶煞汇聚，岂能无忧？1856年其父病重，应1856年者，是流年丙辰水库引出的祸患。1857年，其父不禄。

47岁到56岁大运甲午，干支都是喜用，人生添彩，官至极品。1860年，因镇压太平军有功，被授予兵部尚书衔署理两江总督，并以钦差大臣督办江南军务，已经是炙手可热的一品重臣了。1865年他办了一件民心工程，即主持修葺钟山、尊经两书院，收养了八百孤寒子弟，并从自己养廉银中捐款课奖。

57岁步入癸巳大运。癸字对于曾氏来说是十分可怕的，因为八字中有辰土水库，库中藏癸水，犹如养虎之患。老虎在笼中不可怕，一旦出笼必酿灾祸。1870年，60岁的曾国藩肝病日重，右目完全失明。那么，曾氏肝病的命理是什么呢？八字以木为用却不见木，只是亥中藏有甲木，未中藏有乙木。藏着的东西是无用的，刀枪入库，难以派上用场。癸水灭火，本来出生于小雪之后就已经寒冷了，再遇癸水，无异于雪上加霜。冬天之木遇癸水浸泡更受其害，所以病在肝。肝通目，眼失明，一切都在命理中。1872年壬申，岁运凶煞结党，时发脚麻之症，舌蹇不能语。3月12日，午后散步花圃，突发脚麻，扶回书房，端坐三刻逝世。清廷追赠其为太傅，谥号文正。

（注：以上古代名人八字及其分析、推断，均参考了清·袁树珊《命谱》）

图书在版编目（CIP）数据

八字揭秘 / 张绍金，易枫 著. —北京：东方出版社，2012.11
（绍金解易经）
ISBN 978-7-5060-5934-3

Ⅰ.①八…　Ⅱ.①张…　②易…　Ⅲ.①命相—研究—中国　Ⅳ.①B992.3

中国版本图书馆 CIP 数据核字（2012）第 285795 号

绍金解易经：八字揭秘
（SHAOJIN JIEYIJING：BAZI JIEMI）

作　　者：	张绍金　易　枫
责任编辑：	夏旭东
出　　版：	东方出版社
发　　行：	人民东方出版传媒有限公司
地　　址：	北京市东城区朝阳门内大街 166 号
邮政编码：	100706
印　　刷：	三河市金泰源印装厂
版　　次：	2013 年 1 月第 1 版
印　　次：	2013 年 1 月第 1 次印刷
印　　数：	1—6000 册
开　　本：	710 毫米×1000 毫米　1/16
印　　张：	17
字　　数：	196 千字
书　　号：	ISBN 978-7-5060-5934-3

发行电话：(010) 65210056　65210060　65210062　65210063

版权所有，违者必究　本书观点并不代表本社立场
如有印装质量问题，请拨打电话：(010) 65210012

www.ingramcontent.com/pod-product-compliance
Lightning Source LLC
Chambersburg PA
CBHW080546230426
43663CB00015B/2731